ATZ/MTZ-Typenbuch

Die komplexe Technik heutiger Kraftfahrzeuge und Motoren macht einen immer größer werdenden Fundus an Informationen notwendig, um die Funktion und die Arbeitsweise von Komponenten oder Systemen zu verstehen. Den raschen und sicheren Zugriff auf diese Informationen rund um ausgewählte Fahrzeugtypen bietet die regelmäßig aktualisierte Reihe ATZ/MTZ-Typenbuch. Sie bietet die zum Verständnis erforderlichen Grundlagen, Daten und Erklärungen anschaulich, systematisch und anwendungsorientiert.
Die Reihe wendet sich an Fahrzeug- und Motoreningenieure sowie Studierende, die Nachschlagebedarf haben und im Zusammenhang Fragestellungen ihres Arbeitsfeldes verstehen müssen und an Professoren und Dozenten an Universitäten und Hochschulen mit Schwerpunkt Kraftfahrzeug- und Motorentechnik. Sie stellt die charakteristischen Besonderheiten eines ausgewählten Fahrzeugtyps in Entwicklung, Konstruktion und den Eigenschaften der Funktion dar und ist damit auch für Entwicklungsingenieure in der Automobil- und Zulieferindustrie, Dienstleistern, Gutachter sowie technische interessierte Neuwagenkäufer von besonderem Interesse.

Hans-Jürgen Rudolph (Hrsg.)

Audi Q3

Entwicklung und Technik

Mit 197 Abbildungen

Springer Vieweg

Herausgeber
Hans-Jürgen Rudolph
Audi AG
Ingolstadt, Deutschland

ISBN 978-3-658-00852-9 ISBN 978-3-658-00853-6 (eBook)
DOI 10.1007/ 978-3-658-00853-6

Die Deutsche Nationalbibliothek verzeichnet diese Publikation in der Deutschen Nationalbibliographie; detaillierte bibliographische Daten sind im Internet über http://dnb.d-nb.de abrufbar.

Springer Vieweg

Gedruckt auf säurefreiem und chlorfrei gebleichtem Papier.

Springer Vieweg ist eine Marke von Springer DE. Springer DE ist ein Teil der Fachverlagsgruppe Springer Science+Business Media
www.springer-vieweg.de

Grazie und Temperament

Dipl.-Ing. Michael Reichenbach

Liebe Leserin, lieber Leser,
auch die Deutschen entdecken, dass kleine Autos toll sein können. Italiener und Spanier wissen ja schon länger, dass sich schicke Kleinwagen und kompaktere SUV wegen der engen Gassen in pittoresken Dörfern und überlasteten Städten besser fahren und abstellen lassen. Die Devise „Klein, aber fein" setzt sich jetzt auch bei uns durch. Denn für den Privatmarkt zeigen die Neuzulassungen in Deutschland laut Dataforce gerade für kleine SUV im April 2011 nach oben. Während der Nissan Qashqai um 87 Prozent auf 2415 Fahrzeuge zulegte, konnte Volkswagen vom Platzhirsch Tiguan 2920 Autos absetzen – ein Plus gegenüber dem Vorjahresmonat um erstaunliche 78 Prozent.

Da liegt es nahe, dass die Konzernschwester Audi nun auch in das heiß umkämpfte Premiumsegment der schicken Kompakt-SUV wie BMW X3 und Mercedes-Benz GLK einzieht. Der Neue aus Ingolstadt heißt Q3. Er ergänzt die erfolgreiche SUV-Familie, die mit dem Q7 im März 2006 begründet und im November 2008 mit dem Q5 fortgesetzt wurde. Doch basiert der neue Q3 technisch nicht einfach auf dem größeren Bruder Q5. Während der 24 Zentimeter längere Q5 mit Längs-Reihen- und V-Motoren daherkommt, hat der Q3 quer eingebaute Reihenmotoren. Beim Q3 ist der Radstand im Vergleich zum Q5 um 20 Zentimeter kürzer. Der kleine Bruder kann mit Besonderheiten wie Bremsenergie-Rekuperation, Schaltpunktanzeige und Start-Stopp-System aufwarten, wodurch niedrigere CO_2-Emissionen erzielt werden.

Audi positioniert den Q3 als lifestyleorientiertes und urbanes Fahrzeug im SUV-Segment der Kompaktklasse. Sein Design soll Robustheit und Kraft ausdrücken. Zugleich entfaltet der Q3 einen sportlich-agilen, coupéhaften Charakter. Das klingt sehr nach Grazie und Temperament der Südländer. Da passt es ja gut, dass das spanische Martorell sein Produktionsstandort ist.

Wir bedanken uns bei allen beteiligten Autoren und insbesondere den Projektkoordinatoren der Veröffentlichung bei AUDI für die gute Zusammenarbeit.

Ihr

Dipl.-Ing. Michael Reichenbach

Stellvertretender Chefredakteur
Wiesbaden, 1. Juni 2011

Autorenverzeichnis

Der neue Audi Q3

Entwickelt aus neuen Ansprüchen

Dipl.-Kffr. Sandra Göres
ist Leiterin Produktmarketing A1 und Q3 bei der AUDI AG in Ingolstadt.

Dipl.-Kffr. Petra Voith-Wittmann
ist Baureihenstrategin im Produktmarketing A1 und Q3 bei der AUDI AG in Ingolstadt.

Dipl.-Ing. Herbert Schmid
ist Produktreferent Q3 im Produktmarketing bei der AUDI AG in Ingolstadt.

Exterieur- und Interieurdesign

Martin Friedemann
ist verantwortlich für Design Kommunikation bei der AUDI AG in Ingolstadt.

Fahrzeugkonzept

Dipl.-Ing. Hans-Jürgen Rudolph
ist Technischer Projektleiter Audi Q3 bei der AUDI AG in Ingolstadt.

Dipl.-Ing. Thomas Soppa
ist Typbegleiter Audi Q3 bei der AUDI AG in Ingolstadt.

Carsten Dahlems
ist Typbegleiter Audi Q3 bei der AUDI AG in Ingolstadt.

Jürgen Meurle
ist Leiter Fahrzeugkonzepte/Eigenschaften bei der AUDI AG in Ingolstadt.

Der Antrieb

Axel Eiser
ist Leiter der Entwicklung Aggregate bei der AUDI AG in Ingolstadt.

Marc Deblaize
ist Projektleiter in der Entwicklung Aggregate bei der AUDI AG in Neckarsulm/Ingolstadt.

Kay Friedmann
ist Leiter Grundmotor der Konstruktion Reihenmotor bei der AUDI AG in Ingolstadt.

Dr. Annegret Kerschenlohr
ist Projektverantwortliche für Fahrleistung und Verbrauch in der Entwicklung Gesamtfahrzeug bei der AUDI AG in Ingolstadt.

Markus Schachner
ist Leiter Energiemanagement in der Entwicklung Gesamtfahrzeug bei der AUDI AG in Ingolstadt.

Fahrwerk

Dr.-Ing. Horst Glaser
ist Leiter der Entwicklung Fahrwerk bei der AUDI AG in Ingolstadt.

Dipl.-Ing. Dipl.-Wirtsch.-Ing. (FH) Thomas Rossié
ist Projektleiter in der Entwicklung Fahrwerk bei der AUDI AG in Ingolstadt.

Dipl.-Ing. (FH) Remco Nieboer
ist Vernetzungsteamleiter in der Entwicklung Fahrwerk bei der AUDI AG in Ingolstadt.

Dipl.-Ing. Jürgen Rüger
ist Leiter der Fahrdynamik, Fahrwerkabstimmung bei der AUDI AG in Ingolstadt.

Dipl.-Ing. Stephan Revelant
ist Projektverantwortlicher in der Entwicklung Kinematik bei der AUDI AG in Ingolstadt.

Angelika Hopf
ist Projektverantwortliche Konstrukteurin in der Entwicklung Vorderachse bei der AUDI AG in Ingolstadt.

Dipl.-Ing. (FH) Richard Wagner
ist Projektverantwortlicher in der Entwicklung Hinterachse bei der AUDI AG in Ingolstadt.

Dipl.-Ing. Hans-Georg Spengel
ist Projektverantwortlicher in der Entwicklung Federungssysteme bei der AUDI AG in Ingolstadt.

Selektive elektronische Fahrzeugabstimmung

Dr.-Ing. Stefan Ullmann
ist Projektverantwortlicher in der Entwicklung Fahrwerk Hybrid-/Elektrofahrzeuge, Fahrwerkregelung bei der AUDI AG in Ingolstadt.

Bremsanlage, Reifen und Räder

Dipl.-Ing. Ruben Pascual Mata
ist Projektverantwortlicher in der Entwicklung Radbremse bei der AUDI AG in Ingolstadt.

Josef Achhammer
ist Projektverantwortlicher in der Entwicklung Bremsbetätigung und Fußhebelwerk bei der AUDI AG in Ingolstadt.

Dipl.-Ing. (FH) Thomas Theel
ist Funktionsentwickler in der Entwicklung Stabilitätsregelsysteme bei der AUDI AG in Ingolstadt.

Dipl.-Ing. (FH) Ole Eichberg
ist Leiter der Entwicklung Räder/Reifen, Radantrieb bei der AUDI AG in Ingolstadt.

Lenksystem

Michael Betz
ist Projektverantwortlicher in der Entwicklung Lenkgetriebe bei der AUDI AG in Ingolstadt.

Dipl.-Ing. (FH) Florian März
ist Projektverantwortlicher in der Entwicklung Lenkrad, Lenksäule, Fahrerairbag bei der AUDI AG in Ingolstadt.

Kraftstoffanlage, Aggregatelagerung und Abgasanlage

Dipl.-Ing. (TU) Jörg Eickstädt
ist Projektverantwortlicher in der Entwicklung Kraftstoffanlage bei der AUDI AG in Ingolstadt.

Dipl.-Ing. Florian Adlkofer
ist Projektverantwortlicher in der Entwicklung Aggregatelagerung/Hinterachse bei der AUDI AG in Ingolstadt.

Siamak Alizadeh
ist Projektverantwortlicher in der Entwicklung Abgasanlagen bei der AUDI AG in Ingolstadt.

Karosserie

Dipl.-Ing. (FH) Thomas Gläser
ist Projektverantwortlicher in der Entwicklung Karosseriezelle bei der AUDI AG in Ingolstadt.

Dipl.-Ing. (FH) Thomas Hahn
ist Projektverantwortlicher in der Entwicklung Funktionsauslegung Exterieur bei der AUDI AG in Ingolstadt.

Dipl.-Ing. (FH) Jochen Kürschner
ist Projektverantwortlicher in der Entwicklung Stoßfänger, CMS, Frontend bei der AUDI AG in Ingolstadt.

Richard Schabenberger
ist Projektverantwortlicher in der Entwicklung Frontklappe, Kotflügel bei der AUDI AG in Ingolstadt.

Interieur

Dipl.-Ing. Jörg Leder
ist Projektverantwortlicher in der Entwicklung Mittelkonsolen/Instrumententafel bei der AUDI AG in Ingolstadt.

Dipl.-Ing. Matthias Rucker
ist Projektleiter in der Entwicklung Innenausstattung bei der AUDI AG in Ingolstadt.

Dipl.-Ing. Thomas Kabilka
ist Projektleiter in der Entwicklung Sitzkonzepte, Methodik, Komfortentwicklung bei der AUDI AG in Ingolstadt.

Aerodynamik und Aeroakustik

Dr.-Ing. Thomas Schütz
ist Modellreihenverantwortlicher der Q-Modellreihe in der Entwicklung Aerodynamik/Aeroakustik bei der AUDI AG in Ingolstadt.

Jan Hühnergarth
ist verantwortlich für die Vorentwicklung Aerodynamik, Klimatisierung und Thermomanagement bei der AUDI AG in Neckarsulm.

Fahrerassistenzsysteme

Dipl.-Ing. Alejandro Vukotich
ist Abteilungsleiter Fahrerassistenzsysteme in der Entwicklung Elektronik bei der AUDI AG in Ingolstadt.

Dipl.-Ing. Raúl García Salvador
ist Projektleiter Parksysteme des Audi Q3 bei der AUDI AG in Ingolstadt.

Dipl.-Ing. Alejandro Membrive Martínez
ist Projektleiter der Funktion Audi side assist des Q3 bei der AUDI AG in Ingolstadt.

M.Eng. Hendrik Töpper
ist Projektleiter in der Entwicklung Fahrerassistenzsysteme bei der AUDI AG in Ingolstadt.

Integrale Sicherheit

Dipl.-Ing. Frank Dohmen
ist Projektleiter Q-Reihe im Bereich Fahrzeugsicherheit bei der AUDI AG in Ingolstadt.

Dipl.-Ing. Javier Rodriguez
ist Projektkoordinator Q3 im Bereich Fahrzeugsicherheit bei der AUDI AG in Ingolstadt.

Dr.-Ing. Dominic Seibert
ist Leiter Entwicklung Fußgängerschutz im Bereich Fahrzeugsicherheit bei der AUDI AG in Ingolstadt.

Dipl.-Ing. Daniel von Koschitzky
ist Eigenschaftsentwickler Seitenschutz im Bereich Fahrzeugsicherheit bei der AUDI AG in Ingolstadt.

Dipl.-Ing. (FH) Thomas Hahn
ist Projektverantwortlicher in der Entwicklung Funktionsauslegung Exterieur bei der AUDI AG in Ingolstadt.

Dipl.-Ing. (FH) Jochen Kürschner
ist Projektverantwortlicher in der Entwicklung Stoßfänger, CMS und Frontend bei der AUDI AG in Ingolstadt.

Alltagstauglich mit System

Ricky Hudi
ist Leiter Entwicklung Elektrik/Elektronik bei der AUDI AG in Ingolstadt.

Petr Kozak
ist Projektleiter Audi Q3 Entwicklung Elektrik/Elektronik bei der AUDI AG in Ingolstadt.

Infotainmentsysteme

Dipl.-Ing. (FH) Francesc Elias
ist zuständig für die Fahrzeugprojektleitung der Infotainmentumfänge des Audi Q3 bei der AUDI AG in Ingolstadt.

Dipl.-Ing. (FH) Carmen Lopez
ist zuständig für die Konstruktion der Infotainmentumfänge des Audi Q3 bei der AUDI AG in Ingolstadt.

Dipl.-Ing. Fernando Berzosa
ist zuständig für die Applikation Radio Chorus des Audi Q3 bei der AUDI AG in Ingolstadt.

Dipl.-Ing. Lourdes Marina
ist zuständig für die Applikation Radio Concert des Audi Q3 bei der AUDI AG in Ingolstadt.

Dipl.-Ing. (FH) Thomas Isbary
ist zuständig für die Applikation Radio Concert des Audi Q3 bei der AUDI AG in Ingolstadt.

Dipl.-Ing. Laia Trullen
ist zuständig für die Applikation MMI des Audi Q3 bei der AUDI AG in Ingolstadt.

Dipl.-Ing. Genis Brustenga
ist zuständig für die Infotainment-Peripherie des Audi Q3 bei der AUDI AG in Ingolstadt.

Dipl.-Ing. Gerard Pujol
ist zuständig für die Sound Applikation des Audi Q3 bei der AUDI AG in Ingolstadt.

Außen- und Innenbeleuchtung

Dipl.-Ing. Manuel Brosinger
ist Projektleiter Scheinwerfer bei der AUDI AG in Ingolstadt.

Dipl.-Ing. (FH) Markus Halm
ist Projektleiter Heckleuchten bei der AUDI AG in Ingolstadt.

Dipl.-Ing. (FH) Tobias Schwab
ist Teamkoordinator Entwicklung Innenlicht bei der AUDI AG in Ingolstadt.

Farb-Kombiinstrument

Dipl.-Ing. Lorena Belenguer Solaz
ist zuständig für die Fahrzeugprojektleitung der Anzeige- und Bedienungsumfänge des Audi Q3 bei der AUDI AG in Ingolstadt.

Dipl.-Ing. Olga Parra Labalsa
ist Projektleiterin Kombiinstrument Q3 bei der AUDI AG in Ingolstadt.

Dipl.-Ing. Daniel Cortes Bescos
ist zuständig für die Konstruktion des Kombiinstruments des Audi Q3 bei der AUDI AG in Ingolstadt.

Dipl.-Ing. Jan Panek
ist zuständig für die Entwicklung der Elektronik der Kombiinstrumente der A-Reihe bei der AUDI AG in Ingolstadt.

Bordnetz

Dipl.-Ing. Helmut Hummel
ist Leiter der Bordnetzentwicklung A0- und A-Reihe bei der AUDI AG in Ingolstadt.

Anton Spies
ist Projektleiter für Bordnetzsysteme in der Entwicklung Elektronik bei der AUDI AG in Ingolstadt.

Dipl.-Ing. (TU) Fernando Quilez Calvo
ist Fachprojektleiter für die Entwicklung Bordnetz Q3 bei der AUDI AG in Ingolstadt.

Karosserieelektronik

Dipl.-Ing. Frank Müller
ist zuständig für die Entwicklung von Keyless-Systemen in der Entwicklung Zugangssysteme der AUDI AG in Ingolstadt.

Dipl.-Ing. (FH) Markus Bonschab
ist zuständig für die Elektronikentwicklung des Service Key in der Entwicklung Zugangssysteme der AUDI AG in Ingolstadt.

Dipl.-Ing. (BA) Martin Geissenhöner
ist zuständig für die Entwicklung von Fahrberechtigungssystemen in der Entwicklung Zugangssysteme der AUDI AG in Ingolstadt.

Dipl.-Ing. (FH) Peter Becker
ist Projektleiter in der Entwicklung Karosserieelektronik bei der AUDI AG in Ingolstadt.

Funktionsintegration

Dipl.-Ing. Tobias Bumes
ist innerhalb der Abteilung Integration Elektrik/Elektronik Gesamtsystem zuständig für die Funktionsintegration im Audi Q3 bei der AUDI AG in Ingolstadt.

Dipl.-Ing. Jörg Schlinkheider
ist Leiter E/E-Konzept-, -Architektur- und -Gateway-Entwicklung bei der AUDI AG in Ingolstadt.

Martorell – ein neuer Standort im Audi Produktionsnetzwerk

Dipl.-Wirtsch.-Ing. Andreas Rapp
ist Leiter Projektsteuerung Produktion für den Q3 und den Q7 bei der AUDI AG in Ingolstadt.

Thomas Mayerhofer
ist Fachprojektleiter Karosseriebau für den Q3 bei der AUDI AG in Ingolstadt.

Dipl.-Ing. Beatriz Colomer
ist Fachprojektleiterin Lackiererei für den Q3 bei der AUDI AG in Ingolstadt.

Dipl.-Ing. Norbert Baumgartner
ist Fachprojektleiter Montage für den Q3 bei der AUDI AG in Ingolstadt.

Dipl.-Wirtsch.-Ing. (FH) Thomas Richter
ist Fachprojektleiter Elektrik/Elektronik Produktion für den Q3 bei der AUDI AG in Ingolstadt.

Inhaltsverzeichnis

Antrieb

Fahrdynamik

Karosserie

Interieur

Aerodynamik / Aeroakustik

Fahrerassistenz

Fahrzeugsicherheit

Elektrik / Elektronik

Der neue Audi Q3

Entwickelt aus neuen Ansprüchen

Dipl.-Kffr. Sandra Göres | Dipl.-Kffr. Petra Voith-Wittmann | Dipl.-Ing. Herbert Schmid

Im Herbst 2011 ergänzt der Audi Q3 als jüngstes, kompaktes Mitglied die SUV-Familie von Audi. Er beeindruckt durch seinen sportlich-muskulösen Charakter sowie die moderne, coupéhafte Linienführung und ist dabei ein durch und durch authentisches SUV. Dieses Konzept macht den Audi Q3 für mehr als eine Zielgruppe interessant, erfüllt er doch vielseitige Kundenansprüche. In einer Launch-Kampagne können die Kunden den Audi Q3 seit Frühjahr 2011 virtuell und real erleben.

Drei Kundengruppen im Fokus

Der Audi Q3 vereint die Anforderungen einer modernen, urbanen Welt mit den authentischen Stärken eines SUV (Sports Utility Vehicle). Er ergänzt die erfolgreiche SUV-Familie von Audi, die mit dem Audi Q7 im März 2006 begründet wurde. Der Audi Q5 ist als Sportwagen unter den SUV positioniert. Seit 2008 führt er erfolgreich das SUV-Segment der Premiummittelklasse an. Der Audi Q3, als jüngstes Mitglied der Audi Q-Familie, positioniert sich als lifestyle-orientiertes, urbanes Fahrzeug im SUV-Segment der Kompaktklasse. Das Segment der SUV ist weltweit eines der erfolgreichsten Fahrzeugkonzepte. Das stark wachsende Premiumsegment der kompakten SUV steht dabei erst am Anfang seiner Entwicklung.

Der Audi Q3 ist das junge, kompakte Performance-SUV von Audi. Er spricht Trendsetter, Familien und Paare an, die Wert auf Individualität, charakteristisches Design und hohe Funktionalität legen. Die potenziellen Audi Q3-Kunden führen einen aktiven und modernen Lebensstil. Diese Kunden lassen sich in drei Gruppen unterteilen – und egal aus welchem Blickwinkel man den Audi Q3 betrachtet, er zeigt seine Stärken.

Die erste Gruppe umfasst junge, meist männliche Kunden. Sie sind über 30 Jahre alt, Singles und beruflich erfolgreich. Sie wünschen sich ein modernes, kompaktes SUV. Das coupéhafte Design des Audi Q3 steht für ihren modernen und expressiven Lebensstil.

Der Audi Q3 ist zudem ideal für Paare mittleren Alters, zwischen 30 und 50 Jahren, beziehungsweise für Familien mit kleinen Kindern unter zehn Jahren. Sie suchen ein multifunktionales SUV mit Raum für Familien- und Freizeitaktivitäten, das zudem sportlich und kraftvoll ist. Der Audi Q3 spricht aber genauso Best Ager an, also junggebliebene Paare über 50 Jahren mit erwachsenen Kindern, die bereits außer Haus sind. Sie führen einen aktiven Lebensstil und schätzen die kompakten Abmessungen, die Übersichtlichkeit, die hohe Sitzposition und den leichten Ein- und Ausstieg.

Allen Kunden gemeinsam ist das Interesse an einer progressiven und markanten Linienführung, Individualität und multifunktionalen Einsatzmöglichkeiten. Die Kundengruppen legen besonderes Augenmerk auf kompakte Abmessungen, Effizienz, Funktionalität, Sicherheit, Praktikabilität, Stil und Hochwertigkeit. Die dynamische und junge Kundengruppe fühlt sich in einer aktiven, modernen und urbanen Lebenswelt wohl.

Vier Positionierungssäulen

An diesen Kundenansprüchen orientiert sich der Audi Q3 mit vier wichtigen Positionierungsspitzen:

- Design
- Fahrerlebnis
- SUV-Eigenschaften und Alltagstauglichkeit
- innovative Ausstattungen.

Qualität und Hochwertigkeit zeichnen den Audi Q3 zudem als echten Audi aus. Der muskulöse Gesamteindruck ist prägend für den Audi Q3. Bei klarer Zugehörigkeit zur Audi Q-Familie vermittelt er gleichzeitig einen eigenständigen, sportlichen Charakter. Die stark abfallende Dachlinie und die flach gestellte Heckscheibe sind einzigartig im Wettbewerbsumfeld. Der dominante, vertikal orientierte Singleframe, die Xenon plus-Scheinwerfer und die vertikal wie ein Muskel auf der Motorhaube verlaufende Sicke stehen für Kraft und Präsenz. Die umgreifende Heckklappe und die LED-Heckleuchtengrafik betonen die Breite.

Der Audi Q3: jung, urban, lifestyle-orientiert

Die gespannte Anmutung des Exterieurs findet sich auch im Interieur wieder. Eine kraftvolle Linie auf der Armaturentafel unterstreicht die horizontale Ausrichtung; der Audi typische Wrap-around-Effekt sorgt bei den Passagieren für Geborgenheit.

Die Auswahl an Farben, Stoffen und Materialien spricht alle Zielgruppen an und bietet reichlich Möglichkeiten zur Individualisierung. Die Außenfarben reichen von erdigen, gedeckten Tönen, wie Platinbeige und Karibubraun, bis hin zu expressiven Farben wie Samoaorange. Die Individualisierung zeigt sich ebenso in den fünf verschiedenen Möglichkeiten, die Anbauteile des Exterieurs zu gestalten. Von einer dezenten, eleganten Volllackierung in Wagenfarbe bis hin zum extrovertierten Offroad Paket – der Audi Q3 erscheint jedes Mal mit einem völlig anderen Aussehen. Auch das Interieur besticht durch Vielfalt mit innovativen Dekorleisten, wie den neuen dreidimensionalen Aluminiumdekoreinlagen mit silber-transparenter Anmutung oder dem offenporigen Lärchenholz – Glanzlichter mit beeindruckender Wirkung.

Faszinierendes Fahrerlebnis

Die leistungs- und drehmomentstarken TFSI- und TDI-Aggregate, das sportliche Siebenganggetriebe S tronic und der quattro-Antrieb bieten Fahrspaß bei hoher Effizienz. Die kraftvollen 2,0-l-TFSI-Aggregate leisten 125 kW beziehungsweise 155 kW, die beiden TDI-Motoren 103 kW beziehungsweise 130 kW. Durch Bremsenergierekuperation, Start-Stopp-System und Schaltpunktanzeige für jeden Antrieb erzielt der Audi Q3 niedrige CO_2-Emissionen. Vorsprung durch Technik zeigt sich in progressiven Ausstattungen wie Audi drive select mit den vier Modi

efficiency, comfort, dynamic und auto. Diese passen bei der optionalen elektronischen Dämpferregelung zusätzlich die Dämpfercharakteristik fortlaufend an und bieten so erstklassigen Federungskomfort.

Exklusive Ausstattungen

Der Audi Q3 ist ein authentisches SUV – bereits optisch unverkennbar durch die muskulöse Linienführung, die große Bodenfreiheit und die hohe Sitzposition. Auch die abgesetzten Radlaufblenden und die groß dimensionierten Räder prägen den markanten Eindruck. Ein wertvoller SUV-Vorteil ist der Bergabfahr- ebenso wie der komfortable Anfahrassistent. Der Audi Q3 stellt seine Alltagstauglichkeit eindrucksvoll unter Beweis: Multifunktionalität durch den Wendeladeboden und das Ablage- und Gepäckraumpaket sowie den klappbaren Beifahrersitz, der den Transport sperriger Gegenstände ermöglicht. Der kompakte Audi Q3 eignet sich perfekt für den Einsatz im urbanen Umfeld; den Fahrer unterstützen innovative Ausstattungen wie Einparkhilfen, auf Wunsch auch mit Rückfahrkamera oder Parkassistent, Audi adaptive light oder der Fernlichtassistent.

Intelligente Optionen, wie die MMI Navigation plus mit 7-Zoll-Farbbildschirm für ein innovatives und intuitives Navigieren, das Bluetooth-Autotelefon online, das Bose Surround Sound-System oder das progressive Connectivity Paket bieten Audi typische Qualität. Geschätzte Optionen aus der Oberklasse stehen auch dem Audi Q3-Fahrer zur Verfügung, beispielsweise Audi side assist sowie Audi active lane assist, und lassen keinerlei Komfortwünsche offen.

Der dominante Singleframe und die vertikal wie ein Muskel auf der Motorhaube verlaufende Sicke stehen für Kraft und Präsenz

Der Audi typische Wrap-around-Effekt sorgt bei den Passagieren für Geborgenheit

Kommunikations-kampagne

Seit der Präsentation der zukunftsweisenden Q3-Studie Audi Cross Coupé quattro auf der Automobilmesse Shanghai 2007 weckt der Audi Q3 großes Interesse. Voller innovativer Ideen ist auch die Kommunikation rund um den neuen Audi Q3. Nach einer ersten Teaser-Phase, die Aufmerksamkeit weckte, finden die Kunden sowohl auf der Audi Microsite als auch auf der Social-Media-Plattform You Tube erste Informationen zum neuen Audi Q3. Der Auftritt auf You Tube mit Filmen, Produktinformationen und interaktiven Wettbewerben ist eine Neuheit im Automobilmarketing. Doch nicht nur virtuell, auch ganz real ist der neue Audi Q3 zu erleben. Bis der Audi Q3 im Herbst 2011 über die Straßen rollt, erhalten Interessenten ein Q3-Magazin, können spannende Onlineauftritte verfolgen und das Fahrzeug bei Messen, Probefahrtaktionen und im Q3 Cube hautnah erleben.

IN Q 3131

Exterieur- und Interieurdesign

Martin Friedemann

Durch sein wandelbares und zugleich funktionales Erscheinungsbild wird der Audi Q3 zum perfekten Begleiter für sehr unterschiedliche Zielgruppen. Das Design verleiht dem Fahrzeug bereits im Stand Robustheit und Kraft. Zugleich entfaltet der Q3 jedoch auch einen sportlich-agilen, coupéhaften Charakter.

Ein echtes Charakterfahrzeug

Bereits auf den ersten Blick besticht Audis jüngstes Familienmitglied durch eine doppelte Überraschung. Die kompakten Abmessungen im Exterieur erstaunen den Betrachter – sind sie im SUV-Bereich (Sports Utility Vehicle) doch eher untypisch. Setzt man sich dann hinein, folgt die zweite: denn die Großzügigkeit im Innenraum ist für ein Fahrzeug im A-Segment überragend. Der Audi Q3 ist ein echtes Charakterfahrzeug, wirkt er doch nicht wie „ein kleiner Bruder von ...", sondern überzeugt durch eine ganz individuelle Identität. Er verfügt über den robusten Charakter eines vollwertigen SUV im A-Segment, gepaart mit einer coupéhaften Linienführung, die in diesem Segment einzigartig ist – und doch Audi typisch. Der Audi Q3 ist kompakt, flexibel und funktional und damit auch eine gute Option für Menschen, die viel in der Stadt unterwegs sind.

Audi hält eine große Palette an Ausstattungsvarianten bereit und ermöglicht damit nahezu unbegrenzte Individualisierungsmöglichkeiten. So lassen sich einzelne Eigenschaften des Grundcharakters individuell betonen: Vom eleganten Aussehen mit Anbauteilen in Volllackierung bis hin zur extrovertierten Offroadvariante ist alles möglich.

Rundgang um das Fahrzeug

Der Audi Q3 zeigt auf den ersten Blick die Gene der Q-Familie. Dazu gehören der vertikal orientierte Singleframe Kühlergrill und die stark ausgeprägten Radhäuser. Sie verleihen dem Fahrzeug bereits im Stand Robustheit und Kraft. Im Gegensatz zu seinen großen Brüdern Q5 und Q7 entfaltet

Die Front ist geprägt durch ein aufregendes Spiel aus Licht und Schatten

der Q3 jedoch auch einen sportlich-agilen, coupéhaften Charakter.

Die Front wird dominiert durch den Singleframe-Kühlergrill mit Anfasungen in den oberen Ecken. Leuchten und Lufteinlässe sind geschützt in starken Vertiefungen eingelassen. Die Flächen werden hochpräzise dreidimensional modelliert. Es entsteht ein aufregendes Spiel aus Licht und Schatten. Gleichzeitig wird dadurch auch formal der Offroadcharakter des Fahrzeugs herausgearbeitet.

Wie ein Muskel verläuft eine Sicke vertikal über die Motorhaube, weiter über die Stoßfänger bis hin zum Lufteinlass. Diese Linie unterstützt gemeinsam mit dem vertikal orientierten Singleframe Kühlergrill den kraftvollen Gesamteindruck. Wie bei allen Audi SUV verfügt der Q3 ebenfalls über einen Unterfahrschutz. Er wird je nach Ausstattungslinie immer formal, in der Basisvariante jedoch nicht farblich, herausgearbeitet.

Die Leuchten sind ein zentrales Element bei der Charakterdefinition eines Fahrzeugs. Vergleichbar mit dem menschlichen Auge prägen sie ganz entscheidend die Ausstrahlung und Identität des Audi Q3. Sie geben dem Wagen einen entschlossenen, extrovertierten Blick. Das Tagfahrlicht ist in eine Spange integriert, die nach außen geöffnet ist. Die tiefe Einlassung der Leuchte in die Karosserie hat einen funktionalen und ästhetischen Grund: So sind die Scheinwerfer besser geschützt und wirken gleichzeitig robust. Das betont den progressiven SUV-Charakter. Das Blinklicht ist formal perfekt integriert. Das Tagfahrlicht ist in LED-Lichtleitertechnik als homogenes Leuchtband und nicht mehr punktförmig angeordnet – eine Premiere in der Q-Baureihe. Damit bestätigt Audi einmal mehr seine Marktführerschaft in der LED-Technik und setzt das weiterentwickelte LED-Licht nach Audi A8, A1, A7 Sportback und A6 nun auch im aktuellsten Modell ein.

Auch in der Seitenansicht kommt der dynamische Charakter des Audi Q3 zum Ausdruck. Die nach vorne drängende Silhouette und die extrem coupéhaft-abfallende Dachlinie transportieren eine klare Botschaft: Hier kommt der progressivste SUV im A-Segment. Der Coupécharakter sorgt für ein Alleinstellungsmerkmal im

Die Heckleuchten zeigen klares und progressives Design

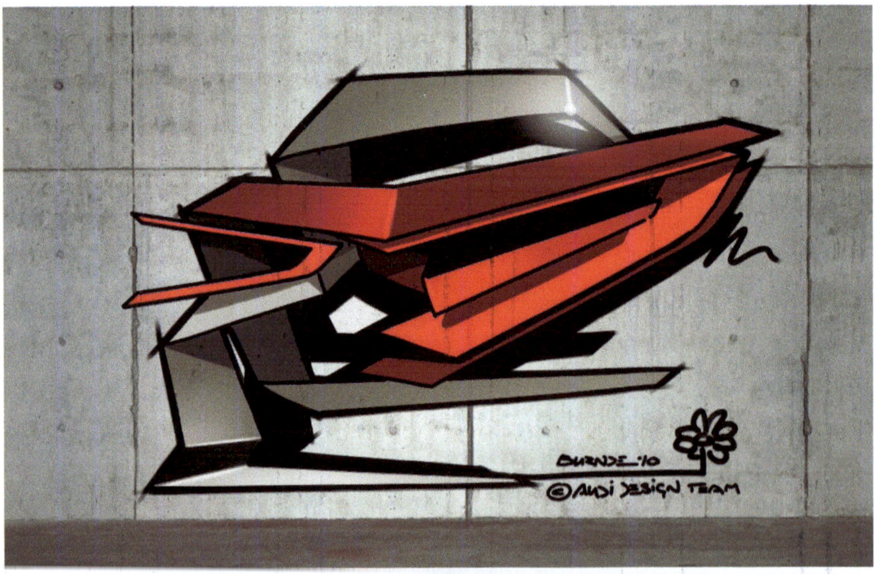

Unterm Strich: ein Fahrzeug – viele Gesichter

Q-Lenkrad mit unterer Doppelspeiche

Der Audi Q3 ist die richtige Antwort auf die Fragen unserer Zeit: Das frische Aussehen des Fahrzeugs überzeugt mit Abmaßen, die nicht prahlerisch wirken und gleichzeitig ein hohes Maß an Funktionalität bieten. Die wiederkehrende Kritik an SUV im Allgemeinen, sie würden überdimensioniert wirken und seien durch hohe Verbrauchswerte nicht zeitgemäß, setzt der Audi Q3 spielerisch außer Kraft. Was bleibt ist purer, individueller Fahrspaß. Durch sein wandelbares und zugleich funktionales Erscheinungsbild wird der Audi Q3 zum perfekten Begleiter für sehr unterschiedliche Zielgruppen. Während der junge lifestyleorientierte Single den sportlich-dynamischen Charakter schätzen wird, lässt sich das Best-Ager-Ehepaar für die gute Übersicht im Straßenverkehr und die hohe Funktionalität begeistern.

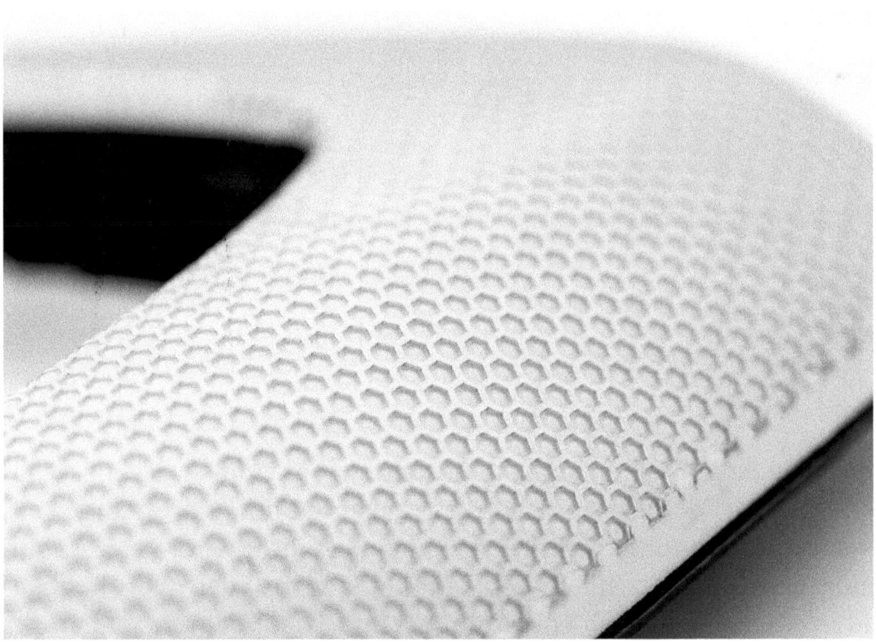

Aluminiumapplikation mit dreidimensionalem Aussehen für den Innenraum

Fahrzeugkonzept

Dipl.-Ing. Hans-Jürgen Rudolph | Dipl.-Ing. Thomas Soppa | Carsten Dahlems | Jürgen Meurle

Große Räder, hohe Bodenfreiheit, robuste Gestaltung des Front-, Heck- und Radhausbereichs sowie der quattro-Antrieb – diese Merkmale des Audi Q3 sorgen dafür, dass er allen Anforderungen des SUV-Segments gerecht wird. Das gesamte Fahrzeugkonzept wurde speziell auf den Premiumanspruch des Audi Q3 abgestimmt und in einem effizienten Entwicklungs- und Erprobungsprozess umgesetzt. Leistungsstarke Motorisierungen und umfassende Effizienzmaßnahmen sorgen für souveräne Fahrleistungen und geringen Kraftstoffverbrauch.

Technisch und emotional unverwechselbar

Der Audi Q3 ist die Erweiterung der Audi Produktpalette im premiumorientierten SUV-Segment (Sports Utility Vehicle) nach unten. Wie bei allen Audi Fahrzeugen ist es die Kombination von sportlichem Fahrerlebnis, Alltagstauglichkeit, Komfort und eigenständigem Design, die ihn sowohl technisch als auch emotional unverwechselbar macht. Große Räder, hohe Bodenfreiheit, robuste Gestaltung des Front-, Heck- und Radhausbereichs sowie der quattro-Antrieb sind die Garanten dafür, allen Anforderungen des SUV-Segments gerecht zu werden. Die auf dem Audi TT basierende Technik eröffnet die Möglichkeit, alle im Premiumsegment selbstverständlichen Komfort- und Assistenzsysteme zu integrieren sowie heutige und auch zukünftige Sicherheitsanforderungen zu erfüllen. In Summe ist der Audi Q3 das perfekte Angebot für all jene, die im „Großstadtdschungel" leben, jedoch immer gerüstet sein wollen, diesem auch entfliehen zu können.

Projektziele

Nach Audi Q7 und Q5 ist der Audi Q3 die logische Erweiterung des SUV-Angebots auf das A-Segment. „Sportlich, progressiv, hochwertig" umschreibt umfassend den Anspruch, den auch dieser Audi zu erfüllen hat. Für die Realisierung war es jedoch unumgänglich, diesen Anspruch präziser zu formulieren, um die sich daraus teilweise ergebenden technischen und wirtschaftlichen Widersprüche aufzulösen.
Folgende Merkmale des Audi Q3 sollten den Anspruch auf Sportlichkeit stützen:

- sportliches Design durch kurze Überhänge, breite Spur, markante Radläufe, coupéhafte Dachlinie und die umgreifende Heckklappe
- c_W-Wert von 0,32 trotz großer Räder und hoher Bodenfreiheit als Grundvoraussetzung für sportlich-überlegene Fahrleistungen und Energieeffizienz
- ungeachtet des SUV-bedingt hohen Schwerpunkts beispielhaftes Fahrverhalten, das erst spät den Eingriff des serienmäßigen ESP anfordert und trotzdem allen Komfortansprüchen gerecht wird.

Zur Progressivität gehören:

- höchster Stand aktiver und passiver Sicherheit
- Alltagstauglichkeit, die in der Tiefgarage beginnt und erst abseits befestigter Straßen endet, eine Anhängerkupplung, die zwei Tonnen Last zieht, aber keine schmutzigen Hände verursacht, ein langstreckentaugliches Tankvolumen und eine Dachlast von 75 kg
- Umweltverträglichkeit und Wirtschaftlichkeit durch günstige Verbrauchswerte bei gleichzeitig überlegenen Fahrleistungen und niedriger Versicherungsklasseneinstufung.

Die Hochwertigkeit machen aus:

- Verarbeitungsqualität innen und außen, im Verbund und im Detail
- anspruchsgerechte Materialauswahl in allen Haptikbereichen
- Zuverlässigkeit, Langlebigkeit und Werthaltigkeit.

Konzeptentwicklung

Die Eigenschaften eines Fahrzeugs werden hauptsächlich mit den vier Oberbegriffen Design, Karosserie, Antrieb und Fahrdynamik charakterisiert. Die qualitativen Fahrzeugcharakteristika, die bereits in den Eigenschaftsspinnen des Fahrzeugs definiert wurden, werden im weiteren Entwicklungsprozess quantifiziert und als Zielgrößen im Lastenheft verankert. Hieran orientiert sich die Steuerung der Fahrzeugeigenschaftsentwicklung für ein stimmiges Gesamtkonzept, das alle Anforderungen hinsichtlich identifizierter Kundenerwartung und gesetzten Unternehmenszielen erfüllt.

Design

Neben seiner SUV-typischen Architektur besticht der Audi Q3 vor allem durch sein aktives, sportliches Gesamterscheinungsbild. Dies wird im Wesentlichen durch seine coupéhafte Dachlinie und die umgreifenden Heckklappe erzielt. Die Frontpartie wird maßgeblich durch den Audi typischen Singleframe Kühlergrill und die in ihrer Grafik bisher einzigartigen Frontscheinwerfer charakterisiert. Im Innenraum sind die Audi typische Fahrerorientierung der Bedien- und Anzeigeelemente sowie der aus dem A8 bekannte Wrap-around-Bogen prägend.

Fahrerlebnis und Komfort

Präzise Lenkansprache und ein ausgewogenes Kurvenverhalten sind Voraussetzungen für agiles, leicht kontrollierbares Handling und damit entspanntes Fahren, insbesondere bei hohen Geschwindigkeiten. Unterstützt wird dies durch die Auslegung eines Sitz- und Fahrzeugfederungskomforts, der den Fahrer in seiner Kombination auch auf langen Strecken nicht ermüdet. Fahrbahneinflüsse werden nur insoweit auf die Insassen übertragen, wie es zum Erkennen der jeweiligen Fahrsituation notwendig ist.

Alltagstauglichkeit

Bei der Entwicklung des Audi Q3 hatten stadtgerechtes Handling, fahrerorientierte Funktionalitäten und die Integration von Assistenzsystemen hohe Priorität: zum Einparken absenkbare Außenspiegel, stufenlose Türfeststeller für enge Parklücken, Einparksysteme, eine berührungsfrei ausklappende Anhängerkupplung, eine niedrige Ladekante, ein multifunktionaler Ladeboden, Audi side assist, Audi lane assist, Verkehrszeichenerkennung, Licht- und Regensensorik, Berganfahrassistent und Hillhold-Funktion in der elektrischen Parkbremse, Innenraumvariabilität und Ablagemöglichkeiten – das sind nur einige der an das Fahrzeugkonzept gestellten Anforderungen.

Technisches Konzept

In zahlreichen Arbeitsrunden zusammen mit den für Markt, Kundendienst, Controlling, Qualität, Produktion und Technik verantwortlichen Bereichen wurden Ideen, Eigenschaftsprofile und Konzeptansätze diskutiert und zu einem Konzeptsteckbrief zusammengefasst. Modulare, aus Audi TT, Audi A3 und Audi A4 stammende Baugruppen wurden auf ihre Verwendbarkeit für den neuen Audi Q3 geprüft, ohne dadurch Abstriche beim geplanten SUV-Charakter machen zu müssen. Maßkonzept, technische Zielwerte und geplante Eigenschaften wurden sowohl der Audi Fahrzeugpalette als auch dem Wettbewerbsumfeld gegenübergestellt und eingegrenzt.
Die Hauptanforderungen wurden wie folgt zusammengefasst, Bild 1:

- eingeschränkte Geländetauglichkeit („Großstadtdschungel")
- SUV-Eigenschaften
- Anhängelast 2000 kg
- maximaler Einsatz von Fahrerassistenzsystemen

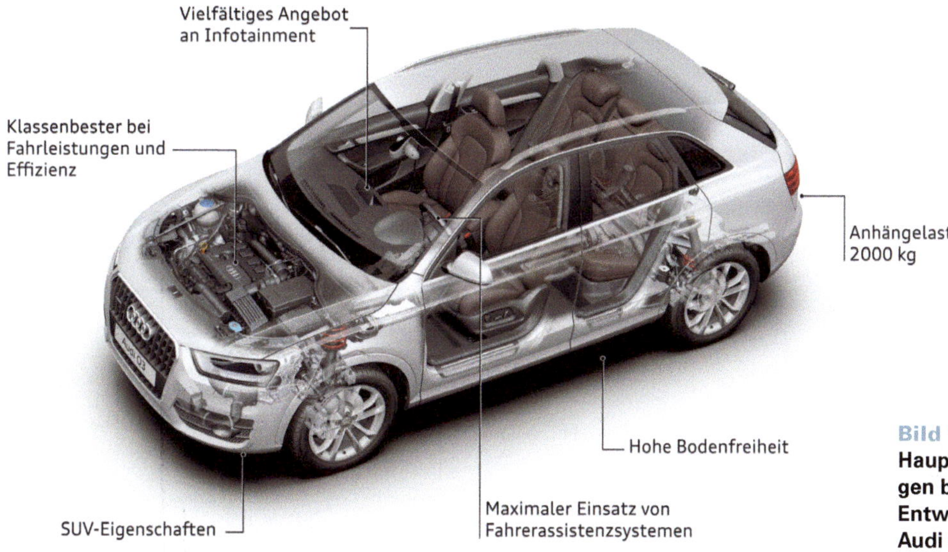

Bild 1
Hauptanforderungen bei der Entwicklung des Audi Q3

- vielfältiges Angebot an Infotainment
- Klassenbester bei Fahrleistungen und Effizienz.

Maßkonzept

Mit Q7 und Q5 gelang Audi der äußerst erfolgreiche Einstieg in das SUV-Segment. Diese Erfolgsgeschichte soll jetzt mit dem Audi Q3 fortgeschrieben werden. Für die Maßkonzeption des Audi Q3 bestand die Herausforderung darin, auf der einen Seite die Erfolgsfaktoren der größeren Baureihen wie die sportliche Silhouette auf den Q3 zu übertragen, auf der anderen Seite galt es, den Q3 signifikant zum Q5 abzugrenzen.

Die Fahrzeuglänge des Q3 ist mit 4385 mm um 244 mm kürzer als beim Q5, womit er sich klar von diesem abgrenzt, Bild 2. Der Längenunterschied setzt sich folgendermaßen zusammen: Der Vorderwagen ist durch die Beschränkung auf quereingebaute Reihenmotoren 128 mm kürzer. Der Innenraum ist gegenüber dem Q5 zwar um 42 mm kürzer, dennoch verfügt der Q3 über eine außerordentlich gute Kniefreiheit von 36 mm. Die restlichen 74 mm im Größenunterschied entfallen auf den Hinterwagen.

Bei der Höhenauslegung wurde besonderer Wert auf die für SUV charakteristischen Maße in Bezug auf Sitzhöhe über Fahrbahn und Sitzhöhe im Fahrzeug gelegt. Die Basis für den Höhenaufbau liefern die Räder, die auf einen Nenndurchmesser von 703 mm ausgelegt sind. Damit erreicht der Q3 eine Sitzhöhe in der ersten Sitzreihe von 642 mm über Fahrbahn. Passagiere der zweiten Sitzreihe sitzen auf einer Höhe von 670 mm über Fahrbahn. Dies ermöglicht zum einen ein bequemes Ein- und Aussteigen, zum anderen eine gute Sicht nach Außen und damit eine größere Übersicht über das Verkehrsgeschehen. Die Silhouette des Q3 ist die Audi typische sportlich-coupéhafte Interpretation eines SUV, trotzdem verfügt der Q3 über eine Kopffreiheit von 1019 mm in der ersten und 969 mm in der zweiten Sitzreihe. Die Gesamthöhe des Q3 über Fahrbahn beträgt nur 1587 mm.

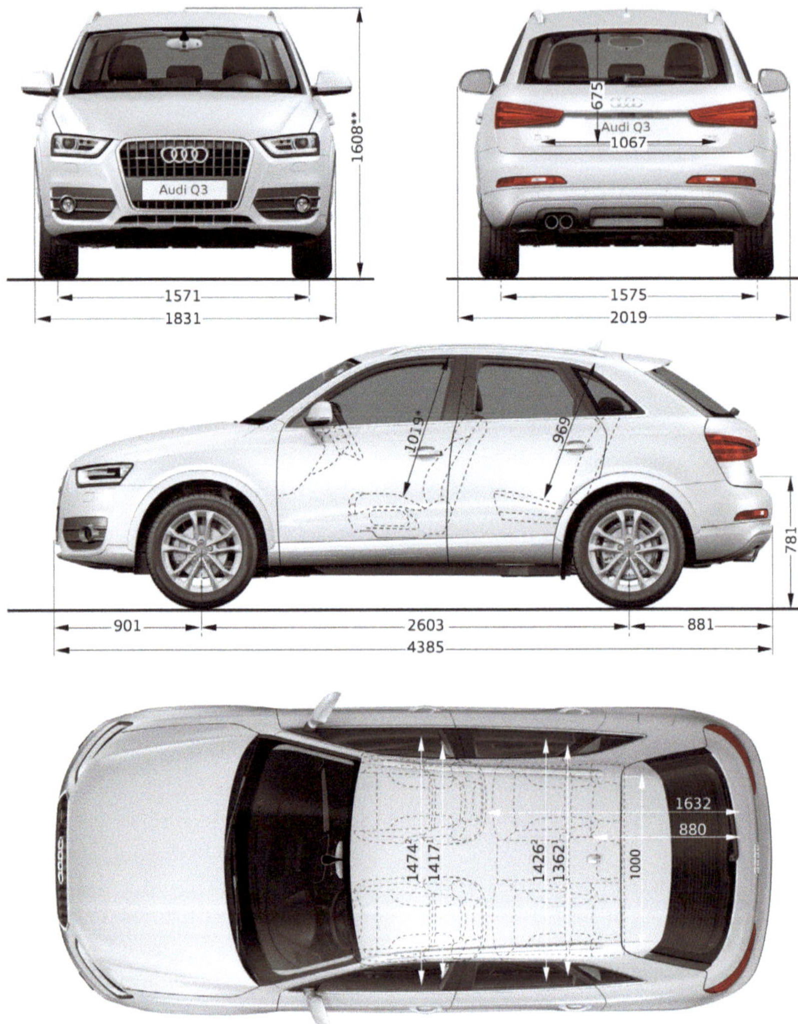

[1] Breite Schulterraum
[2] Breite Ellbogenraum
* Maximaler Kopfraum
** Ohne Dachantenne verringert sich die Fahrzeughöhe um 18 mm
Angaben in Millimeter
Angabe der Abmessungen bei Fahrzeugleergewicht

Bild 2
Maßkonzept

Auch in Bezug auf die Breite wurde auf eine SUV-charakteristische Auslegung geachtet. Die Spur vorne misst 1571 mm und hinten 1575 mm. Insgesamt kommt die Karosserie auf eine Breite von 1825 mm und ermöglicht so gute Werte für Ellenbogen- und Schulterfreiheit der Insassen. Diese macht in der ersten Sitzreihe sehr gute 1474 mm beziehungsweise 1417 mm aus.

Gepäckraum

Der Gepäckraum nimmt ein Volumen nach DIN von ausgezeichneten 460 l auf und ist 880 mm lang. Die Rücksitzbank ist 1/3 zu 2/3 geteilt und lässt sich getrennt umklappen, Bild 3.

Bei umgeklappter Rücksitzbank kann eine Gepäckraumlänge von 2457 mm und ein Gepäckraumvolumen bis Oberkante Sitz von 640 l erzielt werden. Ebenfalls ausgezeichnet für die Fahrzeugklasse ist die Durchladebreite von 1000 mm, die Einladebreite beträgt sogar 1067 mm. Der Hinterwagen des Q3 ist so ausgeführt, dass das optional bestellbare Notrad unter dem Ladeboden untergebracht werden kann.

Ergonomie

Mit dem Q3 beschreitet Audi erstmals das Segment der kompakten SUV. Die Herausforderung bei der Interieurauslegung war, den Premiumanspruch von Audi mit den SUV-spezifischen Anforderungen für dieses Segment bezüglich Alltagstauglichkeit zu verbinden. Die ergonomische Auslegung des Innenraums spielt hierbei eine Schlüsselrolle. Die Gestaltung des Cockpits für den Q3 wurde Audi typisch mit einer leichten Orientierung zum Fahrer hin umgesetzt. Dadurch ergeben sich eine optimale Sicht auf MMI-Bildschirm und Displays und eine perfekte Zugänglichkeit der Bedienelemente.

Der Getriebeschalthebel beziehungsweise der Wählhebel für die S tronic sind so ausgelegt, dass neben idealer Bedienbarkeit auch eine perfekte Nutzung der dahinter liegenden Cupholder gegeben ist. Die optionale Beleuchtung erleichtert das zielsichere Abstellen einer Getränkeflasche bei Dunkelheit. Die Armauflagen in den Türverkleidungen sind so konzipiert, dass sowohl kleine als auch große Insassen optimale Abstützmöglichkeiten vorfinden; die Armauflage der Mittelarmlehne kann der Fahrer mittels Längs- und Höheneinstellung

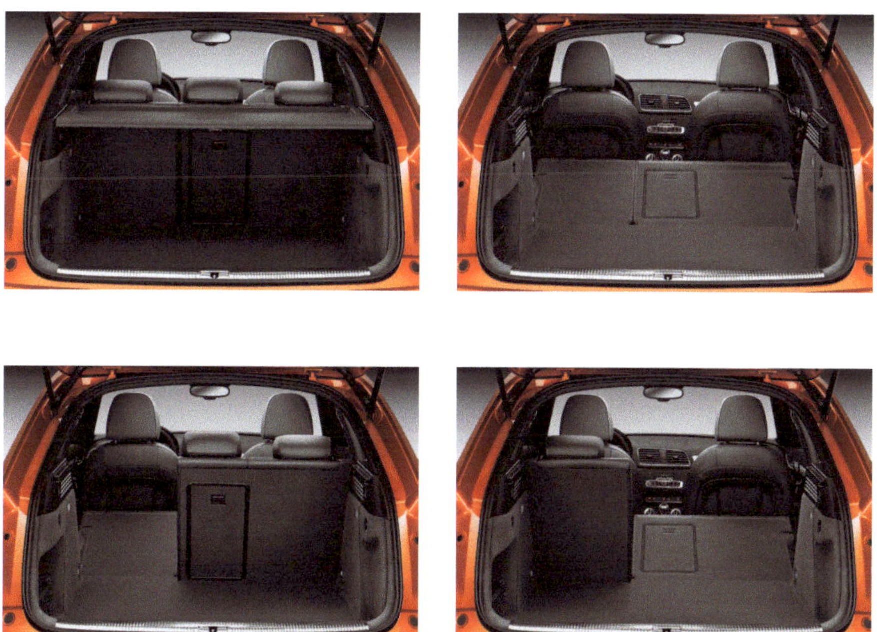

Bild 3
Die Rücksitzbank ist 1/3 zu 2/3 geteilt und lässt sich getrennt umklappen

für alle Sitzpositionen komfortabel einstellen.

Aufgrund der Anforderungen hinsichtlich Alltagstauglichkeit wurde dem Thema Ablagenkonzept bei der Interieurgestaltung besonderes Augenmerk geschenkt. So bieten das Handschuhfach und die Ablage unter der Mittelarmlehne ein für den Kunden sehr gut nutzbares Volumen. Auch in den Türverkleidungen finden sich große Ablagen, in die die Passagiere Getränkeflaschen einstellen können. Der neue Audi Q3 zeigt, wie man Premiumanspruch mit optimalem Kundennutzen verbinden kann: Er bietet einen perfekt auf den Menschen abgestimmten Innenraum und wird gleichermaßen den Anforderungen gerecht, die an ein kompaktes SUV gestellt werden.

Entwicklungsprozess

Im Entwicklungsprozess werden die Entwicklungsziele in ein kundentaugliches Produkt umgesetzt. Basis für die technische Definition der Fahrzeugeigenschaften ist die sogenannte Eigenschaftsspinne, Bild 4, die eine Gewichtung der Anforderungen im Fahrzeuggesamtkontext ermöglicht. Sie wird in enger Abstimmung zwischen den Bereichen Produktmanagement, Marketing, Qualität, der technischen Projektleitung sowie den technischen Fachbereichen erarbeitet.

Neben der Steuerung der gewünschten technischen Fahrzeugeigenschaften wird dabei insbesondere die Wirtschaftlichkeit und Umsetzbarkeit in der Großserie hinterfragt. Dazu wird bereits zum Projektentscheid ein Simultaneous-Engineering-Prozess unter Einbindung der Bereiche Einkauf und Produktion gestartet. Die Steuerung des Produktreifegrads erfolgt im gesamten Entwicklungsprozess durch das Setzen und Verfolgen von Meilensteinen. Diese beginnen mit der Konzept- und der Designfestlegung, gehen weiter mit der Vorstellung des virtuellen Prototypen und dem Aufbau physischer Prototypen und münden in die Freigabeprozesse hin zur Serienreife. Die dabei erreichte Transparenz im Prozess trägt wesentlich zur Vernetzung der Geschäftsbereiche von der Entwicklung über die Produktion bis hin zum Marketing und dem Vertrieb bei.

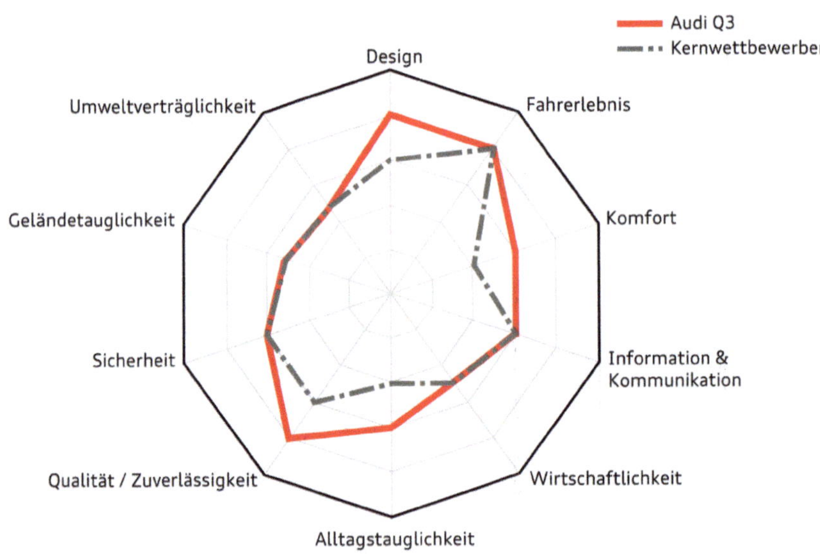

Bild 4
Gewichtung der Fahrzeugeigenschaften

Erprobungsprozess

Der Erprobungs- und Absicherungsprozess beginnt zeitgleich mit der Entwicklung. Jede Festlegung im Design- oder Konzeptprozess wird zunächst in eine digitale Datenform umgesetzt und dann virtuell auf ihre statische und dynamische Kompatibilität zum bereits existierenden Gesamtfahrzeugumfeld überprüft – es entsteht der virtuelle Prototyp. Sicherheits- und festigkeitsrelevante Funktionen werden ebenso wie Montierbarkeit und Montagereihenfolge simuliert. Einzelne Komponenten werden zunächst als isolierte Bau- und Funktionsgruppen allen zu erwartenden thermischen und dynamischen Belastungen unterzogen und als funktionsfähige Teilsysteme in bestehenden Fahrzeugtypen überprüft. Der dabei erreichte Reifegrad ist entscheidend für den Aufbau der physischen Prototypen: Je geringer das Änderungsrisiko, desto präziser, seriennäher und kostengünstiger können Prototypenteile und die Fahrzeugprototypen selbst gefertigt werden. Zudem senkt ein hoher Reifegrad das Risiko bei der Gesamtfahrzeugerprobung, bei der noch einmal alle Bauteile ihre Funktionssicherheit und Dauerhaltbarkeit unter extremen Temperaturen, Umweltbedingungen und Belastungen im Gesamtkontext unter Beweis stellen müssen.

Komplexer Entwicklungsprozess im definierten Zeitrahmen

Ein modernes Fahrzeug wie der Audi Q3 durchläuft heute vom Projektstart bis zur Serie in einem definierten Zeitrahmen einen komplexen Prozess, an dessen Ende – unter Berücksichtigung weltweiter Gesetzesvorgaben sowie verfügbarer Techniken und bei permanentem Abgleich mit dem Wettbewerbsumfeld – ein wirtschaftliches und hochemotionales Produkt entsteht. Ein koordinierter und standardisierter Entwicklungsprozess ist bei Audi insofern von großer Bedeutung, da heute viele Fahrzeugprojekte parallel zur Serienreife vorangetrieben werden.

Der Antrieb

Axel Eiser | Marc Deblaize | Kay Friedmann | Dr. Annegret Kerschenlohr | Markus Schachner

Für den Antrieb des Audi Q3 sorgen die aus anderen Fahrzeugen des Konzerns bekannten, durchzugsstarken TFSI- und TDI-Motoren mit Turboaufladung und Direkteinspritzung. Alle Aggregatekombinationen verfügen serienmäßig über Start-Stopp-Automatik und Bremsenergierückgewinnung. Durch die Summe dieser Maßnahmen verbinden die Antriebe dynamische Fahrleistung mit niedrigem Verbrauch, gleichzeitig erfüllen sie die Abgasnorm Euro 5. Das hocheffiziente und schaltschnelle Siebengang-Doppelkupplungsgetriebe S tronic in Kombination mit Allradantrieb wird vom Verkaufsstart an angeboten.

Ottomotoren

Der TFSI-Motor mit 2,0 l Hubraum, Bild 1, kommt in zwei Leistungsstufen zum Einsatz. Die 155-kW-Variante wird ausschließlich in Kombination mit dem Siebengang-Doppelkupplungsgetriebe S tronic und quattro-Antrieb angeboten. Das maximale Drehmomentplateau von 300 Nm erstreckt sich über eine Drehzahlspanne von 1800/min bis 4900/min und sorgt für hohe Dynamik und Elastizität.

Das Einspritzsystem arbeitet mit einem Raildruck von 150 bar. Die bedarfsgeregelte Einkolben-Hochdruckpumpe wird von vier Nocken am Ende der Auslassnockenwelle angetrieben. Das reibungsoptimierte Grundtriebwerk verfügt über eine volumenstromgeregelte Ölpumpe mit zweistufiger Druckregelung und sichert zusammen mit der effizienten Verbrennung hervorragende Verbrauchswerte. Weitere Reibungsreduzierung wird mit in Form und Oberflächen veränderten Zylinderbohrungen erreicht, die eine reduzierte Vorspannung der Kolbenringe ermöglichen. Durch Optimierung der Haupt- und Pleuellager wurde der Kurbeltrieb an die Anforderungen der Start-Stopp-Technik angepasst. Der für den Q3 neuentwickelte Abgasturbolader aus Stahlguss leistet einen weiteren Beitrag zur Wirtschaftlichkeit. Durch die Anhebung der maximalen Abgastemperatur von 950 °C auf 980 °C wird der Verbrauch speziell im Hochlastbetrieb drastisch gesenkt, was im Kundenbetrieb zu einer spürbaren Kraftstoffeinsparung führt.

Noch verbrauchsgünstiger ist die Einstiegsvariante der Ottomotorisierungen für den Audi Q3 mit 125 kW Leistung und 280 Nm Drehmoment. Sie wird zusätzlich zur S tronic mit einem Sechsgang-Handschaltgetriebe angeboten. Beide

Bild 1
Der 2,0-l-TFSI-Motor

Merkmal		2.0 TFSI - 125 kW	2.0 TFSI - 155 kW
Motorbauart	--	R4 Otto	R4 Otto
Gemischbildung	--	Direkteinspritzung	Direkteinspritzung
Motorsteuerung	--	RB MED17.5	RB MED17.5
Ventile pro Zylinder	--	4	4
Hubraum	l	1,984	1,984
Bohrung / Hub	mm	82,5 / 92,8	82,5 / 92,8
Verdichtung	--	9,6:1	9,6:1
Max. Leistung	kW / min	125 / 4300-6000	155 / 5000-6200
Max. Drehmoment	Nm / min	280 / 1700-4200	300 / 1800-4900
Kraftstoff	ROZ	ROZ 95	ROZ 95
Emissionsklasse	--	Euro 5	Euro 5
Getriebe	--	M6 quattro (S tronic)	Siebengang S tronic quattro

Bild 2 **Technische Daten der Antriebe mit Ottomotor**

Varianten verfügen serienmäßig über den effizienten quattro-Antrieb sowie das Start-Stopp-System und Bremsenergierückgewinnung. Bild 2 fasst die wichtigsten technischen Daten des Motors zusammen, Bild 3 stellt den Verlauf von Leistung und Drehmoment über die Motordrehzahl dar.

Dieselmotoren

Auch die Dieselmotorisierungen vereinen hohe Effizienz mit guten Fahrleistungen. Der TDI-Motor mit 2,0 l Hubraum und Common-Rail-Technik wird ebenfalls in zwei Leistungsvarianten angeboten,
103 kW und 130 kW, Bild 4. Beide Varianten verfügen serienmäßig über Start-Stopp-System sowie Bremsenergierückgewinnung und bieten ein sehr ausgewogenes Verhältnis zwischen Sportlichkeit, hoher Wirtschaftlichkeit und beispielhaften Umwelteigenschaften.
Die wichtigsten Entwicklungsziele der aus dem Audi TT bekannten, zweiten Generation des Dieselmotors waren weniger Verbrauch, unter anderem durch

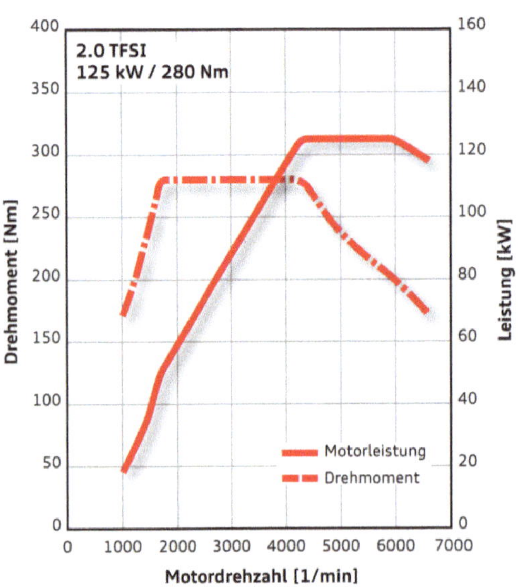

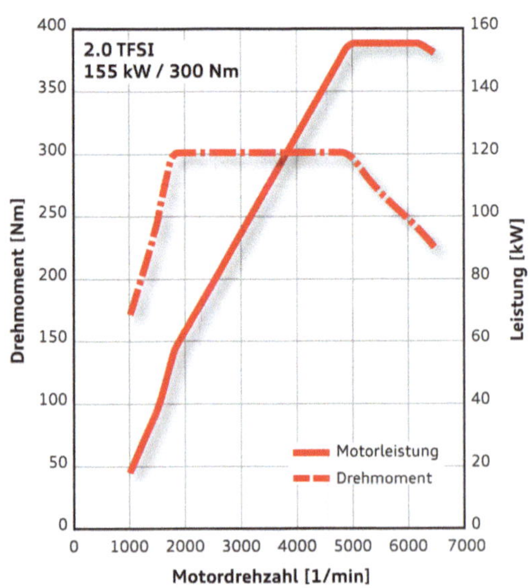

Bild 3 **Leistungs- und Drehmomentkurve der 2,0-l-Ottomotoren**

Bild 4
Der 2,0-l-TDI-Motor

die Reduzierung der Reibleistung des Gesamtmotors, sowie niedrige Abgasemissionen und hoher akustischer Komfort und Laufruhe. Dazu wurde der Motor mit einem Ausgleichswellenmodul zur Verringerung der Massenkräfte zweiter Motorordnung ausgerüstet.

Das Einspritzsystem mit 1800 bar Raildruck trägt maßgeblich zur Akustikverbesserung bei. Die Achtloch-Einspritzdüsen ermöglichen bis zu sechs gezielte Einspritzungen pro Arbeitstakt. Dadurch wird das Geräuschbild deutlich ruhiger und harmonischer. Einen wichtigen Beitrag zur Reibungsreduzierung des Dieselaggregats leistet auch die über Zahnriemen angetriebene, volumendruckgeregelte Ölpumpe.

Der Drehmomentaufbau des Motors wird durch einen optimierten VTG-Abgasturbolader verbessert, der für ein gutes Ansprechverhalten beim Beschleunigen sorgt. Die 130-kW-Variante wird – wie bei der Top-TFSI-Motorisierung – nur in Verbindung mit dem Siebengang-Doppelkupplungsgetriebe S tronic angeboten. Das hohe Drehmoment von 380 Nm steht von 1750/min bis 2500/min zur Verfügung. Der Antrieb vermittelt dadurch ein ausgesprochen harmonisches und kraftvolles Fahrgefühl.

Die 103-kW-Einstiegsmotorisierung mit 320 Nm Drehmoment wird zunächst nur mit dem Sechsgang-Handschaltgetriebe und Frontantrieb angeboten. Sie begeistert durch niedrige Verbrauchswerte bei gleichzeitig hohem Drehmomentangebot. Später sorgt der quattro-Antrieb auch mit diesem Aggregat für mehr Fahrspaß und Sicherheit. Bild 5 fasst die

Bild 5
Technische Daten der Antriebe mit Dieselmotor

Merkmal		2.0 TDI - 103 kW	2.0 TDI - 130 kW
Motorbauart	--	R4 Diesel	R4 Diesel
Gemischbildung	--	Direkteinspritzung	Direkteinspritzung
Motorsteuerung	--	EDC 17	EDC 17
Ventile pro Zylinder	--	4	4
Hubraum	l	1,968	1,968
Bohrung / Hub	mm	81,0 / 95,5	81,0 / 95,5
Verdichtung	--	16,0:1	16,0:1
Max. Leistung	kW / min	103 / 4200	130 / 4200
Max. Drehmoment	Nm / min	320 / 1750-2500	380 / 1750-2500
Kraftstoff	ROZ	DIN EN 590	DIN EN 590
Emissionsklasse	--	Euro 5	Euro 5
Getriebe	--	M6 front (quattro)	Siebengang S tronic quattro

wichtigsten technischen Daten des Motors zusammen, Bild 6 stellt den Verlauf von Leistung und Drehmoment über die Motordrehzahl dar.

Antriebsstrang

Alle Motoren werden mit einem durchzugsstarken quattro-Antrieb angeboten, zum einen in Verbindung mit einem Sechsgang-Handschaltgetriebe für die beiden Einstiegsmotorisierungen, zum anderen mit dem sportlichen und effizienten Siebengang-Doppelkupplungsgetriebe S tronic, Bild 7. Alle quattro-Antriebe können das Drehmoment, abhängig von Fahrsituation und Untergrund, von 0 bis 100 % für jede Achse variieren. Der quattro-Antrieb garantiert damit mehr Fahrspaß, Traktion und Sicherheit als der Frontantrieb.

Das schon aus dem Audi TT bekannte Siebengang-Doppelkupplungsgetriebe S tronic eignet sich besonders für den Allradeinsatz und für hohe Motordrehmomente und stellt so den perfekten Antrieb für den Q3 dar. Es vereint den Komfort eines Wandlerautomaten mit der Dynamik eines manuellen Getriebes. Die Schaltvorgänge verlaufen je nach Fahrerwunsch entweder vollautomatisch

Bild 6
Leistungs- und Drehmomentkurve der 2,0-l-Dieselmotoren

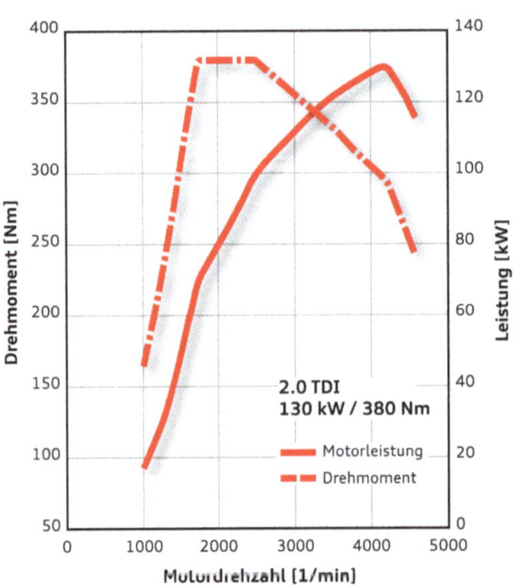

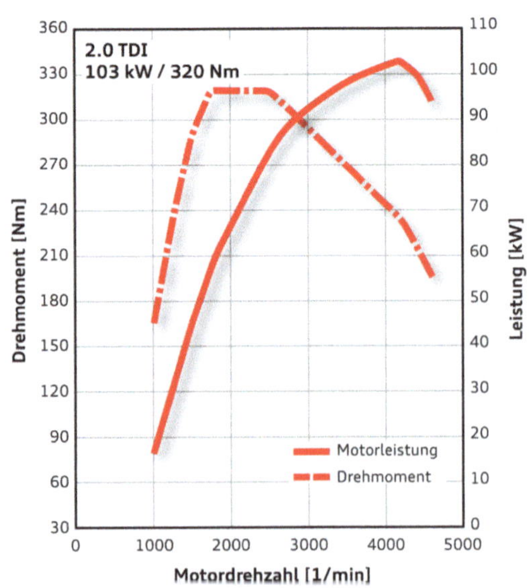

Bild 7
Siebengang-Doppelkupplungsgetriebe S tronic

oder in einem manuellen Modus, bei dem die Gänge über den Wählhebel vorgewählt werden können, als Option auch über Schaltwippen am Lenkrad.
Bei einem Doppelkupplungsgetriebe bedient eine erste Kupplung das erste Teilgetriebe mit den ungeraden Gängen, eine zweite Kupplung das zweite Teilgetriebe mit den geraden Gängen und dem Rückwärtsgang. So ist immer ein Gang eingekuppelt im Kraftfluss und ein anderer vorgewählt. Durch diese Aufteilung wird beim Gangwechsel die Kraft über die Kupplungen von einem Teilgetriebe auf das andere Teilgetriebe übertragen und sorgt für komfortable Gangwechsel ohne Zugkraftunterbrechung. Die S tronic verbindet die Sportlichkeit und Wirtschaftlichkeit eines Schaltgetriebes mit den Vorzügen eines Automatikgetriebes.

Bild 8
Übersicht über Fahrleistungen und Verbrauch des Audi Q3

		2.0 TFSI 125 kW Sechsgang quattro	2.0 TFSI 155 kW S tronic quattro	2.0 TDI 130 kW S tronic quattro
Fahrleistung				
Beschleunigung 0 - 100 km/h	[s]	8,2	6,9	8,2
Höchstgeschwindigkeit	[km/h]	212	230	212
Kraftstoffverbrauch				
Kombiniert	[l/100 km]	7,3	7,7	5,9
CO_2-Emission kombiniert	[g/km]	174	179	156

Fahrleistungen und Verbrauch

Alle für den Audi Q3 verfügbaren Motor-Getriebe-Kombinationen sorgen für ein hohes Maß an Fahrdynamik. Der Q3 mit 2,0-l-TFSI-Motor und 155 kW Leistung stellt dies mit einer Beschleunigung in 6,9 s von 0 auf 100 km/h unter Beweis, beim 130-kW-2,0-l-TDI-Motor sind es 8,2 s, Bild 8.

Bei allen Antriebsvarianten trägt zusätzlich eine Vielzahl innovativer Techniken aus dem Effizienzbaukasten serienmäßig zu einem niedrigen Kraftstoffverbrauch bei. Dazu gehören ein sehr niedriger c_W-Wert von 0,32, wirkungsgradoptimierte Gelenkwellen, rollwiderstandsoptimierte Reifen, Start-Stopp-System und Bremsenergierückgewinnung.

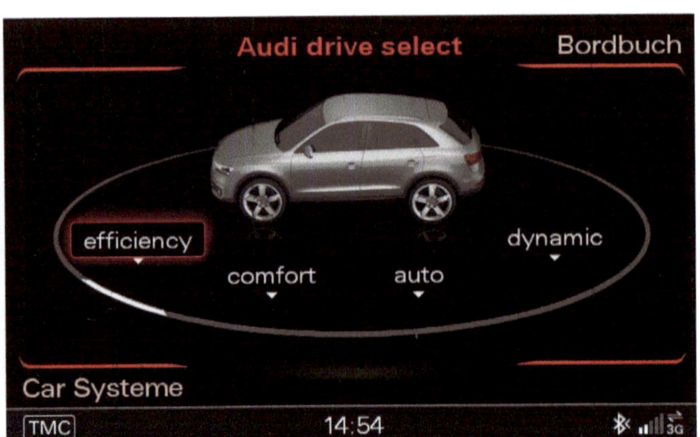

Bild 9
Effizienzmodus im Audi drive select

Alleine mit dem Start-Stopp-System kann der Kraftstoffverbrauch durch Abschalten des Motors in Standphasen je nach Kundenfahrprofil um bis zu 0,2 l/100 km reduziert werden. Bremsenergierückgewinnung, das heißt die Umwandlung von ungenutzter Bewegungsenergie beim Bremsvorgang in elektrische Energie, führt besonders im Stadtverkehr zu einer Effizienzsteigerung. Der Kraftstoffverbrauch wird mit dieser Maßnahme je nach Fahrprofil des Kunden um bis zu 3 % gesenkt. Beim leistungsstarken 155-kW-TFSI-Motor in Verbindung mit S tronic-Getriebe wird der Verbrauch zusätzlich durch eine intelligente Werkstoffwahl beim Turbolader reduziert. Die höheren zulässigen Abgastemperaturen tragen beim sportlichen Fahren mit großen Volllastanteilen dazu bei, bis zu 0,5 l Kraftstoff/100 km einzusparen.

Die Summe aller Maßnahmen ermöglicht im Normzyklus NEFZ (Neuer Europäischer Fahrzyklus) einen Kraftstoffverbrauch von 5,9 l/100 km (entspricht einem CO_2-Äquivalent von 156 g/km) beim 130-kW-TDI-Motor und 7,7 l/100 km (CO_2-Äquivantent 179 g/km) beim 155-kW-TFSI-Motor. Im Kundenbetrieb kann der Verbrauch von diesen Werten abweichen, unter anderem niedrige Umgebungstemperaturen, Kurzstreckenbetrieb sowie Fahrten im Stadtverkehr oder im Gelände können den Verbrauch erhöhen. Eine effiziente Fahrweise und der Einsatz intelligenter Assistenzsysteme, beispielsweise der Modus efficiency im Audi drive select, unterstützen den Kunden dabei, den Verbrauch auch für das individuelle Kundenfahrprofil zu minimieren.

Effizienzmodus

Der Modus efficiency im Audi drive select ergänzt als bedeutsamer Baustein der Eco-Assistenzsysteme die kundenwerten Verbrauchssparmaßnahmen der Audi Produktpalette. Der Modus efficiency lässt sich komfortabel im Audi drive select-Menü aktivieren, Bild 9. Er stellt dann selbsttätig die Systeme im Fahrzeug auf einen kraftstoffsparenden Betrieb ein. Das hochvernetzte Assistenzsystem betrachtet und koordiniert dabei die einzelnen Funktionsteilnehmer und deren Interaktion mit dem Ziel, die Effizienz des Gesamtfahrzeugs zu steigern. Dabei wird per Knopfdruck die Charakteristik einzelner Komponenten wie Motor, Getriebe, Fahrwerk und Klimatisierung auf Effizienz getrimmt, Bild 10.

Das Einsparpotenzial in der Längsdynamik des Fahrzeugs setzt sich im Modus efficiency aus unterschiedlichen kraftstoffsparenden Maßnahmen zusammen. Abhängig von der Fahrsituation versucht das System immer, eine optimale Verbrauchseinsparung zu erzielen.

Bei Fahrt mit konstanter Geschwindigkeit senkt eine veränderte Schaltapplikation des Automatikgetriebes beziehungsweise eine Hochschaltempfehlung beim Handschaltgetriebe die Schaltdrehzahlen und daraus resultierend die Motor-

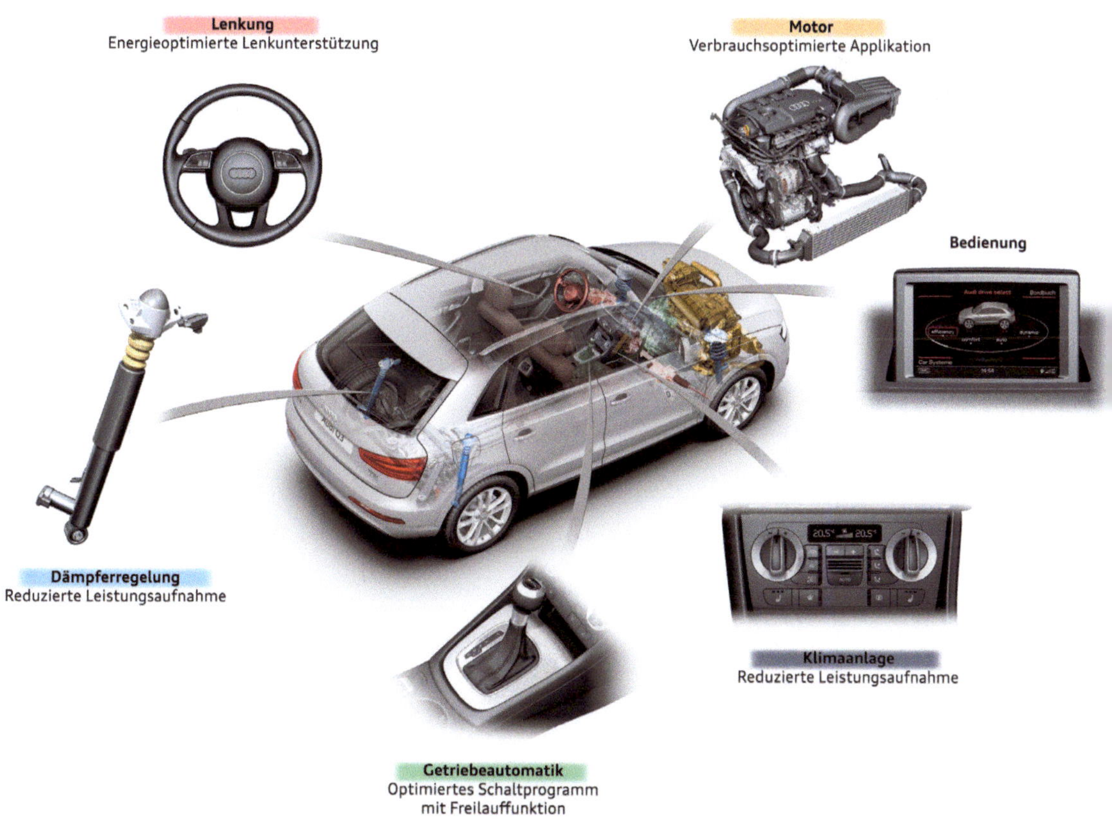

Bild 10
Der Effizienzmodus stellt Motor, Getriebe, Stoßdämpfer, Lenkung und Klimatisierung auf geringen Verbrauch ein

drehzahl ab. Während der Beschleunigung unterstützt das System den Fahrer durch ein optimiertes Zusammenspiel zwischen Motor und Getriebe, sodass die Geschwindigkeitszunahme harmonisch und kraftstoffsparend erfolgt. Das System regelt dabei die Leistungsentfaltung ökonomisch, indem verbrauchsintensive Bereiche während der Beschleunigung vermieden werden. Erfordert die Verkehrssituation jedoch die volle Systemleistung, steht diese dem Fahrer jederzeit über die Kickdownfunktion des Fahrpedals zur Verfügung.

Freilauffunktion

In Kombination mit dem S tronic-Getriebe spart der efficiency-Modus während der Verzögerung zusätzlich Kraftstoff: Nimmt der Fahrer den Fuß vom Gaspedal, wechselt der Antrieb automatisch in den Freilauf. Dabei wird der Motor selbstständig ausgekuppelt und auf Leerlaufdrehzahl gehalten. Dieser Zustand nutzt die kinetische Energie des Fahrzeugs, sodass eine Verzögerung ausschließlich über den Fahrzeugwiderstand stattfindet. Damit verlängert sich im Vergleich zur Schubabschaltung die Verzögerungsstrecke um ein Vielfaches. Bezogen auf die dabei zurückgelegte Strecke spart der Leerlaufbetrieb des Motors dabei mehr Kraftstoff ein. Dies animiert den Fahrer zu einer vorausschauenden und damit verbrauchsoptimaleren Fahrweise. Bei Betätigung der Bremse wird der Motor wieder komfortabel an den Antriebsstrang angekoppelt und die Schubabschaltung unterstützt den Verzögerungswunsch des Fahrers. Bild 11 zeigt den Einspareffekt der Freilauffunktion exemplarisch bei einer Verzögerung von 100 auf 50 km/h. Durch die Wirksamkeit der Funktion erreicht der Fahrer spielend ein noch effizienteres Fahrverhalten. Die Systemsteuerung berücksichtigt unter anderem die örtlichen Gegebenheiten der Fahrstrecke und berechnet dabei selbstständig die Effizienzsteigerung durch die Freilauffunktion. Als vollwertige Teilnehmer des Modus efficiency sind die Fahrerassistenzsysteme wie Geschwindigkeitsregelanlage sowie adaptive cruise control (ACC) ebenfalls in das Effizienzmaßnahmenpaket der Längsdynamik integriert. Fahrwerksregelsysteme wie die elektromechanische Lenkung und die Dämpfer-

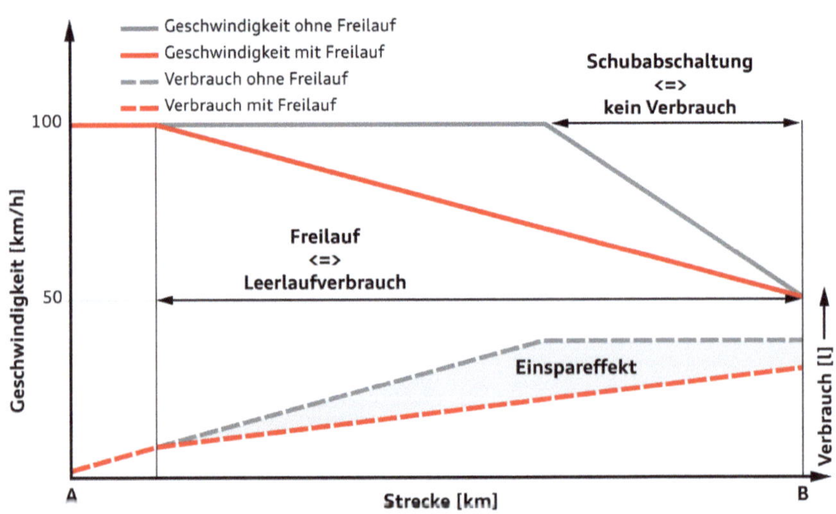

Bild 11
Einspareffekt der Freilauffunktion

regelung werden bei Aktivierung des Modus efficiency in einen verbrauchsoptimierten Betrieb versetzt und senken somit den Energiebedarf der Nebenaggregate. Änderungen an der Konditionierung des Fahrzeuginnenraums runden den Funktionsumfang des Modus efficiency als Spritsparkoordinator des Gesamtfahrzeugs ab. Ist die Klimatisierung aktiv, sorgt eine intelligente Regelung des Kältemittelverdichters für eine verringerte Leistungsaufnahme und überdies für eine erweiterte Verfügbarkeit der Start-Stopp-Funktion des Motors. Bei kalten Außentemperaturen wird durch den reduzierten Energiebedarf der Heizung Kraftstoff eingespart.

Start-Stopp-System

Audi führt im Q3 das schon aus anderen Modellreihen von Audi bekannte Start-Stopp-System für alle derzeitigen Europa-Varianten ein, sowohl mit manuellem als auch mit Automatikgetriebe. Eine umfangreiche Vernetzung in der elektronischen Fahrzeugarchitektur sorgt dafür, dass das System bei möglichst vielen Anhaltesituationen verfügbar ist. Im Stadtverkehr, dem überwiegenden Einsatzbereich des Start-Stopp-Systems, wird so der CO_2-Ausstoß in den häufigen Standphasen reduziert. Für die Weiterentwicklung des Start-Stopp-Systems werden die Rückmeldungen der Kunden intensiv ausgewertet, um daraus Hinweise für eine weitere Optimierung des Bedienungs- und Anzeigekonzepts und zur Erhöhung der Verfügbarkeit des Systems zu erhalten. Denn nur über eine hohe Gesamtakzeptanz des Start-Stopp-Systems durch den Kunden kann der CO_2-Ausstoß nachhaltig reduziert werden.

Literaturhinweise

[1] Grigo, M.; Wurms, R.; Budack, R.; Helbig, J.; Langa, Z.; Trost, W.: Der neue 2,0-l-TFSI-Motor mit Audi valvelift system. In: Der neue Audi Q5. ATZextra (2008), S. 30

[2] Hadler, J.; Schäfer, M.; Gröhlich, H.; Lindemann, K.: DQ500 – Das neue Volkswagen Siebengang-Doppelkupplungsgetriebe für hohe Drehmomente. 18. Aachener Kolloquium Fahrzeug- und Motorentechnik, 2009

[3] Kirchhoff, R.; Thele, M.; Finkbohrer, M.; Rigley, P.; Settgast, W.: Start-Stopp-System – Verteilte Intelligenz im Fahrzeug. In: Der neue Audi A6. ATZextra (2011), S. 52

Fahrwerk

Dr.-Ing. Horst Glaser | Dipl.-Ing. Dipl.-Wirtsch.-Ing. (FH) Thomas Rossié | Dipl.-Ing. (FH) Remco Nieboer | Dipl.-Ing. Jürgen Rüger | Dipl.-Ing. Stephan Revelant | Angelika Hopf | Dipl.-Ing. (FH) Richard Wagner | Dipl.-Ing. Hans-Georg Spengel

Fahrspaß, Sportlichkeit und Fahrkomfort – das waren die Leitthemen der Fahrwerksentwicklung beim Audi Q3. Die Prämisse war, bei Handling und Fahrspaß einen Maßstab im Premiumsegment der Sports Utility Vehicles zu setzen. Diese ambitionierten Ziele wurden unter Berücksichtigung der vollen Alltagstauglichkeit umgesetzt.

Fahrspaß, Sportlichkeit und Fahrkomfort

Die Produktpositionierungsspitzen bei der Fahrwerksentwicklung des Audi Q3 standen unter der Prämisse, in diesem Premiumsegment der Sports Utility Vehicles (SUV) neue Maßstäbe beim Fahrerlebnis zu setzen, insbesondere bei den Eigenschaften Agilität und Fahrkomfort. Der Spagat zwischen diesen beiden Kriterien findet sich im Audi typischen Fahrerlebnis wieder. Zudem sollte der Audi Q3 gute Geländefähigkeiten aufweisen. Diese ambitionierten Ziele wurden durch gezielt auf das Gesamtsystem abgestimmte Detailmaßnahmen erreicht. Hierbei wurde eine Vielzahl von Neuerungen mit bewährten und konsequent weiterentwickelten Komponentenlösungen kombiniert. Die weiterentwickelte McPherson-Vorderachse und die Mehrlenker-Hinterachse bei Front- und quattro-Antrieb sind in ihren Grundzügen aus dem Audi A3 bekannt, wurden für den Audi Q3 jedoch neu adaptiert sowie in der Elastokinematik komplett neu angepasst. Das gute Fahrerlebnis resultiert aus dem niedrigen Gesamtgewicht (der Q3 mit 2,0-l-TFSI-Motor wiegt 1510 kg nach DIN leer), einer Achslastverteilung von 58,6 % auf der Vorderachse, der breiten Spur an der Vorder- (1571 mm) und Hinterachse (1575 mm) sowie einer Reifenpalette mit sehr großem Durchmesser (700 mm) von 16 bis 20 Zoll.

In der Basisausführung besitzt der Audi Q3 serienmäßig eine 16-Zoll-Bremsanlage an der Vorder- und Hinterachse und eine elektromechanische Parkbremse. Die vielen – in dieser Klasse nicht selbstverständlich zur Verfügung stehenden – Sonderausstattungen ermöglichen dem Kunden, die Ausstattung des Fahrzeugs ganz nach seinen individuellen Wünschen zu kreieren. Im Auswahlkatalog stehen hierzu unter anderem verschiedene Aluminiumräder sowie Lenkräder, die elektronische Dämpferregelung, der Autohold-Assistent oder die Anhängerstabilisierung. Weiterhin sind als Besonderheit in dieser Klasse Ausstattungen wie Audi drive select (vier Modi) oder Audi active lane assist bestellbar. Der neue kleine SUV von Audi überzeugt durch seine Kombination aus Fahrspaß, Sportlichkeit und Fahrkomfort – auch abseits befestigter Straßen.

Fahrwerksabstimmung

Bei der Fahrwerksabstimmung des Audi Q3 wurde größter Wert auf Ausgewogenheit gelegt, Bild 1. Der Audi Q3 vermittelt das Audi typische sportliche Fahrerlebnis ebenso wie langstreckentauglichen Fahrkomfort und bietet dabei auch im Gelände gute Fahreigenschaften. Die Basis dafür bildet eine optimale Auslegung der Grundfederung. Sie wurde für das Normalfahrwerk mit einer Schwingzahl von VA/HA 70/75 ausgelegt. Diese straffe Auslegung ermöglicht somit den Einsatz von gewichtsoptimierten Stabilisatoren mit kleinem Durchmesser. Die moderate Anhebung der wechselseitigen Federsteifigkeiten führt zu genügend Verschränkung der Achsen und damit zu guter Traktion im Gelände ebenso wie zu wenig Wankkopieren im normalen Fahrbetrieb. Die geringen Bewegungen des Aufbaus sorgen so für ein gutes Komfortempfinden. Zu hart darf die Grundfeder nicht ausgelegt sein, da sonst der Federungskomfort massiv einbüßen würde. Eine ausgewogene Dämpferabstimmung führt zu geringen Karosseriebewegungen bei Bodenwellen und beim zügigen Anlenken bei gleichzeitig guter Isolation von höherfrequenten Anregungen durch die Fahrbahn.

Wer mehr Wert auf Sportlichkeit und Agilität legt – und damit deutlich weniger auf Geländeeigenschaften – kann das optionale Sportfahrwerk (Trimmlage

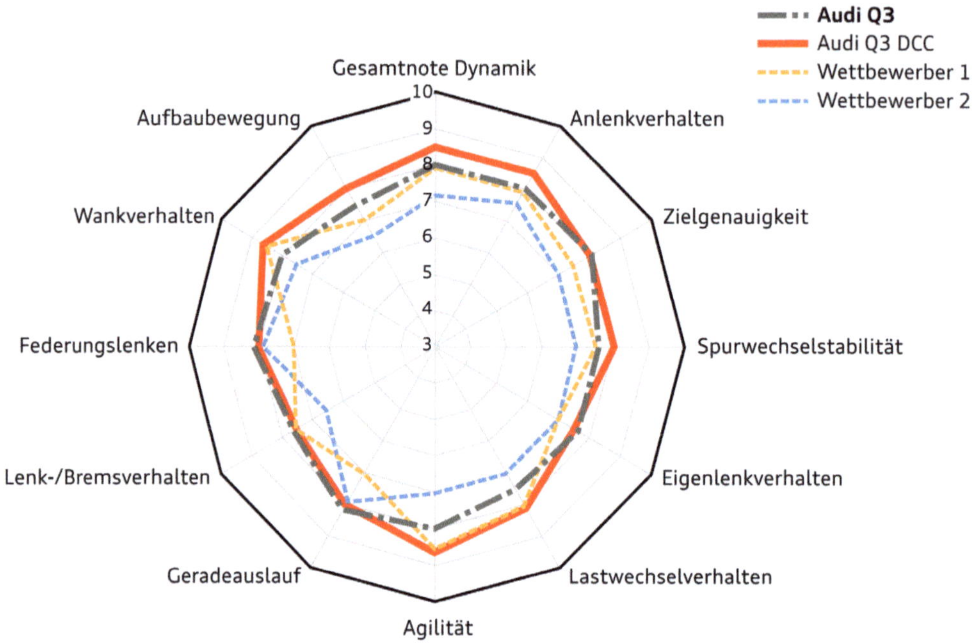

Bild 1
Fahrdynamik und Fahrkomfort des Audi Q3 im Wettbewerbervergleich

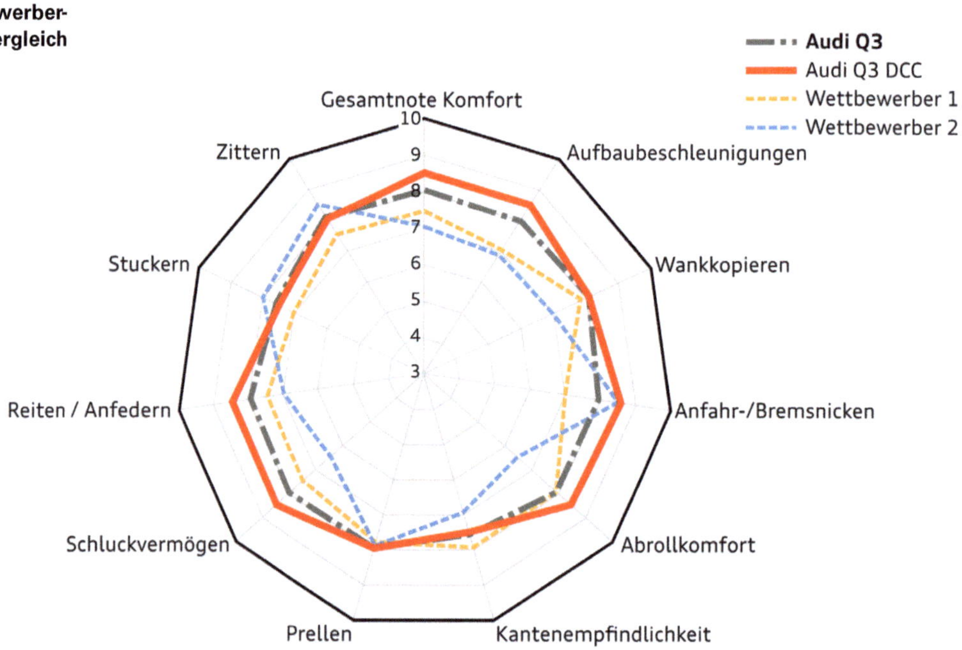

-20 mm) bestellen. Die deutlich straffere Grundfederung (Schwingzahl 76/82) mit entsprechend angepasster Dämpferabstimmung sowie einer modifizierten Elastokinematikabstimmung führen zu einem noch spontaneren Ansprechen des Fahrzeugs auf Lenkeingaben des Fahrers und reduzieren die Seitenneigung bei Kurvenfahrt. Das ergibt ein betont sportliches Fahrgefühl für ein SUV dieser Klasse.

Mit der elektronischen Dämpferregelung sind beide Fahrwerkstypen darstellbar. Sie reagiert auf die Beschaffenheit der Fahrbahn und stellt die Dämpfungskräfte optimal auf wenig Aufbaubewegung und gute Traktion ein. Gleichzeitig kann über Audi drive select der Fahrerwunsch nach eher sportlich dynamischer oder komfortbetonter Basisabstimmung inklusive Lenkungskennlinie eingestellt werden.

Vorderachse

Der Audi Q3 basiert auf der Konzern-Querplattform. Die Kombination von bewährten Bauteilen und Weiterentwicklungen im Detail forciert den Premiumanspruch innerhalb des SUV-Segments bei gleichzeitiger Geländegängigkeit des Fahrzeugs. Deshalb verfügt der Audi Q3 über das bewährte Konzept der Mc Pherson-Achse mit Aluminium-Dreieckslenkern und hinter der Achse liegender Lenkung, Bild 2. Herausragendes Merkmal ist ein neu entwickeltes hinteres Querlenkerlager, das das Anlenkverhal-

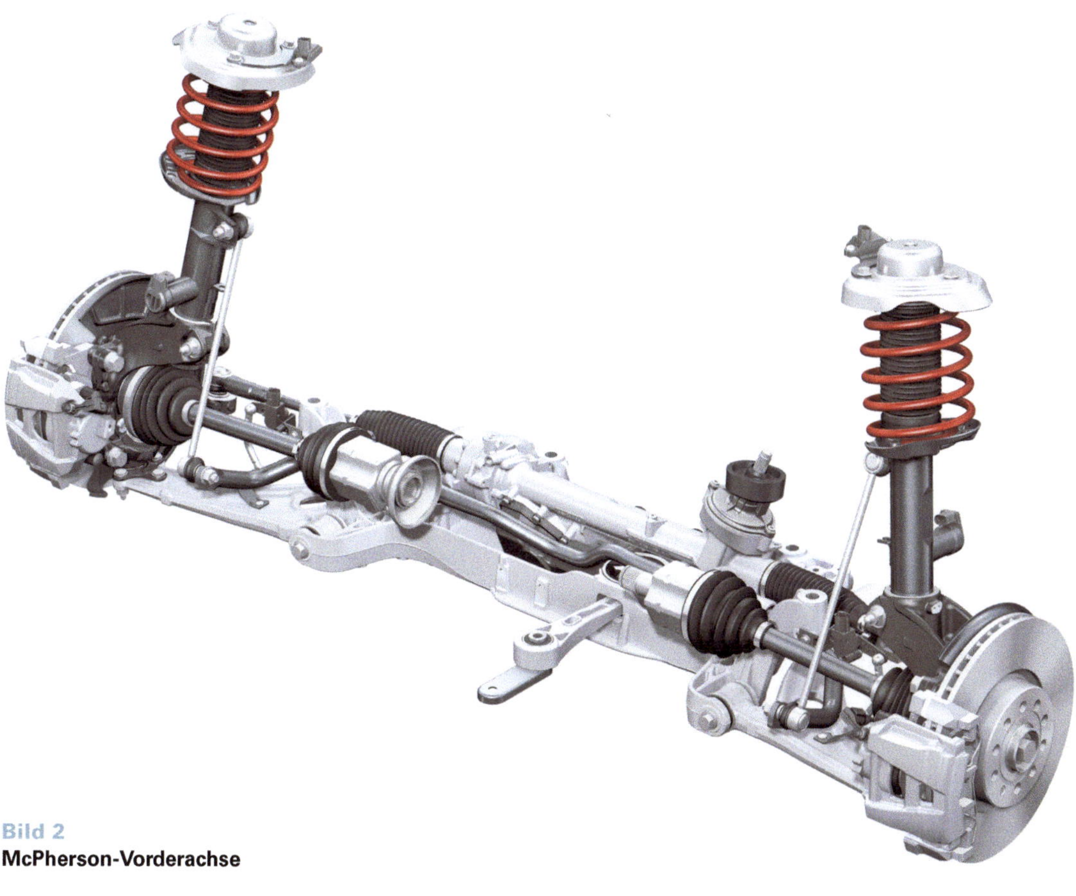

Bild 2
McPherson-Vorderachse

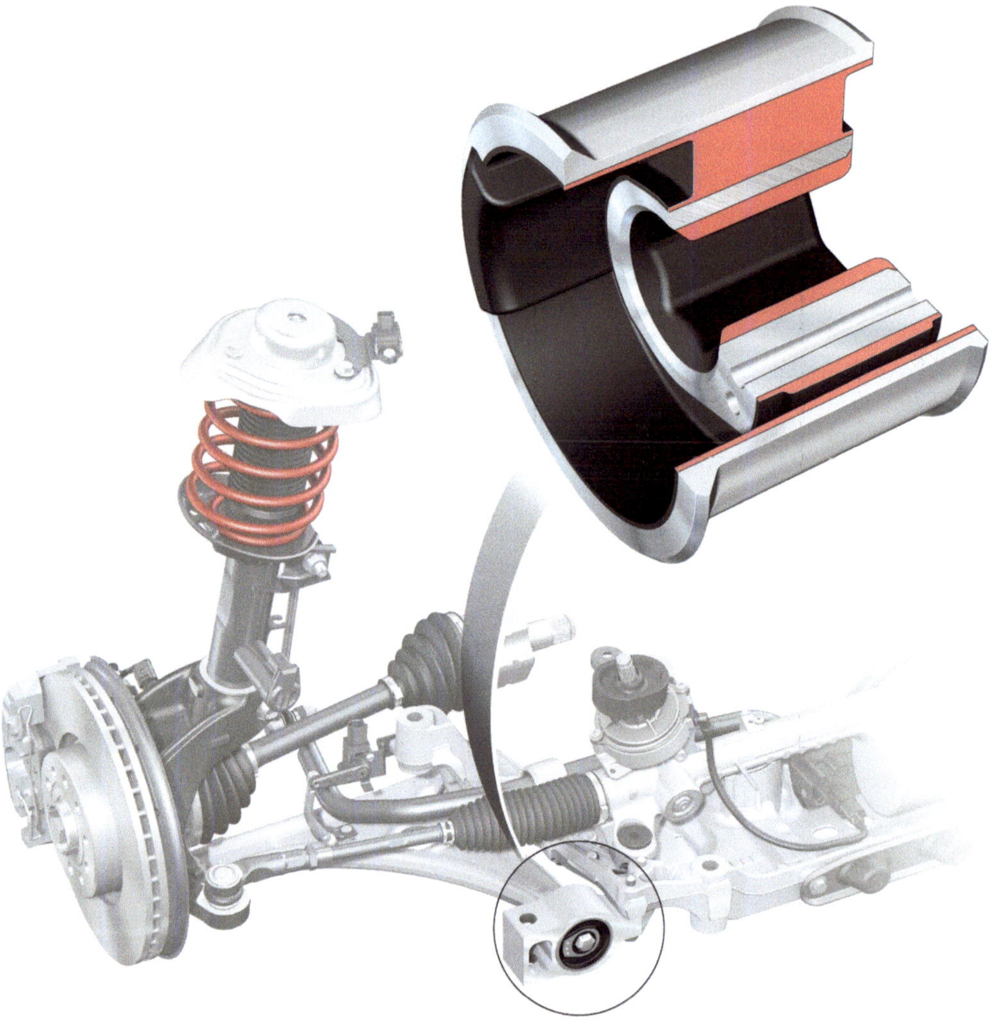

Bild 3
Hinteres Querlenkerlager

ten optimiert und maßgeblich der sportlich-agilen Ausrichtung dient, ohne dabei den Komfort zu vernachlässigen, Bild 3. Weitere Komponenten sind der Achsträger, die radführenden Elemente Schwenklager mit Radlagereinheit, Federbein und Querlenker sowie Stabilisator und Koppelstange. Die Aufhängung der Vorderachse hat in ihrer Doppelfunktion der Kraft- und Bewegungsübertragung entscheidenden Einfluss auf das gute fahrdynamische Verhalten des Fahrzeugs. Zusammen mit der spezifischen Abstimmung vermittelt sie in allen Fahrsituationen ein direktes Gefühl zur Straße und trägt somit wesentlich zur sportlichen Positionierung des Q3 bei. Gleichzeitig erfüllt sie die hohen Anforderungen für souveränen und harmonischen Fahrkomfort.

Kinematik/Elastokinematik der Vorderachse

Kinematik und Elastokinematik der Vorderachse tragen in besonderer Weise zur Einordnung des Audi Q3 als sportlich-agiles Fahrzeug innerhalb seines Segments bei. Die Geometrie des unteren Querlenkers ermöglicht dabei eine weitgehende Trennung von Längs- und Querkrafteinflüssen auf das elastokinematische Achsverhalten und unterstreicht damit die sportlich-dynamische Leistungsfähigkeit des Fahrzeugs. Die Seitenkräfte werden über das sehr steif ausgelegte vordere Querlenkerlager und den Hilfsrahmen in die Karosserie eingeleitet, wobei die geringen Lagerbewegungen eine hohe Sturzsteifigkeit und eine optimale Seitenführung sicherstellen. Um die Lenkansprache direkter zu gestalten, wurde das hintere Querlenkerlager so ausgelegt, dass eine früh einsetzende Progression die Lagerbewegungen in Querrichtung und somit die elastokinematischen Spurwinkeländerungen verringert.

Die kinematische Auslegung der Vorderachse trägt in Verbindung mit der Gestaltung der Gummilager zu einem neutralen, im Grenzbereich leicht rolluntersteuernden und somit vorhersehbaren sowie sicher beherrschbaren Fahrverhalten bei, Bild 4. Für einen guten Geradeauslauf wurde auf einen großen Nachlaufwinkel beziehungsweise auf eine große Nachlaufstrecke Wert gelegt. Zusammen mit einem Radstand von 2603 mm ergibt sich damit eine hervorragende Langstreckentauglichkeit, Bild 5.

Bauteilentwicklung der Vorderachse

Der einteilige Aluminiumachsträger des Audi Q3 nimmt Querlenker, Stabilisator und Lenkgetriebe auf. Seine Herstellung im Kokillengussverfahren unterstreicht die Umsetzung des intelligenten Leichtbaus bei Audi Q3. Der starr mit der Karosserie verschraubte Hilfsrahmen trägt maßgeblich zur Versteifung des Vorder-

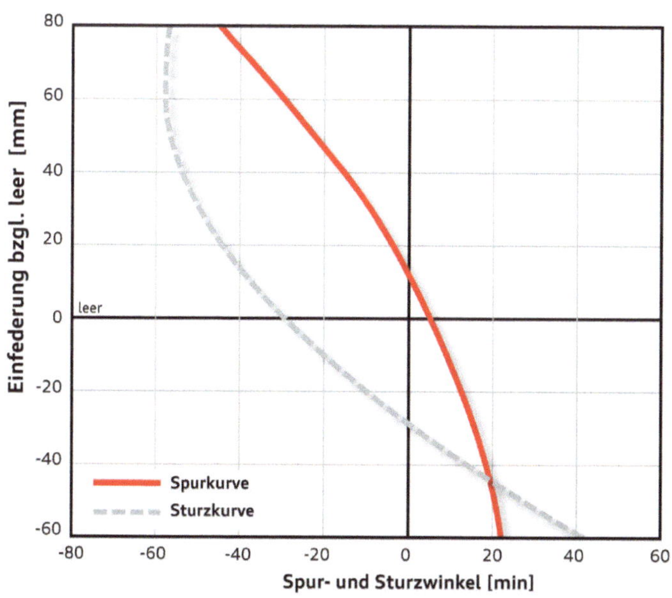

Bild 4
Kinematische Kennlinie der Vorderachse

Merkmal	Einheit	Wert
Radstand	[mm]	2603
Spurweite	[mm]	1571
Sturz	[min]	-30
Vorspur	[min]	5
Spreizung	[°]	14,8
Nachlaufwinkel	[°]	7,6
Nachlaufstrecke	[mm]	43,8
Nachlaufversatz	[mm]	-0,1
Störkrafthebelarm	[mm]	72,9
Lenkrollradius	[mm]	-8,7
Momentanzentrumshöhe	[mm]	66,1
Einfederung	[mm]	89,0
Ausfederweg	[mm]	85,5
Federübersetzung	--	0,9
Dämpferübersetzung	--	0,9
Wendekreis	[m]	11,8
Basisbereifung und - felge	215 / 65 R16 auf 6,5J x 16 ET33	

Bild 5
Hauptabmessungen des Fahrwerks an der Vorderachse

wagens bei. Der Querlenker ist vorne direkt am Hilfsrahmen und hinten durch einen Aluminiumlagerbock an der Karosserie gelagert. Die Auslegung des Querlenkers beeinflusst im Wesentlichen die starrkinematischen Eigenschaften und damit die Fahrdynamik des Audi Q3 und betont den sportlichen Charakter des Fahrzeugs. Im Aluminiumschmiedeverfahren hergestellt, unterstützt der Lenker gezielt die geforderte Gewichtsoptimierung im Fahrwerk. Darüber hinaus reduziert er die ungefederten Massen. Durch die getrennte Aufnahme der Längs- und Querkräfte wird eine hohe Quersteifigkeit mit gleichzeitig hoher Längsnachgiebigkeit und somit ein sehr guter Abrollkomfort erreicht. Trotz der hohen Steifigkeit ist das Deformationsverhalten im Crashfall gut.

Für eine präzise Lenkansprache sorgt neben der Steifigkeit des hinteren Querlenkerlagers die Verbindung von Querlenker und Schwenklager über ein Kugelgelenk. Über dieses Sphärogussschwenklager, das über eine Klemmverbindung das Federbein aufnimmt, erfolgt die Radführung. Ein geschraubtes Federbeinlager mit getrennter Feder-/Dämpferlagerung bindet das Federbein an die Karosserie an. Die Federelemente bestehen aus linearen Schraubenfedern mit progressiven Zusatzfedern aus Polyurethan. Die Anbindung des Stabilisators direkt am Federbein ermöglicht eine ideale kinematische Übersetzung für ein ausgezeichnetes Ansprechverhalten. Der daraus resultierende kleinere Stabilisatordurchmesser reduziert das Gewicht.

Hinterachse

Dem Anspruch der sportlich-dynamischen Auslegung folgend, kommt beim Audi Q3 eine Mehrlenkerachse mit einem Längslenker und drei Querlenkern zum Einsatz, Bild 6. Der Vorteil dieses Vierlenkerprinzips liegt vor allem in der Trennung der Längs- und Seitenkraftabstützung. Durch die Entkoppelung dieser Funktionen werden die Längskräfte elas-

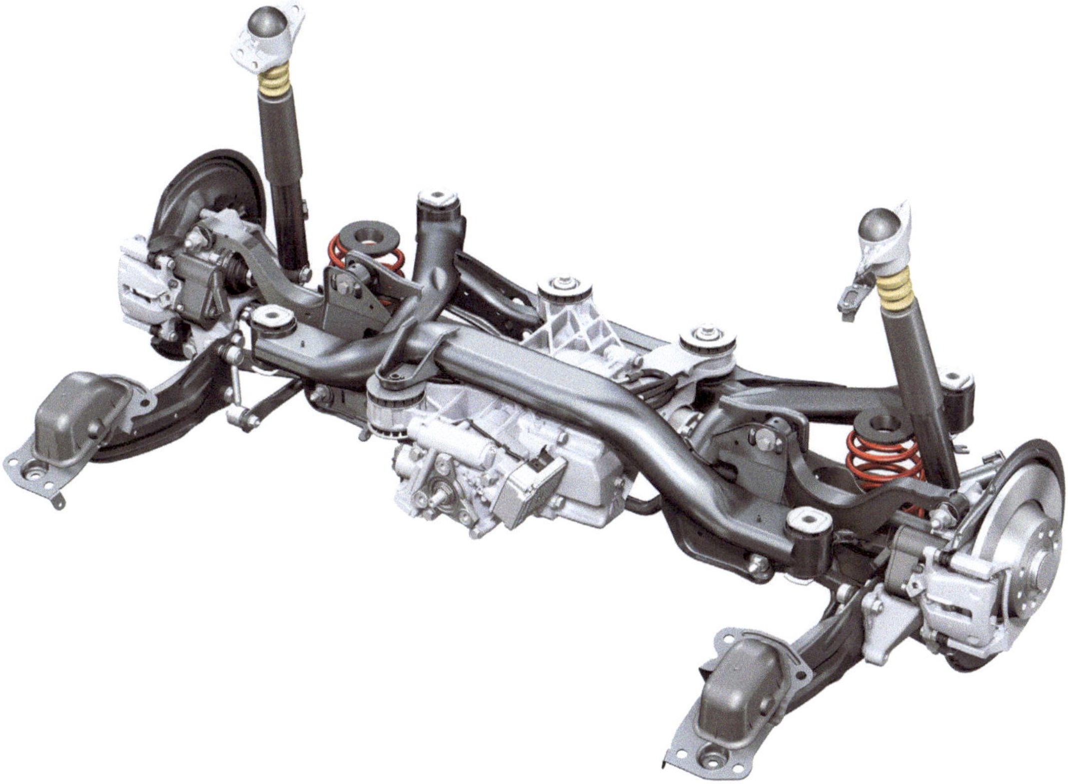

Bild 6
Mehrlenker-Hinterachse bei quattro-Antrieb

tisch aufgenommen und sorgen so für einen in dieser Fahrzeugklasse herausragenden Abrollkomfort.
Die hohen Quersteifigkeiten ermöglichen hingegen eine präzise Seitenführung, hohe Gierstabilität sowie einen sehr guten Geradeauslauf und tragen so maßgeblich zur Audi spezifisch sportlichen Fahrdynamik bei. Weitere Vorzüge dieses Achstyps liegen in der kompakten Bauweise sowie einem günstigen Gewichts- und Kostenverhältnis.

Kinematik/Elastokinematik der Hinterachse

Die Festlegung von Kinematik und Elastokinematik der für die Fahrstabilität maßgeblich verantwortlichen Hinterachse folgt konsequent dem Anforderungskatalog eines agilen Fahrzeugs, das durch sein dynamisches Fahrverhalten bei hervorragender Fahrstabilität überzeugt. Deshalb galt es, das Eigenlenkverhalten der Hinterachse, das maßgeblich auf die Fahrdynamik einwirkt, mit dem Ziel einer sportlichen Fahrwerksabstimmung zu entwickeln. Das Prinzip der Mehrlenkerachse ermöglicht dabei durch seine Lenkeranordnung eine weitestgehend unabhängige elastokinematische Abstimmung des längs- und querdynamischen Verhaltens der Achse. Durch diese Entkopplung kann in Querrichtung eine hohe Quersteifigkeit mit optimaler Dynamik und Fahrsicherheit erzielt und in Längsrichtung die gewünschte Längsnachgiebigkeit sowie ein guter Abrollkomfort umgesetzt werden.
Eine neutrale bis leicht untersteuernde Reaktion in Kurven wird durch die geringfügige Zunahme der Vorspur beim

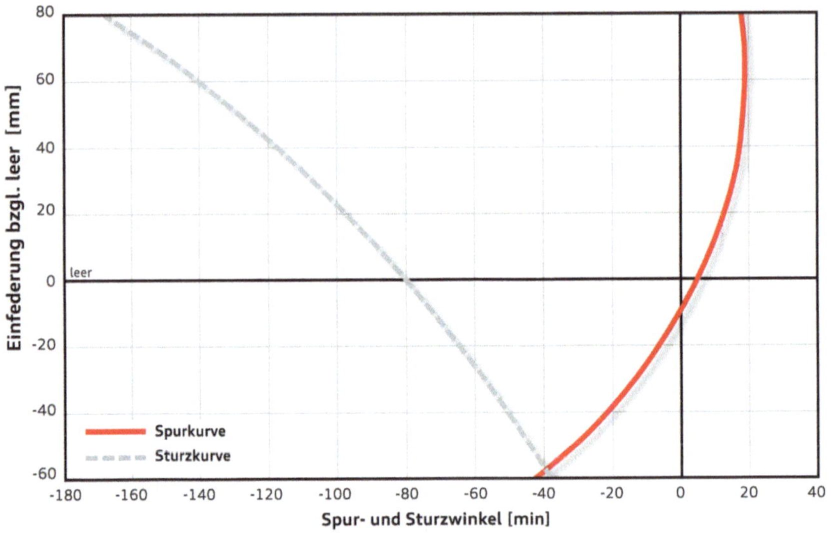

Bild 7
Kinematische Kennlinie der Hinterachse

Einfedern erreicht, Bild 7. Das gewünschte stabile Bremsverhalten ergibt sich, indem die Abnahme der Vorspur beim Ausfedern durch eine elastokinematisch bedingte Zunahme unter Längskraft weitestgehend kompensiert wird. Die Sturzkurve ist so gestaltet, dass das Rad beim Einfedern ausreichend Sturz zur Fahrbahn aufbaut, um den Wankwinkel des Aufbaus auszugleichen. Die Kinematikpunkte sind bei der geschleppten und der angetriebenen Hinterachse identisch angeordnet. Damit konnte die gleiche Elastokinematik für beide Antriebsarten umgesetzt werden. Die wichtigsten Abmessungen der Hinterachsen sind in Bild 8 aufgeführt.

Bauteilentwicklung der Hinterachse

Die Mehrlenkerachse ist beim Audi Q3 mit einem Längslenker und drei Querlenkern ausgeführt, von denen zwei in der unteren und der dritte in der oberen Ebene angeordnet sind. Sie sind über einen Achsträger mit der Karosserie verbunden. Dieser Hilfsrahmen nimmt beim quattro-Antrieb zusätzlich das Hinterachsgetriebe auf, weshalb dieser zur besseren akustischen Entkopplung über großvolumige Gummimetalllager mit der Karosserie verbunden ist.

Bild 8
Hauptabmessungen des Fahrwerks an der Hinterachse

Merkmal	Einheit	Wert
Spurweite	[mm]	1575
Sturz	[mm]	-80
Vorspur	[min]	5
Momentanzentrumshöhe	[min]	200,4
Einfederung	[mm]	124,6
Ausfederweg	[mm]	78,0
Federübersetzung	--	0,7
Dämpferübersetzung	--	1,0

Der torsionsweiche Längslenker ist vorne mit einem Gummimetalllager in einem Stahlblechlagerbock gelagert, der mit dem Aufbau verschraubt ist. Am hinteren Ende ist der Lenker mit dem Radträger verbunden. Das am vorderen Lenkerende eingepresste großvolumige Gummimetalllager trägt maßgeblich zum ausgezeichneten Abrollkomfort bei. In Fahrzeughochrichtung ist der Längslenker biegesteif und stützt so die Brems- und Anfahrmomente ab.
Zur Gewichtsoptimierung sind die Radträger in Aluminiumguss ausgeführt. Damit unterstützen sie das Entwicklungsziel eines niedrigen Kraftstoffverbrauchs. Darüber hinaus reduzieren sie die ungefederten Massen. Somit beeinflussen sie maßgeblich die sportive fahrdynamische Ausrichtung des Audi Q3 bei gleichzeitig harmonisch-komfortablem Fahrgefühl. Die Radführung vervollständigen wartungsfreie Radlagereinheiten mit integrierter Radnabe und Impulsrad für die ABS-Sensoren.
Der obere Querlenker ist eine Blechschweißkonstruktion mit T-förmigem Querschnitt und radial sehr harten Querlenkerlagern. Die daraus resultierende hohe Sturzsteifigkeit sorgt für eine exakte Radführung und unterstreicht die sportlich-agile Leistungsfähigkeit des Audi Q3. Orientiert am Komfortanspruch, sind die Querlenkerlager – wie alle Lenkerlager an der Hinterachse – extrem torsionsweich ausgeführt. Das hält die Nebenfederraten gering und optimiert dadurch das Anfederverhalten der Achse.
Der hintenliegende Federlenker ist eine Schweißkonstruktion aus einem tiefgezogenen Blechteil, verstärkt mit einem Schließblech auf der Oberseite. Die einteilige Spurstange, eine Leichtbaukonstruktion mit zwei eingepressten Gummimetalllagern, hat zusammen mit dem Federlenker entscheidenden Einfluss auf die Vorspurkurve, die zum ausgezeichneten Seitenführungsverhalten des Audi Q3 beiträgt. Die Vertikalabstützung übernehmen getrennt angeordnete Federn und Dämpfer. Die hochfeste lineare Stahlfeder mit eingezogenen Enden stützt sich über Gummiformteile am Aufbau und achsseitig am Federlenker ab. Die Stoßdämpfer sind dicht an den Rädern angeordnet, wodurch der Rad- zu Dämpferweg komfortsteigernd 1:1 übersetzt ist und eine für das SUV-Segment hervorragende Durchladebreite ermöglicht wird. Jeder Dämpfer ist achsseitig über ein Gummilager mit dem Radträger verbunden.
Sowohl für die konventionelle Fahrabstimmung bei Standard- und Sportfahrwerk als auch beim geregelten Fahrwerk werden gewichtsreduzierte, dünnwandige Rohrstabilisatoren eingesetzt. Zur akustischen Abkoppelung sind diese am Hilfsrahmen in Gummielementen gelagert. Die achsseitige Anbindung erfolgt über eine Koppelstange am Radträger. Insgesamt wird dadurch ein feinfühliges Ansprechverhalten des Stabilisators begünstigt. Das Regelgestänge und der Sensor für die optionale Dämpferregelung beziehungsweise für die automatische Leuchtweitenregulierung sind am Achsträger befestigt und ermitteln die Vertikalbewegung der Hinterachse durch elektromechanische Wegsensierung am linken Federlenker.

Dämpferregelung

Die elektronische Dämpferregelung bietet im Rahmen von Audi drive select eine weitere Feinabstimmung der Fahrdynamik. Löst bereits Audi drive select den klassischen Zielkonflikt zwischen einer konventionellen und sportlichen Fahrwerksabstimmung auf, so geht die elektronische Dämpferregelung noch einen Schritt weiter und verbessert spürbar den Fahrkomfort, ohne dabei die Ansprüche an ein sportliches SUV zu vernachlässigen. Die Anpassung der Dämpfungskräfte ganz nach den individuellen Fahrerwünschen klassifiziert den Audi Q3 als Premiumfahrzeug. Als optionaler Baustein von Audi drive select eröffnet die elektronische Dämpferregelung dem Fahrer die Möglichkeit, die Dämpfungskräfte innerhalb der drei Modi auto, dynamic und comfort an die Fahrsituation anpassen. Hinter jedem dieser Regelsysteme steht ein speziell abgestimmter Parametersatz innerhalb des Kennfelds zwischen der weichen und harten Grenzkennlinie.

In Anlehnung an die aus dem Audi drive select bekannten Modi steht der Modus auto für ein ausgewogenes, aber dennoch dynamisches Fahrgefühl. Der Modus dynamic bietet über eine härtere Grundeinstellung ein sportlicheres Fahrverhalten; entsprechend sind auch Lenkung und Dämpfung straffer ausgerichtet. Mit einer weicheren Grundabstimmung orientiert sich hingegen der Modus comfort an einer komfortablen Fahrwerksdämpfung besonders für lange Strecken oder schlechte Straßen. Der Modus efficiency greift auf den Modus auto zurück. Die Unterschiede in der Grundhärte der Dämpfung machen die Moduswechsel deutlich spürbar. Allerdings profitiert das Fahrzeug in allen drei Modi von dem hervorragend hohen Federungskomfort und den geringen Karosseriebewegungen in allen Fahrsituationen und auf allen Straßen. Der Modus lässt sich dabei im Stillstand sowie während der Fahrt wechseln; die zuletzt verwendete Einstellung bleibt beim Neustart des Fahrzeugs erhalten.

Das Dämpferregelungssystem verfügt über CES-Dämpfer der Firma Tenneco, Bild 9. Komponenten wie Dämpfer und Federn sowie das elektronische Kennfeld wurden gemäß der progressiven und sportlich-dynamischen Charakteristik des Audi Q3 neu abgestimmt. Die elektronische Dämpferregelung ist ein intelligentes selbstregelndes System, das die Dämpfer in Abhängigkeit von Fahrbahnbeschaffenheit, Fahrerwünschen oder verschiedenen Fahrsituationen wie Bremsen, Beschleunigen oder Kurvenfahrt in Millisekunden neu ausrichtet. Sie wertet hierzu Signale von Komponenten wie Lenkung, Motor, Getriebe, dem Bremssystem und den Fahrerassistenzsystemen aus. Das Dämpfersteuergerät mit dem leistungsfähigem Prozessor Infineon Tricore 1766 garantiert hierbei die notwendige Rechenleistung sowie die optimale Ansteuerelektronik für die Dämpfer, Bild 10.

Die Abstimmung eines passiven und nicht geregelten Dämpfers kann selbst auf höchstem Niveau immer nur einen Kompromiss darstellen, der entweder Sportlichkeit oder Komfort in den Vordergrund stellt. Das elektronische Dämpferregelsystem mit seiner stufenlos semiaktiven und adaptiven Regelung löst diese Entweder-oder-Entscheidung auf, indem es radselektiv und kontinuierlich

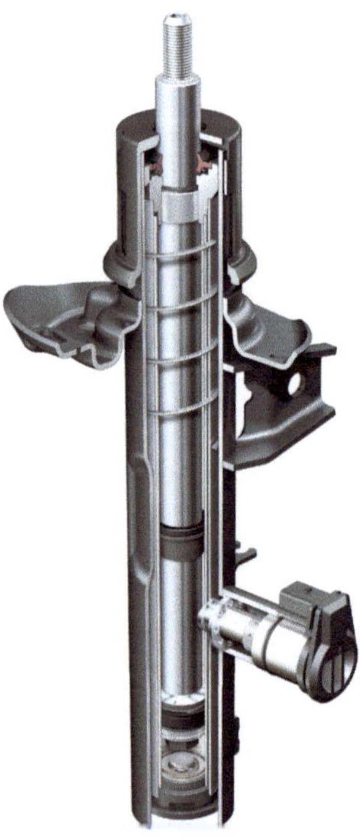

Bild 9
Geregeltes CES-Vorderachsdämpferbein

das jeweils optimale Dämpfungsmaß für die momentanen Einsatzbedingungen einstellt. Hochauflösende Radwegsensoren messen mit einer Abtastrate von 800 Hz Radbewegungen; diese Signale stehen auch der automatischen Leuchtweitenregulierung und dem Kurvenfahrlicht Audi adaptive light zur Verfügung. Die Regelung der Dämpfungskräfte erfolgt über ein extern am Dämpfer angebrachtes, elektrisch gesteuertes Verstellventil mit einem breiten Kennfeld und einer hohen Strom-Kraft-Linearität. Damit wird das ohnehin hohe Fahrdynamikpotenzial nochmals gesteigert. Beispielsweise wird bei einem Fahrspurwechsel der Aufbau dynamisch abgestützt oder die Radlastschwankungen werden – im Hinblick auf die Geländegängigkeit des Audi Q3 – reduziert. Durch eine abgesenkte Dämpfungskraft werden beim Überfahren von Kanten die Stöße vom Fahrer isoliert.

Bild 10
Systemschaubild der elektronischen Dämpferregelung

Selektive elektronische Fahrzeugabstimmung

Dr.-Ing. Stefan Ullmann

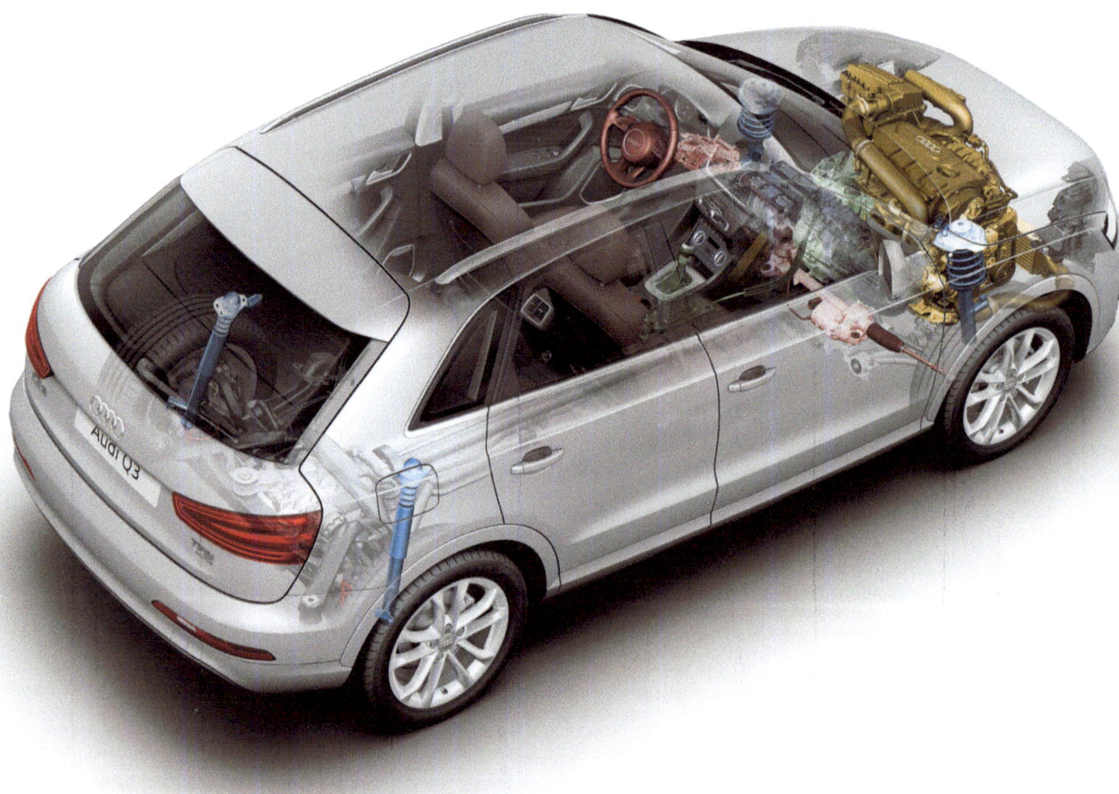

Fahrzeugabstimmung nach Wunsch: Mit Audi drive select kann der Fahrer die Charakteristik seines Audi Q3 den individuellen Wünschen anpassen. Veränderbar sind beispielsweise die Abstimmungen von Motor, Getriebe und Lenkung sowie einer Vielzahl weiterer Fahrdynamikregelungs- und Komfortsysteme. Die selektive elektronische Fahrzeugabstimmung setzt die Auswahl durch vier Modi um, die den Schwerpunkt der Fahrzeugcharakteristik entweder auf Ausgewogenheit, Komfort, Sportlichkeit oder Effizienz ausrichten.

Zielkonflikte bei der Abstimmung aufgelöst

Mit der Fahrerassistenzfunktion Audi drive select setzt der Audi Q3 im Bereich der Premium-SUV (Sports Utility Vehicle) Maßstäbe. Unabhängig von der konventionellen Fahrzeugabstimmung ermöglicht sie ein Fahrerlebnis in der großen Bandbreite von hochkomfortabel bis sportlich-straff. Das System realisiert diese Auswahl durch vier vorgegebene Modi, die jeweils die beteiligten Fahrzeugkomponenten in ihrer Charakteristik elektronisch beeinflussen und dabei entweder Komfort, Sportlichkeit oder Effizienz in den Vordergrund stellen. Der Fahrer profitiert von dem einfachen und übersichtlichen Bedien- und Anzeigenkonzept, über das er die Teilnehmersysteme schnell und einfach seinen eigenen Wünschen anpassen kann. Audi unterstreicht mit dieser Fahrerassistenzfunktion seine hochwertig-progressive Ausrichtung des Audi Q3.

Die grundlegenden von Audi drive select angesteuerten Komponenten sind der Fahrzeugmotor und die elektromechanische Lenkung sowie – in Verbindung mit dem Modus efficiency – die Klimaanlage. Optional lassen sich weitere Regelsysteme einbinden, wie das Audi adaptive light, die Getriebeautomatik oder die elektronische Dämpferregelung. So können die Parameter der elektromechanischen Lenkung von sportlich bis komfortabel eingestellt, bei Audi adaptive light sowohl Stelldynamik als auch Leuchtweite und beim Antrieb Fahrpedalkennlinie sowie Lastwechselverhalten variiert werden. Die Getriebeautomatik ver-

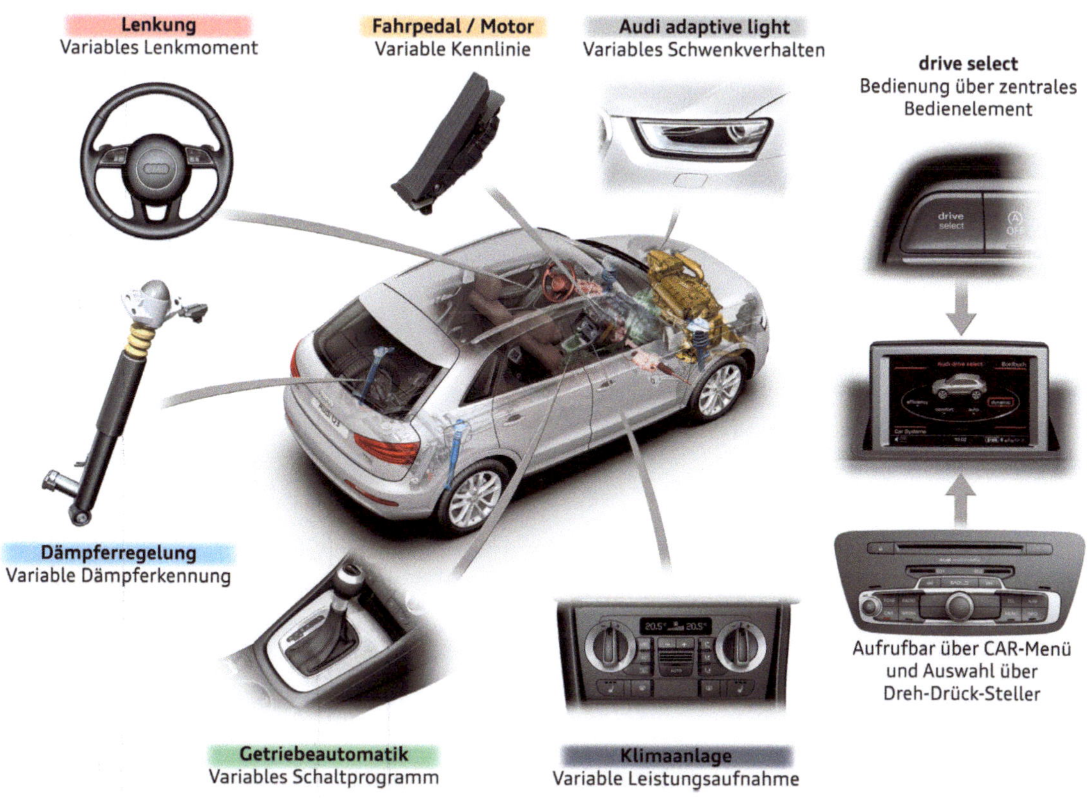

Bild 1
Audi drive select – elektronische Beeinflussung von Motor, Getriebeautomatik, Dämpfung, Lenkung, Audi adaptive light und Klimaanlage

schiebt die Drehzahlbereiche, in denen Gangwechsel stattfinden; bei der Dämpferregelung wird das Niveau der Dämpfungskräfte verschoben. Insgesamt lassen sich bis zu sechs Systeme der Längs- und Querdynamik sowie der Komfortelektronik gleichzeitig beeinflussen und damit klassische Zielkonflikte bei der Abstimmung zwischen Effizienz, Komfort und Fahrdynamik überragend auflösen, Bild 1.

Vier vorkonfigurierte Modi

Um den Anforderungen nach hoher Erlebbarkeit und sinnvoller Modusausrichtung gerecht zu werden, wurden vier Modi mit in sich stimmigen Effekten konfiguriert. Die Gesamtkomposition aller Teilnehmersysteme sichert somit über vorgegebene Systemeigenschaften einen sinnvollen Fahrzeugcharakter. Ein duales Stufensystem, das sich etwa an der Einstellung „Sport aus" – „Sport ein" orientiert, erwies sich hierbei nicht als zielführend. In Abhängigkeit verschiedener Variablen, etwa den persönlichen Vorlieben der Fahrzeuginsassen oder den Straßengegebenheiten, soll deshalb die ganze Bandbreite von betont komfortabel über ausgewogen bis hin zu deutlich sportlich eingestellt werden können. Durch wiederholtes Drücken der Taste „drive select" oder der CAR-Taste und Drehen des Dreh-/Drückstellers wird eine der vier fest definierten Betriebsarten aktiviert und über eine Markierung im Multi Media Interface (MMI) angezeigt, Bild 2. Der zuletzt aktivierte Modus entspricht dem Ausgangszustand beim nächsten Fahrzeugstart. Bei verschiedenen Fahrern kann der jeweilig präferierte Modus über die Personalisierungsfunktion schlüsselgebunden gespeichert werden.

Der Modus auto fokussiert ein ausgewogenes Fahrgefühl, das die Ansprüche Agilität und Komfort harmonisch verbindet. Er schöpft dabei weder das sportliche noch das komfortorientierte Potenzial des Fahrzeugs voll aus. Die Charakteristik der beteiligten Fahrzeugsysteme ent-

Bild 2
Bedienung des Audi drive select

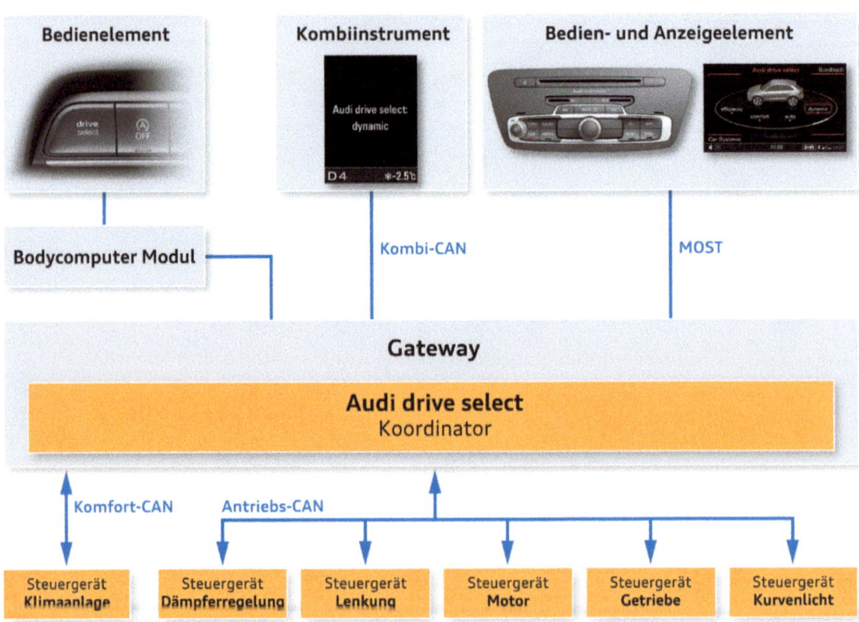

springt keiner unveränderlichen Festeinstellung, sondern ergibt sich aus ausgewogenen und adaptiven Regelstrategien.So passen sich das Getriebe und die Dämpferregelung ohne Eingriffe des Fahrers in Sekundenbruchteilen der jeweiligen Fahrsituation an. Die Lenkung bietet ein ausgewogenes Handmoment.

Der Modus comfort überzeugt durch seine betont komfortable Charakteristik und empfiehlt sich daher besonders für entspanntes Reisen auf langen Strecken. Im Mittel weicher geregelte Dämpfer geben Unebenheiten der Fahrbahn weniger stark an die Insassen weiter, die Lenkung ist leichtgängiger und indirekter, Motor und Getriebe reagieren souverän auf die Beschleunigungsanforderungen des Fahrers. Das angepasste Lichtdesign unterstreicht die komfortable Betriebsart.

Im Gegensatz dazu bietet der Modus dynamic ein dezidiert sportliches Fahrgefühl, das vor allem auf kurvenreichen Strecken ein ausgesprochen agiles und engagiertes Fahren erlaubt. Deshalb ist die Lenkung straffer und direkter eingestellt, der Motor nimmt besonders willig Gas an und das Automatikgetriebe reagiert noch spontaner. Die Dämpferregelung bietet im Mittel höhere Dämpfungskräfte und minimiert auf diese Weise unerwünschte Karosseriebewegungen.

Der Modus efficiency wiederum orientiert sich an einem besonders verbrauchsoptimierten Betriebszustand und unterstützt den Fahrer aktiv bei einer verbrauchssenkenden Fahrweise. Motor und Getriebe folgen diesem Anspruch, indem sie besonders ausgewogen auf Gaspedalbewegungen reagieren. Das Automatikgetriebe verlagert zudem seine Schaltpunkte in tiefere Drehzahlbereiche und öffnet im Schubbetrieb automatisch die Kupplung, sodass das Fahrzeug frei rollt und der Einfluss der Schleppverluste durch das Aggregat vermieden wird. Dies animiert zu einer gleichmäßigeren, vorausschauenderen und somit effizienteren Fahrweise. Integrierte Fahrwerksregel- und Fahrerassistenzsysteme wie die elektromechanische Lenkung oder die Geschwindigkeitsregelanlage unterstützen bei der Minimierung der Fahrwiderstände. Des Weiteren wird die Klimaanlage angepasst, indem ein besonders energieoptimierter Betrieb vorgegeben wird. Der Modus efficiency ist als integraler Bestandteil des Audi drive select ein intelligentes Assistenzsystem, das per Knopfdruck ein noch effizienteres, kraftstoffsparendes Fahren ermöglicht.

Zentrale Koordination

Koordiniert wird das Gesamtsystem Audi drive select über ein Softwaremodul im zentralen Steuergerät des Fahrzeugs, dem Gateway, Bild 3. Durch die Integration in das Gateway, in dem alle Bussysteme zusammenlaufen, erfolgt die Kommunikation zwischen Funktionskoordinator und Teilnehmersystem extrem schnell. Nimmt der Fahrer einen Moduswechsel vor, versendet das Softwaremodul eine Umschaltaufforderung auf allen beteiligten Bussystemen. Die an diese Busse angebundenen Steuergeräte empfangen und interpretieren die Botschaft. Plausibilisierungsfunktionen stellen sicher, dass nur Umschaltungen erfolgen, wenn das Bedienelement betätigt wurde. Sofern alle implementierten Sicherheitsbedingungen erfüllt sind, erfolgt die Umschaltung von der bisherigen auf die neue Charakteristik. Das Vernetzungskonzept und die Systemarchitektur sind flexibel und skalierbar, um künftig weitere Teilnehmersysteme mit geringem Aufwand in Audi drive select einbinden zu können.

Die Applikation der Charakteristiken der einzelnen Teilnehmersysteme zielt in besonderer Weise auf eine in sich stimmige Modusgestaltung sowie auf harmo-

Bild 3
Vernetzungsarchitektur

nische Modusübergänge. Sie sollen für den Fahrer erlebbar sein, ihn aber nicht stören. In der Definitionsphase leisteten umfangreiche Simulationen der Kommunikation, der Vernetzung und des Fahrverhaltens sowie Verbrauchsanalysen und Probandenstudien wichtige Dienste. So konnten bereits ab einem frühen Zeitpunkt die Entwicklungsstände der beteiligten Systeme auf vernetzten Hardware-in-the-Loop-Prüfständen und in Fahrzeugen erprobt und abgesichert werden. Die Schwerpunkte lagen hierbei auf der Überprüfung des Systemverhaltens im fahrdynamischen Grenzbereich und im kundenrelevanten Betrieb.

IN Q 3003

Bremsanlage, Reifen und Räder

Dipl.-Ing. Ruben Pascual Mata | Josef Achhammer | Dipl.-Ing. (FH) Thomas Theel | Dipl.-Ing. (FH) Ole Eichberg

Für den neuen Audi Q3 wurden sowohl das Bremssystem als auch das Reifen-/Räderprogramm auf die spezifischen Anforderungen eines Sports Utility Vehicles abgestimmt. Die leistungsfähige Bremsanlage sorgt für Sicherheit auf der Straße und im Gelände, umfangreiche Zusatzfunktionen ergänzen den Leistungsumfang des Elektronischen Stabilitätsprogramms und die Reifen/Räder vereinen überlegenes Handling mit Komfort und geringem Rollwiderstand.

Bremsanlage

Sportlich positioniert und zugleich erstklassig im Komfort stellt der neue Audi Q3 auch hohe Ansprüche an das Bremssystem. Hierzu zählen kurze Bremswege bei minimalen Karosseriebewegungen, optimale Standfestigkeit auch bei sportlicher Fahrweise, ein ausgezeichneter Betätigungskomfort sowie fahrerunterstützende Sicherheitsfunktionen. Unabhängig von der Motorleistung ist der Audi Q3 mit 16-Zoll-Faustsattelbremsen an der Vorder- und Hinterachse ausgestattet, Bild 1, und bietet bei allen Motorisierungen eine hohe Bremsleistung.

Der Einkolben-Bremssattel an der Vorderachse ist eine bewährte Conti FN3-Schwimmsattelbremse mit einem Kolbendurchmesser von 57 mm und verfügt über 312x25 mm große, innenbelüftete Scheiben mit leistungsorientierten Belägen von Jurid, die für einen guten, auf das Fahrzeug abgestimmten Reibwert sorgen. Die Colette CII41 HE-Bremse von TRW an der Hinterachse hat einen Kolbendurchmesser von 41 mm, komfortbetonte Beläge von Textar und verfügt über 282 x 12 mm große, massive Scheiben. Durch diese Bremsendimensionierung werden ehrgeizige Ziele hinsichtlich Bremsleistung und Ansprechverhalten in allen Fahrsituationen sichergestellt. Ein gutes Nässe- und Schmutzverhalten unterstützt die Funktion auch abseits asphaltierter Wege.

Die serienmäßig in die Hinterachsbremse integrierte elektromechanische Parkbremse (EPB) fungiert – neben ihrer Hauptaufgabe als Feststellbremse – zusammen mit dem Elektronischen Stabilitätsprogramm (ESP) auch als zeitlich uneingeschränkte Anfahrhilfe und als geschwindigkeitsabhängige Notbremse. Somit ergänzt sie die hydraulische Betriebsbremsanlage und unterstreicht signifikant die Premiumansprüche des Audi Q3. Im Zusammenspiel mit der Komfortfunktion Audi Anfahrassistent hält die EPB das Fahrzeug im Stillstand unabhängig vom Fahrer gebremst und verhindert unbeabsichtigte Rollmanöver. Die Schalter für die EPB sowie für die Komfortfunktion Audi Anfahrassistent befinden sich in der Mittelkonsole. Der bei anderen Fahrzeugen für den mechanischen Handbremshebel vorgesehene nun freie Platz an der Mittelkonsole

Radbremse vorne	Radbremse hinten
	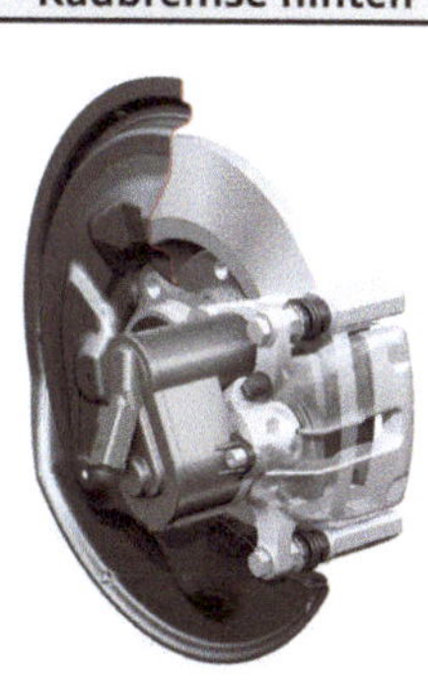
FN3 57/25/13,5 16" Bremsscheibe: Ø 312 x 25 mm, innenbelüftet Bremsbelag: Jurid 201-11	**CII41 HE 1612 16"** Bremsscheibe: Ø 282 x 12 mm Bremsbelag: Textar 4402

Bild 1
Radbremsen für den Audi Q3 in der Übersicht

schafft so beim Audi Q3 Raum für Ablagemöglichkeiten.

Bremsbetätigung

Als Bremsbetätigung kommen beim Audi Q3 in Linkslenkerversion ein 11 Zoll großer Single-Bremskraftverstärker sowie beim Rechtslenker – bauraumbedingt – ein 7-Zoll/8-Zoll-Tandem-Bremskraftverstärker mit zwei diagonal aufgeteilten Bremskreisläufen zum Einsatz. Der Tandemhauptbremszylinder aus Aluminium mit 23,8 mm Durchmesser gewährleistet die erforderliche Leistungsfähigkeit sowie kurze und dynamische Bremspedalwege. Mit geringen Betätigungskräften über einen kurzen Ansprechweg und klarem Druckpunkt bis hin zum spontanen Verzögerungsaufbau und guter Dosierbarkeit erfüllt der Audi Q3 souverän die Ansprüche einer optimalen Bremspedalcharakteristik. Orientiert an der sportiven, Audi typischen Ausrichtung wurden die Kennlinien der Charakteristik des Gesamtfahrzeugs angepasst. Das Übersetzungsverhältnis des Bremskraftverstärkers beträgt i=7. Die Bremsbetätigung fügt sich so in den Anforderungskatalog für ein sportliches und dennoch harmonisches Fahrgefühl ein. Ein berührungslos arbeitender Hallsensor am Hauptbremszylinder steuert die Bremslichtfunktion.

Fußhebelwerk

Als direkte Schnittstelle zum Fahrer wurden an die Pedalerie Audi spezifische Erwartungen hinsichtlich Hochwertigkeit und Komfort gestellt, die durch die Konstruktion ideal erfüllt werden. Wegen des Gewichts wurde das Fußhebelwerk modular aufgebaut. Ein Modul besteht jeweils aus dem Pedalhebel und dem dazugehörigen Lagerbock. Die Einzelkomponenten des Gas- und Kupplungspedals sind aus glasfaserverstärktem Kunststoff gefertigt. Der Lagerbock der Bremse ist aus Festigkeitsgründen in Stahlblechbauweise hergestellt; das Stahlbremspedal überzeugt durch seine gewichtsreduzierte Schalenbauweise. Über die Anforderungen hinsichtlich Komfort und Bediensicherheit hinaus wurde das Fußhebelwerk auch in seinen Crasheigenschaften optimal ausgeführt. Bei einem Aufprall verhindern die an der Lenksäulenkonsole fixierten Crashstreben eine Intrusion der Pedalhebel.

Elektronisches Stabilitätsprogramm

Der neue Audi Q3 erhält als erstes Fahrzeug von Audi ein Schlupfregelsystem der Firma TRW. Dabei wurde das bewährte ESP des Typs EBC 450 als Grundstein übernommen und – dem Anspruch eines sportlichen SUV gemäß – weiterentwickelt. Das Anforderungsprofil umfasste kurze Bremswege und hohe Fahrsicherheit ebenso wie eine Reihe von Sicherheitsfunktionen. Neben der Giermomentenregelung enthält das ESP eine Reihe modifizierter und neuer Funktionen im Audi Q-Segment. Dazu kommen die etablierten Bausteine wie:

- Antiblockiersystem (ABS)
- Antriebsschlupfregelung (ASR)
- Elektronische Differentialsperre (EDS)
- Elektronische Quersperre XDS
- Motor-Schleppmomentenregelung (MSR)
- Kurvenbremslogik (CBC)
- Elektronische Bremskraftverteilung (EBV)
- Hinterachs-Vollverzögerung (HVV)
- Hydraulischer Bremsassistent (HBA)
- Hydraulische Zusatzverstärkung Overboost

- Hydraulische Bremskraftverstärkung (HBV)
- Bremsscheibenwischer
- Gespannstabilisierung.

Erstmalig kommt in einem Modell der Q-Reihe mit sportiven querdynamischen Fahreigenschaften die um die dynamische Funktion XDS erweiterte Elektronische Differenzialsperre (EDS) zum Einsatz. Beim quattro-Antrieb dient sie funktional als Quersperre an beiden Achsen, beim Frontantrieb an der Vorderachse. Dabei erfolgt der Bremsmomenteneingriff nicht erst bei erhöhtem Radschlupf. Vielmehr wird bereits aufgrund verschiedener Eingangssignale und ihrer Merkmale wie Radgeschwindigkeit, Querbeschleunigung und Lenkradwinkel beziehungsweise Lenkradwinkelgradient ein entsprechendes Sperrmoment ermittelt. Durch das gezielte Anbremsen der kurveninneren Antriebsräder wird das Moment an den äußeren Rädern erhöht. Bereits durch die elektronische Differenzialsperre zeigt das Fahrzeug in Summe eine verbesserte Entkopplung des querdynamischen Fahrzeugverhaltens vom Beschleunigungswunsch des Fahrers und erlaubt somit ein agileres Fahrverhalten sowie ein gesteigertes Traktionsvermögen in Kurven. Die Funktion XDS übertrifft diesen Anspruch, indem sie nochmals höhere Fahr- und Kurvengeschwindigkeiten erlaubt. XDS optimiert sowohl die längs- als auch die querdynamischen Fahreigenschaften und gehört bei allen Antriebsvarianten zum serienmäßigen Lieferumfang. Dies betont einmal mehr die sportliche Positionierung des Audi Q3. Integriert in die ESP-Software, nutzt das XDS Synergieeffekte hinsichtlich der Funktions- und Sicherheitsüberwachung und benötigt keine weiteren Hardwarekomponenten, somit bringt es auch keine Nachteile wie Mehrgewicht oder Komforteinbußen mit sich.

Die Roll-Over-Prevention (ROP), eine ESP-Sonderfunktion speziell für Fahrzeuge mit höherer Schwerpunktlage, pointiert den Sicherheitsgedanken von Audi. Sie verhindert ein Abheben der kurveninneren Räder. Die Fahrsituation wird über die übliche ESP-Sensorik wie Gierrate, Querbeschleunigung, Lenkwinkel oder Raddrehzahlen erkannt und durch einen speziellen ESP-ROP-Eingriff entschärft. Dabei wird das Drehmoment des Motors reduziert und die Haldex-Allradkupplung geöffnet. Der ROP-Bremseneingriff erfolgt mit hoher Druckaufbaudynamik und sehr hoher Radverzögerung, vor allem am kurvenäußeren Vorderrad. Die Motor- und Bremseneingriffe reduzieren die Fahrgeschwindigkeit und erweitern moderat den Kurvenradius. Die verringerte Querbeschleunigung und die abgeschwächte Giertendenz stabilisieren das Fahrzeug.

Gespannstabilisierungsfunktion

Auch die Gespannschwingung wird im ESP-Steuergerät mithilfe der gängigen Sensorik ausgewertet. Ein aus Fahrzeug und Anhänger bestehendes Gespann wird zum Schwingen angeregt, sobald die für das Gespann kritische Geschwindigkeit überschritten wird und seine Dämpfung gegen Null läuft. Dabei unterliegt die kritische Geschwindigkeit einer Vielzahl von Einflussfaktoren. Bei idealen Bedingungen zählen hierzu beispielsweise die Anhängergröße sowie der Beladungszustand von Fahrzeug und Anhänger mit der daraus resultierenden Stützlast. Aber auch äußere Einflüsse wie Fahrbahnunebenheiten, Seitenwind oder vom Fahrer erzeugte Störungen beeinflussen die kritische Geschwindigkeit. Die Gespannstabilisierungsfunktion wird aktiviert, wenn drei aufeinander folgende Schwingungsamplituden, die dem typischen Frequenzbereich eines Gespanns entsprechen, eine aus Sensor- und Modelldaten gebildete Regelschwelle überschreiten. Voraussetzung ist, dass der Anhänger an das Zugfahrzeug angesteckt ist und das Anhängersteuergerät einen elektrischen Verbraucher erkannt hat.

Um den Punkt der kritischen Geschwindigkeit wieder zu unterschreiten und die Dämpfung des Gespanns zu erhöhen, reduziert das System das Motorantriebsmoment und übt gezielt Bremseneingriffe aus – entweder verzögert es sofort alle Räder bei starker Zunahme der Schwingungsamplituden innerhalb des Erkennungszeitraums oder es gibt symmetrische, frequenzabhängige Bremsimpulse an der Vorderachse, um die Dämpfung konstant zu erhöhen und Schwingungen komfortabel abklingen zu lassen. Darüber hinaus übermittelt die EPS-Lenkung eine Lenkempfehlung an den Fahrer und trägt so zu einem stabilen Fahrverhalten bei. Wie alle traktionsfördernden und stabilisierenden Bremseneingriffe sind weder die Gespannstabilisierung noch die Roll-Over-Prevention durch den Fahrer deaktivierbar. So werden Sicherheit und Dynamik in allen Fahrsituationen gewährleistet.

Räder und Reifen

Die Vorgaben für die Rad-/Reifenkombinationen folgten den Zielen für den Audi Q3: ein für die Fahrzeugklasse überlegenes Handling und ausgezeichnete Komforteigenschaften unter Berücksichti-

Basisrad 16"	Optionsräder 17"	Optionsräder 18"	Winterräder
6,5J x 16 ET 33 1 Aluminium-Schmiederad Brilliant silber lackiert 215/65 R 16 (Basisrad für alle Motorisierungen)	**7J x 17 ET 43** 2 Aluminium-Leichtmetall-Rad Brilliant silber lackiert 235/55 R 17 **7J x 17 ET 43** 3 Aluminium-Leichtmetall-Rad Brilliant silber lackiert 235/55 R 17	**7J x 18 ET 43** 4 Aluminium-Leichtmetall-Rad Brilliant silber lackiert 235/50 R 18 **7J x 18 ET 43** 5 Aluminium-Leichtmetall-Rad glanzgedreht 235/50 R 18	**6,5J x 16 ET 33** 6 Aluminium-Schmiederad Brilliant silber lackiert 215/65 R 16 M&S **6,5J x 17 ET 33** 7 Aluminium-Leichtmetall-Rad Brilliant silber lackiert 215/60 R 17 M&S

Bild 2
Rad-/Reifenkombination für den Audi Q3

gung ambitionierter Rollwiderstandswerte darzustellen. Raddurchmesser und Reifenbreiten unterstützen eine sehr gute Fahrstabilität unter Beibehaltung des klassengerechten Komforts. Bei allen Motorisierungen ist der Audi Q3 in der Basis serienmäßig mit Aluminiumrädern der Größe 6,5 J x 16" Einpresstiefe (ET) 33 ausgestattet, Bild 2; die Dimension der Sommerreifen beträgt hierbei 215/65 R16 98V, die der Winterreifen 215/65 R16 98H M+S. Beide Bereifungen verfügen über ein einheitliches Raddesign in gewichtsoptimierender Schmiedeleichtradtechnik. Die Einsparung gegenüber einem konventionellen Aluminiumgussrad beträgt zirka 1,7 kg pro Rad.

Alternativ können Räder aus einem umfangreichen Optionsprogramm ausgewählt werden. Bei den Sommerrädern stehen für die 17-Zoll- und 18-Zoll-Räder je zwei attraktive Designs zur Auswahl. Die Mehrausstattung umfasst in 17 Zoll ein Rad der Dimension 7,0 J x 17" ET 43 mit der sportlichen Reifengröße 235/55 R17 99V, entweder im Fünfarm-Trias- oder im Zehnspeichendesign. Der Raddimension 7,0 J x 18" ET 43 entsprechen Hochleistungsreifen der Größe 235/50 R18 97V. Im Design kann zwischen fünf Doppelspeichen oder aber dem teilpolierten Fünfarm eines glanzgedrehten Bicolor-Alugussrads gewählt werden. Künftig wird das Programm auf Räder bis 20 Zoll Größe erweitert. Als schneekettentaugliches Winterrad wird zusätzlich zur 16-Zoll-Basisausführung ein Rad der Dimension 6,5J x 17" ET33 mit der Reifengröße 215/60 R17 96H M+S angeboten. Die optional angebotenen Leichtmetallräder unterstreichen sowohl den sportlich-dynamischen Charakter des Audi Q3 als auch seine Positionierung im SUV-Premiumsegment. Ihr reduziertes Gewicht trägt zusammen mit dem niedrigen Rollwiderstand der Reifen, auch bei den sportlichen Varianten, maßgeblich zu den guten CO_2-Werten des Gesamtfahrzeugs bei.

Die Gestaltung von Reifenquerschnitt, Seitenwand und Profilierung vervollkommnen das Gesamterscheinungsbild des Fahrzeugs sowie seine aerodynamischen Eigenschaften. Durch unterschiedliche Einpresstiefen, entsprechend der jeweiligen Felgenbreiten der verschiedenen Raddimensionen, wird eine gleichbleibende Außenbündigkeit erreicht.

Der Audi Q3 ist serienmäßig mit einem Tire Mobility System (TMS) ausgestattet. Im Falle einer Reifenpanne kann der Fahrer damit ohne Radwechsel die nächste Servicestation erreichen und profitiert von der Gewichtseinsparung. Auf Wunsch ist ein Minispare-Reserverad in der Dimension 4,0 J x 18" ET 27,5 mit der Reifengröße 145/80 R18 erhältlich.

Lenksystem

MICHAEL BETZ | DIPL.-ING. (FH) FLORIAN MÄRZ

Die elektromechanische Servolenkung des Audi Q3 verbindet hohe Effizienz mit sportlich-dynamischer Lenkcharakteristik. Sie bietet umfassende Vernetzungsmöglichkeiten mit den Fahrerassistenzsystemen, die für den Q3 erhältlich sind. Lenksäule und Lenkräder erfüllen höchste Anforderungen hinsichtlich Funktionalität, Komfort und Insassenschutz. Lenkrad und Airbag sind konsequent auf Leichtbau ausgelegt und sparen rund 0,5 kg Gewicht ein.

Lenkgetriebe

Der Audi Q3 ist mit einer elektromechanischen Servolenkung ausgerüstet. Sie verbindet moderne, effiziente Lenkungstechnik mit sportlich-dynamischer Lenkcharakteristik. Das System arbeitet hocheffizient und senkt im Vergleich zu einer herkömmlichen Hydrauliklenkung den Kraftstoffbedarf motorisierungsabhängig um bis zu 0,3 l/100 km, behält dabei aber deren Agilität und hervorragende Lenkansprache bei. Die elektromechanische Lenkung zeichnet sich durch eine hochpräzise Spurführung bei einer geringen Empfindlichkeit gegenüber störenden Fahrbahneinflüssen aus.

Die hohe Leistungsfähigkeit des Lenksystems zeigt die Spurstangenkraft von über 10 kN bei 360 °/s. Diese Kennwerte sorgen für eine überdurchschnittliche Dynamik beim Parken. Das neue Lenksystem des Audi Q3, Bild 1, nutzt alle Möglichkeiten, die elektrisch betriebene Servolenkungen bieten. So unterstützt die Lenkung den Fahrer bei µ-Split-Bremsungen mit einer Lenkmomentenempfehlung, wodurch der Bremsweg signifikant reduziert werden kann. Bei Fahrzeugen mit Audi active lane assist wird eine gezielte Lenkunterstützung eingesetzt, um ein unbeabsichtigtes Verlassen der Fahrspur zu verhindern. In Kombination mit dem Parklenkassistenten ermöglicht die Lenkung ein komfortables Einparken ohne zusätzlichen Lenkeingriff des Fahrers.

Unterstützungsgrad und Dämpfung der Lenkung sind mittels hochvariabler Parametrierung optimal an jede Fahrsituation und Fahrgeschwindigkeit angepasst. Dadurch wird zum Beispiel der Geradeauslauf bei Seitenwind stabilisiert, hohe Dynamik beim Ausweichen von Hindernissen erreicht oder kritische Lenkmanöver gezielt bedämpft. Die Torque-Steer-Funktion kompensiert ein seitliches Schiefziehen beim starken Beschleunigen. Um die für diese Funktionen erforderliche Vernetzung sicherzustellen, kommuniziert die Lenkung via CAN mit den relevanten Steuergeräten. Nach Motorstart initialisiert sich die Lenkung über einen Abgleich mit dem Lenkwinkelsensor im Schaltermodul der Lenksäule und über eine Abfrage der Motordrehzahl. Im Anschluss daran wird der

Bild 1
Lenksystem

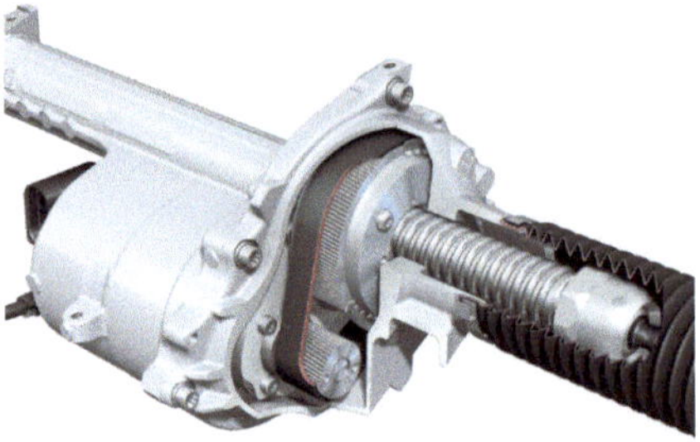

Bild 2
Schnitt durch die Servoeinheit mit Kugelmutter und Riemen

Elektromotor abhängig vom Fahrerhandmoment und der Fahrzeuggeschwindigkeit angesteuert. Der Fahrer kann selbst auf die Lenkungscharakteristik Einfluss nehmen, indem er sie über Audi drive select entsprechend der Modi von sportlich bis komfortabel anpasst.
Die Servounterstützung erfolgt serienmäßig geschwindigkeitsabhängig. Das Lenkgetriebe generiert die Servounterstützung mittels eines parallel angeordneten, kompakten Synchronmotors, der das Kugelspindelgetriebe über einen Zahn-riemen antreibt, Bild 2. Eine Kugelumlaufmutter verschiebt bei Drehung die Zahnstange, die in diesem Bereich als Spindel ausgeführt ist, in die gewünschte Lenkrichtung.
Durch den speziellen Aufbau der Servoeinheit und deren prinzipbedingt geringe Eigenreibung ist es möglich, den Zielkonflikt zwischen hoher Lenkpräzision und gleichzeitiger Unempfindlichkeit gegen störende Fahrbahneinflüsse nahezu vollständig aufzulösen. Grobe Anregungen und Stöße von der Fahrbahn werden durch die Anordnung der Kugelmutter herausgefiltert. Auch auf Schlechtwegestrecken ist die Lenkung stoßfrei, wodurch der für den Audi Q3 gestellte hohe Anspruch an ein komfortables und dennoch geländegängiges SUV erfüllt wird. Die geringe Eigenreibung hingegen lässt den Fahrer die für das Fahrgefühl wichtigen Veränderungen am Rad spüren. Die Lenkung gewinnt somit ein Höchstmaß an Feinfühligkeit und Präzision.

Lenksäule

Der Audi Q3 ist mit einer Sicherheitslenksäule ausgestattet, Bild 3. Die serienmäßig manuell verstellbare Lenksäule erfüllt höchste Anforderungen hinsichtlich Funktionalität, Komfort und Insassenschutz. Die Lenkradposition lässt sich durch die Lenksäule stufenlos bis zu 50 mm in Hoch- und Längsrichtung einstellen. Der große Verstellbereich ermöglicht jedem Fahrer eine optimale, ergonomische Lenkradposition. Die Fixierung der Einstellposition erfolgt durch eine Lamellenklemmmechanik. Diese erlaubt eine stufenlose Verstellung und gewährleistet höchste Sicherheit gegen ein undefiniertes Durchrutschen der Lenksäule bei einem Crash.

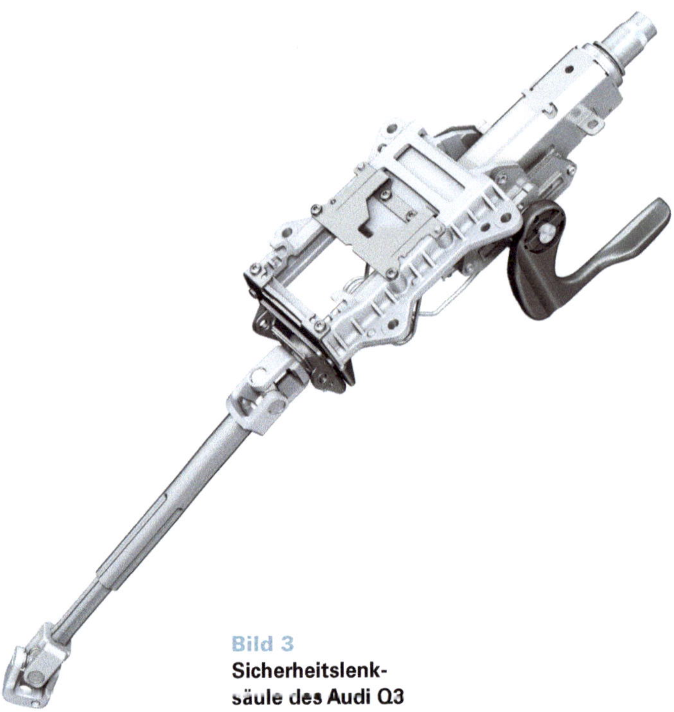

Bild 3
Sicherheitslenksäule des Audi Q3

Lenkräder

Im Audi Q3 kommt erstmalig ein neu gestaltetes Dreispeichenlenkrad zum Einsatz, das künftig für alle Modelle der Q-Reihe zu bestellen ist, Bild 4. Hochwertige Materialien sowie feine Chromapplikationen und Hochglanzlackierungen auf Lenkradspeichen und Airbagkappe prägen das höchst anspruchsvolle Qualitätsniveau bei Design und Formgebung.

Serienmäßig verfügt der Audi Q3 über das bekannte und bewährte Vierspeichenlenkrad. Optional wird das neue Dreispeichen-Q-Lenkrad mit einer geteilten Bauchspeiche angeboten. Ausgestattet mit zwei zusätzlichen Schaltwippen, erlauben die Multifunktionslenkräder eine komfortable Bedienung des Fahrerinformationssystems mit Telefon, Audiogeräten und Bordcomputer.

Für Fahrzeuge mit S tronic können zum manuellen Gangwechseln sowohl für die Vierspeichen- als auch für die Dreispeichen-Q-Lenkräder Tiptronic-Paddel geordert werden. Die sehr guten ergonomischen Eigenschaften in Kombination mit dem herausragenden Bedienkonzept verleihen dieser Lenkradgeneration seit ihrer Einführung im Audi A8 einen einzigartigen Premiumcharakter. Im Vergleich zu früheren Lenkradgenerationen setzen sich diese Ausführungen optisch stärker von anderen Modellen ab. Der Lenkradkranz ist mit feinstem Nappaleder überzogen, das mit hochwertiger Nahttechnik in Handarbeit aufgebracht wird. Farblich harmonieren die Lenkräder über zwei zur Auswahl stehende Farbvarianten mit dem Fahrzeuginnenraum. Das S line-Ausstattungspaket umfasst ein Dreispeichen-Sportlenkrad mit besonders griffigem, mikropunktgeprägtem Nappaleder und einer dekorativen S line-Lenkradplakette.

Die Airbageinheit ist als „Floating Horn" ausgeführt. Dadurch kann der Fahrer an jeder Stelle der Airbagkappe die Hupe aktivieren – in Gefahrensituation ist das ein bedeutender Sicherheitsfaktor. Sowohl bei den Lenkrädern als auch beim Airbag ist das Leichtbaukonzept des Audi Q3 unter den gewohnten hohen Anforderungen an Festigkeit, Robustheit und Qualität berücksichtigt. Dazu wird im Lenkradskelett ein bewährter, ultraleichter Magnesiumwerkstoff und im Airbag glasfaserverstärkter Kunststoff verwendet. Durch eine Überarbeitung konnte hierbei nochmals 0,5 kg Gewicht eingespart werden.

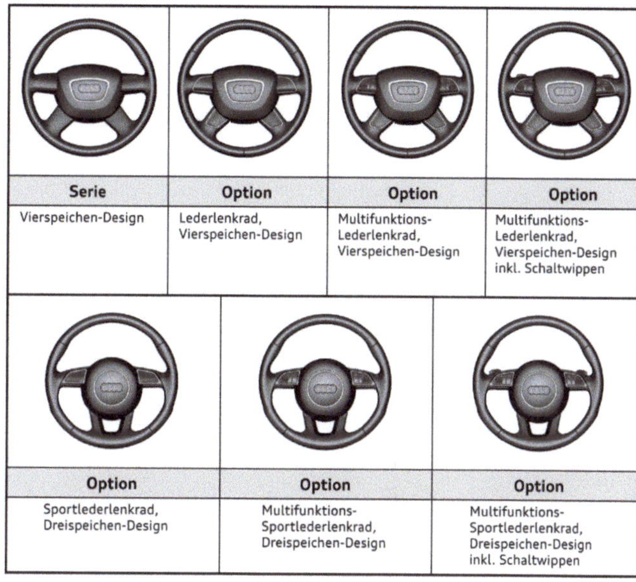

Bild 4
Die Lenkräder für den Audi Q3

Kraftstoffanlage, Aggregatelagerung und Abgasanlage

DIPL.-ING. (TU) JÖRG EICKSTÄDT | DIPL.-ING. FLORIAN ADLKOFER | SIAMAK ALIZADEH

Für den Audi Q3 wurden Kraftstoffanlage, Aggregatelagerung und Abgasanlage neu entwickelt. Bei der Kraftstoffanlage standen dabei effizientes Energiemanagement des Fördersystems und niedriges Gewicht im Vordergrund. Für die Abgasanlagenentwicklung war eine ausgezeichnete Gesamtfahrzeugakustik bei geringem Gewicht im Lastenheft vorgegeben. Beide leisten somit einen wichtigen Beitrag zur CO_2-Reduzierung. Die neuen hydraulischen Getriebelager und die spezifische Motorlagerabstimmung sorgen für einen guten Fahrkomfort.

Kraftstoffanlage

Die Anforderungen an eine moderne Kraftstoffanlage sind vielfältig: Für den Kunden stehen ein ausreichend großes Tankvolumen, gute Betankbarkeit, akustische Unauffälligkeit und hohe Anzeigegenauigkeit im Vordergrund. Darüber hinaus hat die Kraftstoffanlage weitere ganz unterschiedliche Vorgaben zu erfüllen: Die Kraftstoffversorgung des Motors muss bei allen Betriebszuständen sichergestellt sein, gleichzeitig gelten für das Kraftstofffördersystem höchste Effizienzvorgaben. Grundsätzlich ist auf eine robuste und hochwertige Konstruktion, geringe Zahl an Varianten und die Umsetzbarkeit flexibler Innenraumkonzepte zu achten. Alle gesetzlichen Vorschriften sind zu erfüllen und zukünftige Marktentwicklungen abzudecken.

Nach diesen Vorgaben wurde auch die Kraftstoffanlage, Bild 1, für den Audi Q3 entwickelt. Das Fahrzeug wird mit einem Satteltank ausgerüstet, der 64 l Volumen hat. Ein günstiger Einfüllrohrverlauf und eine stetig steigende Betankungs-entlüftungsleitung sorgen für eine gute Betankbarkeit. Zwei Hebelgeber, die geometrisch vorteilhaft in der Haupt- und Nebenkammer positioniert sind, gewährleisten eine hohe Anzeigegenauigkeit.

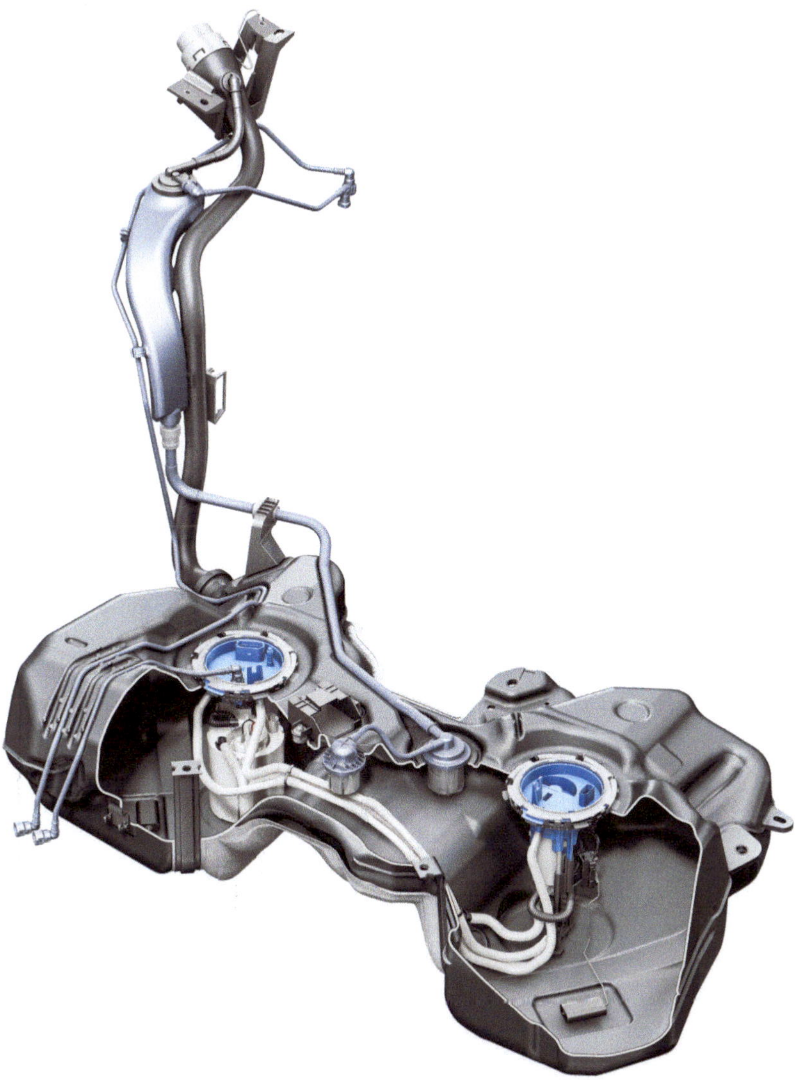

Bild 1
Schnitt durch den Kunststoffkraftstoffbehälter

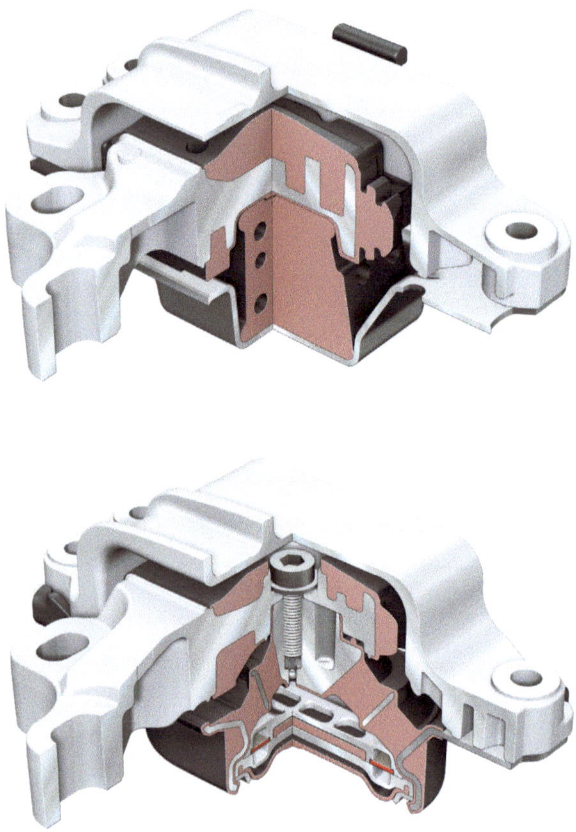

Bild 2
Vergleich einer konventionellen (links) gegenüber einer hydraulischen Getriebelagerung (rechts)

Das erlaubt dem Kunden eine optimale Ausnutzung des bevorrateten Kraftstoffs. Die Kraftstoffversorgung der Otto- und Dieselmotoren erfolgt bedarfsgerecht, es wird also nur die tatsächlich benötigte Kraftstoffmenge zur Verfügung gestellt. Dabei kommen auch bürstenlose, elektrisch kommutierte Kraftstoffpumpen zum Einsatz. Durch die geringere Leistungsaufnahme der Kraftstoffpumpe wird ein Beitrag zur CO_2-Reduktion geleistet.

Beim Audi Q3 gelang es, die Tankvarianten über das übliche Maß hinaus zu reduzieren: für den europäischen Markt gibt es für die Otto- und Dieselmotorisierungen jeweils nur eine Tankvariante. Dies ist der Maßstab im Vergleich zu anderen Audi Projekten. Der Kraftstofftank ist bereits heute für die neuen Kraftstoffsorten E10 und B7 qualifiziert. Somit bietet die Kraftstoffanlage insgesamt ein hohes Maß an Komfort und Zuverlässigkeit bei gleichzeitiger Erfüllung aller gesetzlichen Vorschriften. Sie leistet einen wichtigen Beitrag zur CO_2-Reduzierung durch Energieeffizienz und geringes Gewicht.

Aggregatelagerung

Die Auslegung der Aggregatelagerung entscheidet maßgeblich über den Geräusch- und Schwingungskomfort eines Fahrzeugs. Orientiert an der sportlich-dynamischen Fahrwerksabstimmung kommt beim Q3 deshalb ein hydraulisches Getriebelager zum Einsatz, Bild 2. Durch die zusätzliche hydraulische Dämpfung im Lager gelingt es im Gegensatz zum konventionellen Getriebelager, einen optimalen Kompromiss zwischen Schwingungskomfort und Akustik zu erreichen, Bild 3.

Beim Audi Q3 wird eine für quer eingebaute Motoren übliche Torque-Roll-Lagerung eingesetzt, die auch als Pendellagerung bezeichnet wird, Bild 4. Sie basiert auf der funktionalen Trennung von Tragfunktion und Momentenabstützung, wodurch eine gute Isolation der Aggregatschwingung vor allem im Leerlauf realisiert wird. Positioniert auf besonders steifen Bereichen der Längsträger und innerhalb einer Torque-Roll-Achse, nehmen Motor- und Getriebelager die statischen Lasten des Aggregats auf. Die hydraulische Dämpfung in den Lagern reduziert hauptsächlich die tieffrequenten Aggregatbewegungen und optimiert so entscheidend den Schwingungskomfort. Die integrierte Amplitudenabkopplung minimiert die dynamische Steifigkeit bei kleinen Amplituden und damit die Körperschallübertragung in die Karosserie.

Die im Fahrbetrieb auftretenden Drehmomente des Motors werden hingegen über

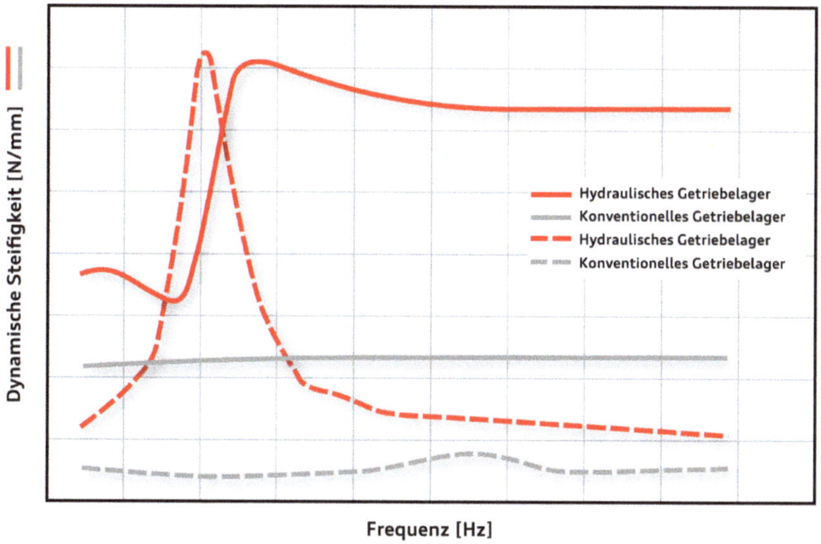

Bild 3
Kennlinien der Getriebelager (konventionell gegenüber hydraulisch)

Bild 4
Aggregatelagerung beim 2,0-l-TDI-Motor

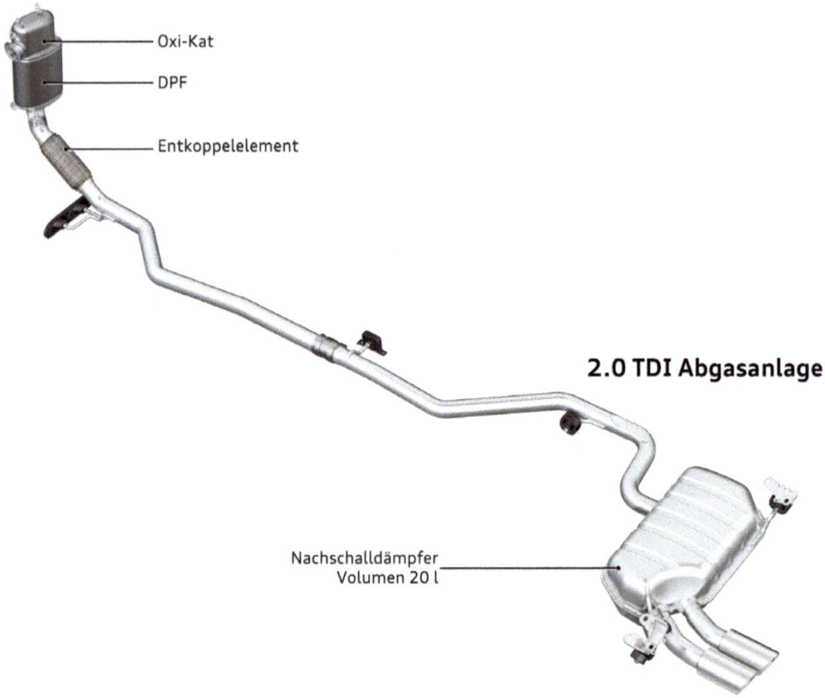

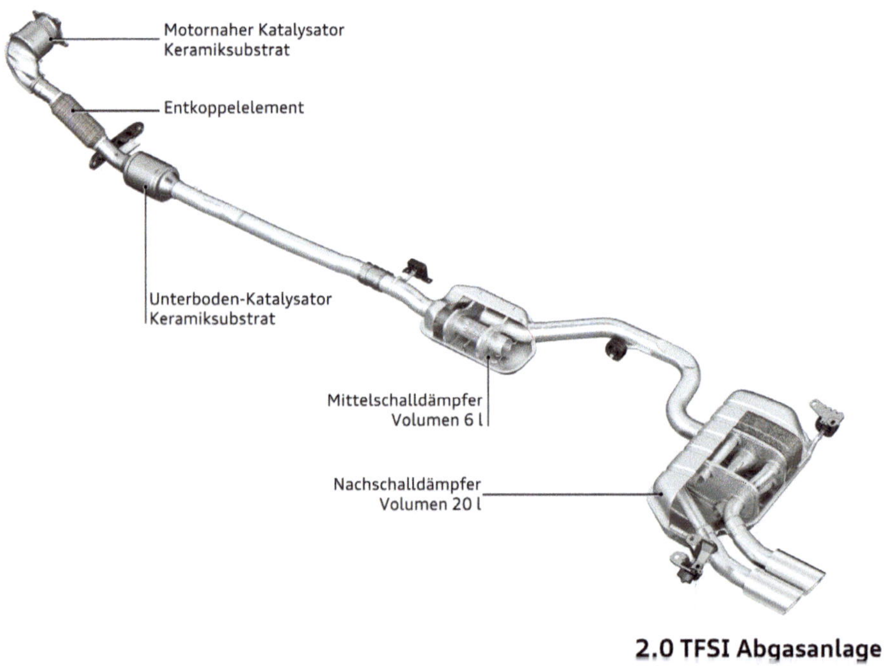

Bild 5
Abgasanlage des 2,0-l-TDI- und des 2,0-l-TFSI-Motors

die Pendelstütze aufgenommen, die direkt am Getriebe und über den Hilfsrahmen an die Karosserie angebunden ist. Die Elastomerlager sind mit einer geringen Längssteifigkeit ausgeführt, sodass sie für eine hervorragende Isolation der Aggregatschwingungen von der Karosserie sorgen – vor allem bei niedrigen Lasten.
Das Hinterachsgetriebe des Audi Q3 ist über drei Gummimetalllager aufgehängt, die alle stehend eingebaut sind. Zweiteilig ausgeführte Lager mit ringförmig vergrößerten axialen Anschlagflächen sorgen für eine gute Abstützung der Antriebskräfte auch bei den Motorisierungen mit größerer Leistung. Über die Abstimmung der unterschiedlichen Kennungen der Lager in radialer und axialer Richtung werden die Schwingungen im Antriebsstrang maximal isoliert.

Abgasanlage

Die Konzeption der Abgasanlagen für den Audi Q3 verbindet technisch-anspruchsvolle Anforderungen mit einer sportiven Design- und Akustikgestaltung, Bild 5. Das Aggregateprogramm des Audi Q3 umfasst ausschließlich Vierzylindermotoren sowohl bei den Diesel- als auch bei den Ottomotorisierungen, dazu zählen zwei TFSI-Motoren in den Leistungsstufen 125 kW und 155 kW sowie Dieselaggregate mit 103 kW und 130 kW Leistung. Sie erfüllen alle die Abgasnorm Euro 5. Durch ihr geringes Gesamtgewicht und ihren niedrigen Abgasgegendruck trägt die gesamte Katalysator- und Schalldämpferanlage zu einem reduzierten CO_2-Ausstoß bei. Hochwertige Edelstähle sowie geringe Wanddicken der Abgasrohre und Schalldämpfer in Leichtbautechnik verringern das Gesamtgewicht, ohne Einbußen beim Korrosionsschutz in Kauf nehmen zu müssen. Trotz unterschiedlicher akustischer Anforderungen der einzelnen Motorisierungen zeichnen sich die Abgasanlagen durch einen hohen Gleichteilegrad aus.
Bei der Abgasnachbehandlung werden sowohl metallische wie auch keramische Katalysatorsubstrate verwendet. Partikelfilter tragen bei den Dieselmotoren zur Erfüllung der Abgasnorm Euro 5 bei; bei den Ottoaggregaten wird die Abgasrichtlinie durch einen motornahen Konverter beziehungsweise einen im Tunnel positionierten Unterbodenkonverter umgesetzt. Um die Körperschallabstrahlung zu reduzieren, sind die Schalen der Endschalldämpfer mit klassischen Versickungen versehen. Durch moderne FEM-Berechnungsmethoden konnte die Schallübertragung auf die Karosserie und die Fahrgastzelle reduziert werden. Die zweiflutig und einseitig links positionierten Endrohre unterstreichen den hochwertigen Anspruch des Audi Q3. Bei den leistungsstarken Motorisierungen betonen serienmäßige Endrohrblenden das Heckdesign.

Karosserie

Dipl.-Ing. (FH) Thomas Gläser | Dipl.-Ing. (FH) Thomas Hahn | Dipl.-Ing. (FH) Jochen Kürschner | Richard Schabenberger

Der Entwicklungsprozess der Karosserie des neuen Audi Q3 war geprägt durch zwei wesentliche Anforderungen, erstens Leichtbau und zweitens hohe Fahrzeugsicherheit. Konstruktion und Werkstoffkonzept von Karosseriestruktur und Anbauteilen wurden konsequent auf diese Ziele ausgerichtet.

Sportlich, alltagstauglich, komfortabel

Mit dem neuen Q3 erweitert Audi das SUV-Angebot um ein Derivat im A-Segment mit den typischen Markenwerten. Daraus resultierende Schwerpunkte für die Karosserieentwicklung waren geometrischer und werkstofflicher Leichtbau bei gleichzeitig hohen Fahrzeugsicherheitszielen. Die Charakteristik des Fahrzeugs als sportliches SUV mit Alltagstauglichkeit und Komfort wurde konsequent umgesetzt.

Karosseriestruktur

Leichtbau als wesentlicher Faktor, beim Q3 systematisch angewandt und weiterentwickelt, ermöglichte die Umsetzung der anspruchsvollen Karosseriegewichtsziele. Sportlichkeit, repräsentiert und akzentuiert unter anderem durch die coupéhafte Dachlinienführung, die kurzen Überhänge und die umgreifende Heckklappe, bestimmte als weiteres wichtiges Merkmal die Packagesituation und das Maßkonzept der Karosserie. Kennzeichnend für Alltagstauglichkeit und Komfort sind der leichte Einstieg, die tiefe Ladekante, die aufrechte, leicht erhöhte Sitzposition, die Dachreling sowie das optionale Panorama-Glasdach. Durch den konsequenten Einsatz und die Vernetzung virtueller Entwicklungswerkzeuge, beginnend bereits in der frühen Konzeptphase und fortgeführt über Technikmodell bis zur Prototypen- und Vorserienentwicklung, konnte ein hoher Reifegrad zu den jeweiligen Projektschritten erreicht werden. Das Ergebnis ist eine ausgewogene Karosseriestruktur, die alle angestrebten Eigenschaften erfüllt und die gesamten Anforderungen zu einer optimalen Lösung verbindet. Wichtige Maßgaben waren, neben Betriebsfestigkeit, Fahrzeugsicherheit und Korrosion, die Gewichts- und Steifigkeitsziele. Auch fertigungsgerechte Aufbaufolgen und für die Herstellbarkeit der Karosserieteile günstige Bauteiltrennungen und daraus resultierend effiziente Fertigungsmethoden standen im Mittelpunkt der Entwicklung.

Aufbauend auf die Plattformstruktur im Bodenbereich wurden die Schnittstellen zum Aufbauumfang im A-Säulen-, Schweller- und hinteren Radhausbereich so definiert, dass sie mit der zweischaligen Fügereihenfolge der Seitenstruktur übereinstimmen. Durch homogene Querschnittsverläufe bei idealer Bauraumausnutzung konnten ein gewichtsoptimiertes Schwellerkonzept und eine momentensteife Anbindung der A-Säule an den Schweller umgesetzt werden. Das Stegteil Schweller wird dabei in den vertikalen A-Säulenquerschnitt eingebunden, die A-Säule umgreift das äußere Schwellerprofil. Sitzquerträger hinten, Radhausverstärkung und Gurtkonsolen binden die Seitenstruktur steif an den Boden an. Da die Komponenten zur Integration der Hintersitzanlage Teil der Konstruktion sind, wurde eine zusätzliche versteifende Querstruktur im Anbindungsbereich des Sitzquerträgers geschaffen.

Für den Strukturverlauf um den großen Heckklappenausschnitt herum und die Anbindung der Dachrahmenquerschnitte, bestimmt durch die geneigte Dachlinien-

DANKE

Bei der Erstellung des Beitrags hat zudem mitgewirkt: Dipl.-Ing. (FH) Felix Ballweg, Projektverantwortlicher in der Entwicklung Dachsysteme bei der AUDI AG in Ingolstadt.

führung, konnten geeignete Profil- und optimierte Knotenstrukturen entwickelt werden. Speziell im oberen Rahmenknoten wurde durch das Heckklappenscharnierkonzept eine bauraumgerechte und ungestörte Ausbildung geschlossener Querschnitte ermöglicht.
Die B-Säule als wesentlicher Bestandteil der Seitenstruktur ist als warmgeformtes, partiell vergütetes Bauteil ausgeführt. Ebenfalls aus warmgeformtem Stahl ist die A-Säule außen oben gefertigt. Das bestimmende Bauteil für die Querschnittsstabilität der seitlichen vorderen Dachrahmenstruktur konnte dadurch gewichtsoptimiert ausgeführt werden.

Verbindungstechnik

Im Karosseriebau des Q3 kommt zum überwiegenden Teil das Widerstandspunktschweißen als Verbindungsverfahren zum Einsatz. Zirka 4400 Schweißpunkte werden in der Karosseriezelle des Q3 gesetzt. Die bekannten Vorteile des Widerstandspunktschweißens sind zum einen die kostengünstige und robuste Funktionserfüllung und zum anderen die Prozesssicherheit.
In den Karosseriebereichen mit ausgeprägten Anforderungen an Schwingungskomfort und passiver Sicherheit wurde Widerstandspunktschweißen mit einem Festigkeitsklebverfahren kombiniert. Die dadurch erreichte flächige Anbindung in den Strukturflanschen erhöht die Steifigkeit der Konstruktion zusätzlich und leistet einen Beitrag zur Entlastung hochbelasteter Schweißpunkte. Auch in Bereichen, die nur eingeschränkt zugänglich sind, werden Festigkeitsklebungen beziehungsweise das – aufgrund der Plattformnutzung im Audi Konzern bereits vorhandene – MAG-Schweißverfahren angewendet. Ausschlaggebend hierbei sind die jeweils lokalen Geometriegegebenheiten, Werkstoffkombinationen und die funktionalen Anforderungen. In Summe werden in der Karosseriezelle zirka 74 m Klebstoff appliziert. Beim Q3 übernehmen Klebeverbindungen auch verstärkt Dichtigkeits- und Korrosionsschutzfunktionen. So wird zum Beispiel im Wasserkastenbereich ein spezieller Expansionskleber eingesetzt, sodass eine zusätzliche Abdichtung entfallen kann. Ein weiteres Beispiel für die vielseitigen Einsatzmöglichkeiten von Klebeverbindungen ist der Unterfütterungskleber im Dachbereich zur Gewährleistung der Beul- und Poliersteifigkeit.
Um die optisch anspruchsvollen Vorgaben an anderer Stelle im Außenhautbereich zu erfüllen, kommen zwei weitere Verbindungsverfahren zum Einsatz. Mit dem Laserstrahl- beziehungsweise Plasmatronlöten werden die Nullfuge zwischen Dach und Seitenwandrahmen und die Verbindung im Wasserkanal zwischen Heckklappe und Seitenwand erstellt.
Die Verbindungstechnik im Q3 wurde in kontinuierlicher enger Abstimmung mit den Planungs- und Fertigungsbereichen im SE-Prozess, unter konsequenter Einbeziehung der Erfahrungen aus vorangegangenen Projekten und der Nutzung der spezifischen Gegebenheiten am Fertigungsstandort, entwickelt. Dies ist Basis und Gewähr für ihre allen Belangen gerecht werdende Umsetzung.

Werkstoffkonzept

Neben dem geometrischen Leichtbau, der bauraum-, struktur-, querschnitts- und kraftwirkrichtungsoptimierten Karosseriegestaltung, kommt dem werkstofflichen Leichtbau in der Audi Karosserieentwicklung eine bedeutende Rolle zu. Durch die aktuell geführten Gewichtsdiskussionen im Zusammenhang mit der gegenwärtigen energiepolitischen Entwicklung wurde beim Q3 verstärkter Wert auf ein gewichtsminimiertes und

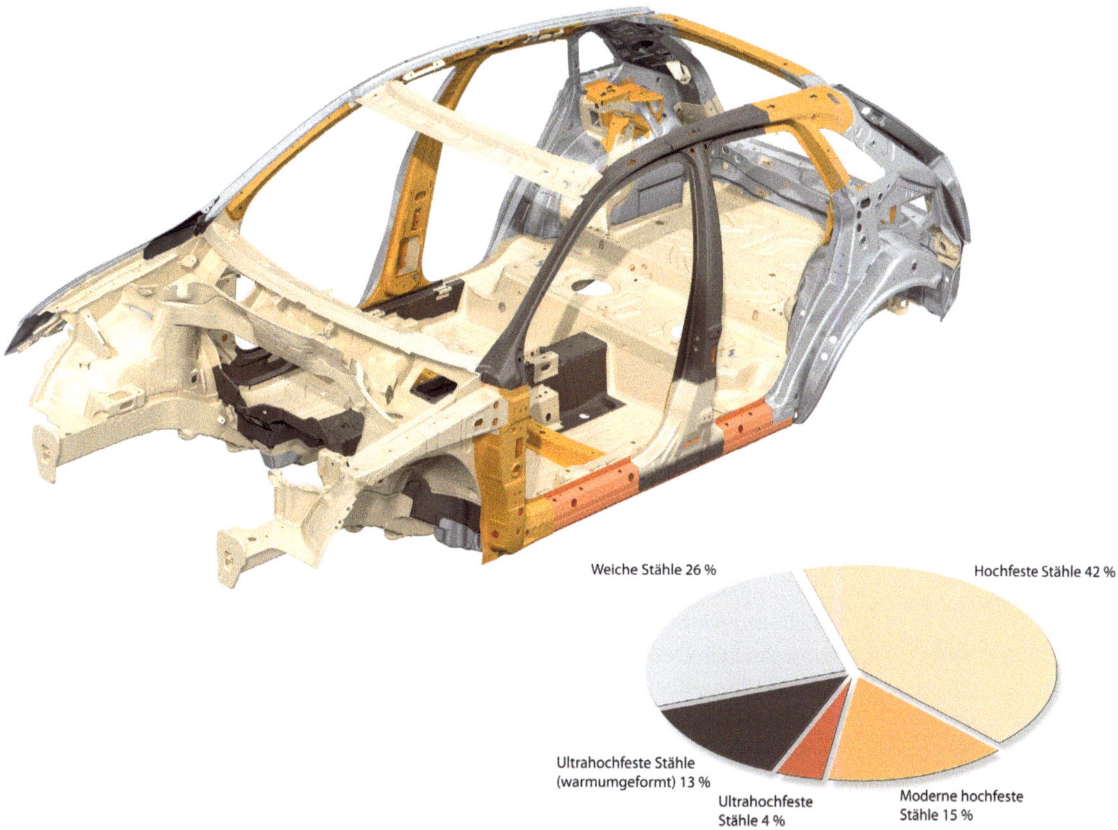

Bild 1
Werkstoffgüten in der Karosseriezelle

innovatives Werkstoffkonzept gelegt. Der zielgerichtete Einsatz der entsprechenden Materialgüten wurde durch iterative Berechnungsschleifen zum jeweiligen Entwicklungsstand verifiziert und ermöglichte auf diese Weise Gewichtsreduzierungsmaßnahmen.

Die verwendeten Werkstoffgüten in der Karosseriezelle erstrecken sich von leichtumformbaren Tiefziehstählen über höherfeste und höchstfeste Stähle bis hin zu warmgeformtem Stahl, Bild 1. Anwendung finden die Tiefziehstähle im anspruchsvollen Außenhautbereich und bei Teilen mit hohem Umformgrad. Vorrangig bei dünnwandigen flächigen Bauteilen in Schubfeldern und bei profilbildenden großen Bauteilen kommen die höherfesten und hochfesten Stähle zum Einsatz. Höchstfeste Stahlgüten mit Zugfestigkeitswerten von 780 bis 1100 N/mm^2 werden für die beim Seiten- und Pfahlcrash stark beanspruchte Schwellerstruktur eingesetzt. Sowohl in der Seiten- als auch in der Bodenstruktur kommen warmgeformte (pressgehärtete) Bauteile zur Verwendung. Als Grundwerkstoff wird hier 22Mn B5 benutzt. Nach dem Vergütungsprozess besitzen diese Bauteile Zugfestigkeitswerte von 1200 bis 1550 N/mm^2.

Die Anbauteile, speziell die Türen, sind aufgrund betriebswirtschaftlicher Aspekte in Stahlleichtbau mit doppelter Dichtlinie und Fugendichtung ausgeführt. Bei Front- und Heckklappe konnten mit dem Einsatz von Aluminium weitere Gewichtsreduzierungen erreicht werden. Das Karosseriegewicht beträgt 421,2 kg, davon entfallen 301 kg auf die

Zelle, der Rest von 120,2 kg auf die Anbauteile. Diese Angaben beziehen sich auf gewogene Gewichte ohne Lackierung und PVC-Abdichtung.

Virtuelle NVH-Entwicklung

Die NVH-Auslegung des Q3 war Teil der virtuellen Strukturauslegung unter Berücksichtigung der Anforderungen von Package, Design, Fahrzeugsicherheit, Festigkeit und Herstellbarkeit. Ziel der NVH-Entwicklung war die Auslegung eines klassengerechten Schwingungskomforts und die Umsetzung einer wettbewerbsfähigen Akustik bei minimiertem Zellengewicht und optimierten Fertigungskosten. Den Rahmen für diese Aufgabenstellung steckte die Umsetzung eines attraktiven Designs. Ein zu berücksichtigendes Designelement war die umgreifende Heckklappe. Mit dem Einbau eines optionalen Panorama-Glasdachs wurden schon in der frühen Konzeptphase wichtige Eckpunkte für die strukturmechanische Auslegung der Karosserie festgelegt. Weitere strukturrelevante Prämissen für die NVH-Auslegung waren folgende konstruktive und funktionale Anforderungen:

- kurze Überhänge
- coupéähnliches Design
- zweite Karosserievariante durch optionales Panorama-Glasdach
- umgreifende Heckklappe
- niedrige Ladekante
- große Räder (Radhäuser)
- kundenorientiertes Maß- und Packagekonzept
- klassengerechte Werte bei Karosseriesteifigkeit und Akustikkomfort.

Bei Berücksichtigung obengenannter Prämissen lassen sich die Entwicklungsschwerpunkte der NVH-Auslegung wie folgt zusammenfassen:

- Positionierung der Karosserieeigenfrequenzen mit ausreichendem Abstand zu den Eigenfrequenzen von Fahrwerk und den Leerlaufanregungen der Antriebe als Beitrag zur Grundauslegung des Schwingungskomforts
- hohe Eingangsimpedanzen an den Krafteinleitungsstellen der Karosserie (Koppelpunkte zum Fahrwerk) als Beitrag zu einem hohen akustischen Komfort und der Grundauslegung der Karosserie für gute fahrdynamische Eigenschaften
- harmonische Steifigkeitsauslegung der Karosserie ohne Steifigkeitssprünge als Beitrag zur Komfort- und Gewichtsoptimierung
- geeignete Frequenzpositionierung von An- und Einbauteilen wie der Türen und Klappen zur Minimierung der Schwingungsamplituden an den Schnittstellen Mensch/Fahrzeug
- Umsetzung einer Stahlleichtbaukarosserie als Beitrag zur aktuellen CO_2-Diskussion.

Ein guter Schwingungskomfort zeichnet sich durch minimale Beschleunigungsamplituden an den Komfortpunkten des Fahrzeugs aus. Als Komfortpunkte wurden solche Stellen im Gesamtfahrzeug betrachtet, mit denen die Insassen physischen Kontakt haben. Komfortpunkte sind Lenkrad, Fußaufstandspunkte und Sitze. Entscheidend für das Erreichen eines guten Schwingungskomforts ist ein stimmiges Gesamtkonzept, das sich durch ein günstiges Schwingungsverhalten für die typischen Anregungen auszeichnet. Hierzu wurden die Resonanzfrequenzen der Karosserie sowie der An- und Einbauteile aufeinander abgestimmt. Dabei lag der Fokus der rechnerischen Analysen auf der massenausgestatteten Karosserie im Gesamtfahrzeugumfeld.

Schwingungsformen, die aufgrund ihrer räumlichen Ausprägung einen globalen Charakter haben, wurden in ausreichen-

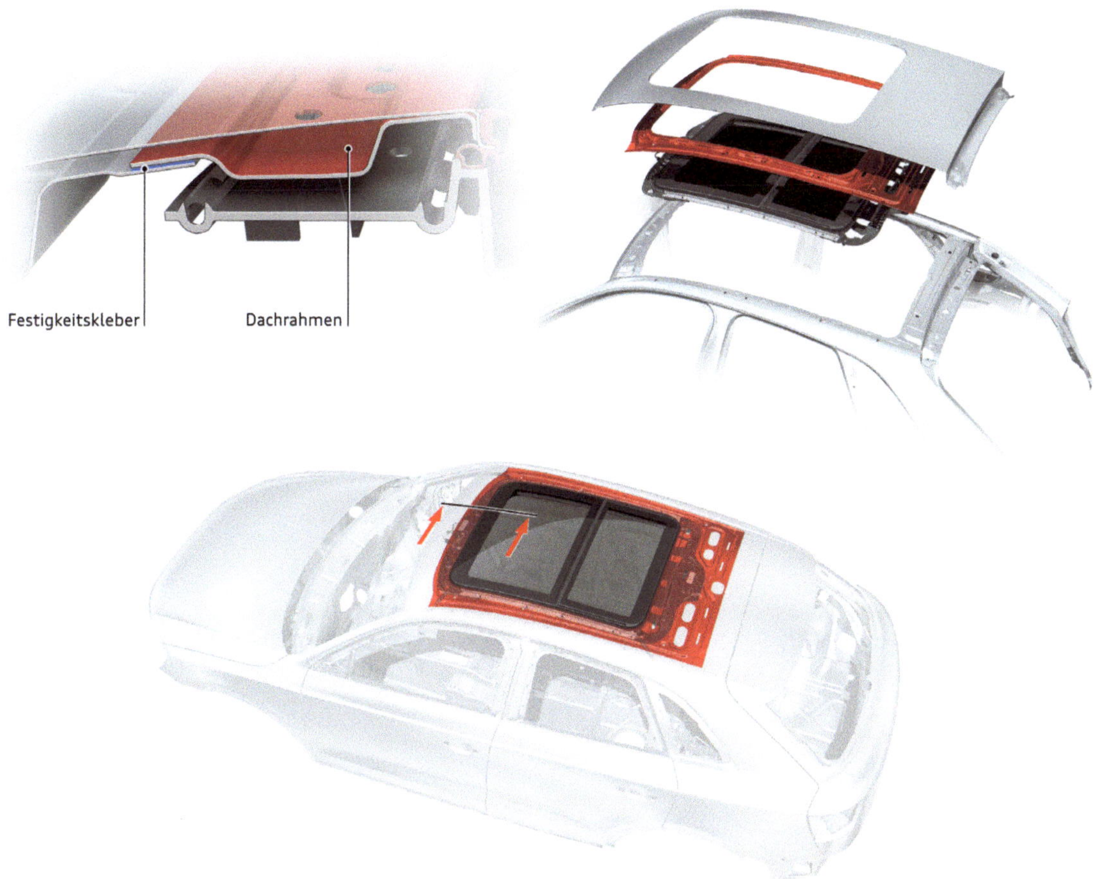

Bild 2
Panorama-Glasdach mit Verstärkungsrahmen

dem Abstand zu den Resonanzfrequenzen des Fahrwerks und den Leerlaufanregungen der Motoren positioniert. Im Fokus standen hier die ersten globalen Schwingungsformen von Biegung und Torsion. Die wesentlichen Stellschrauben für die Positionierung und Ausprägung dieser Schwingformen wurden schon in der frühen Konzeptphase mit der Definition von Lastpfaden, der Querschnittsdimensionierung und der Gestaltung der Karosserieknoten vorgehalten.

In der massenausgestatteten Karosserie wurden folgende Frequenzpositionierungen für die Normaldachvariante durchgeführt: Die erste globale dynamische Karosseriebiegung wurde bei 30 Hz positioniert; die erste Karosserietorsion wurde mit 2 Hz Spreizung zur ersten Biegung bei 32 Hz positioniert. Mit dem in Bild 2 dargestellten Verstärkungsrahmen gelang es, die statische Torsionssteifigkeit der Karosserievariante mit Panorama-Glasdach auf hohem Niveau zu halten, Bild 3. Die dynamischen Steifigkeiten der Karosserie mit Panorama-Glasdach liegen auf dem Niveau der Volldachvariante. Ein Maßstab für die funktions- und gewichtsoptimierte Auslegung ist die homogene Verteilung der Steifigkeiten über der Längsachse der angeregten ersten Biege- und Torsionsform. Bild 4 zeigt die Steifigkeitsverteilung entlang der Fahrzeuglängsachse für die gleichphasig angeregte Betriebsschwingungsform der ersten Biegung. Wesentliche

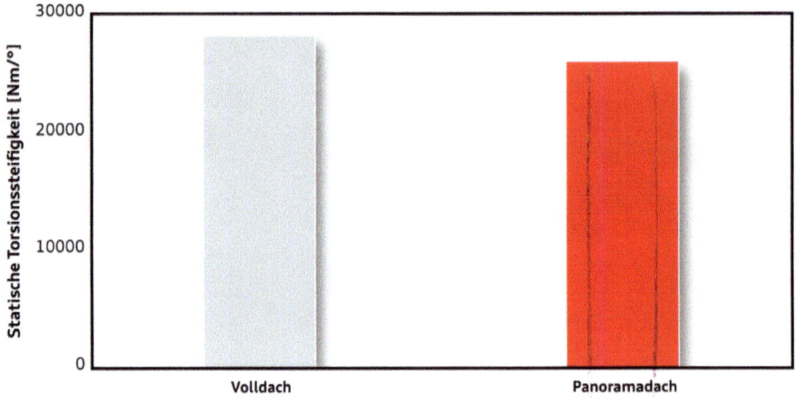

Bild 3
Statische Steifigkeiten

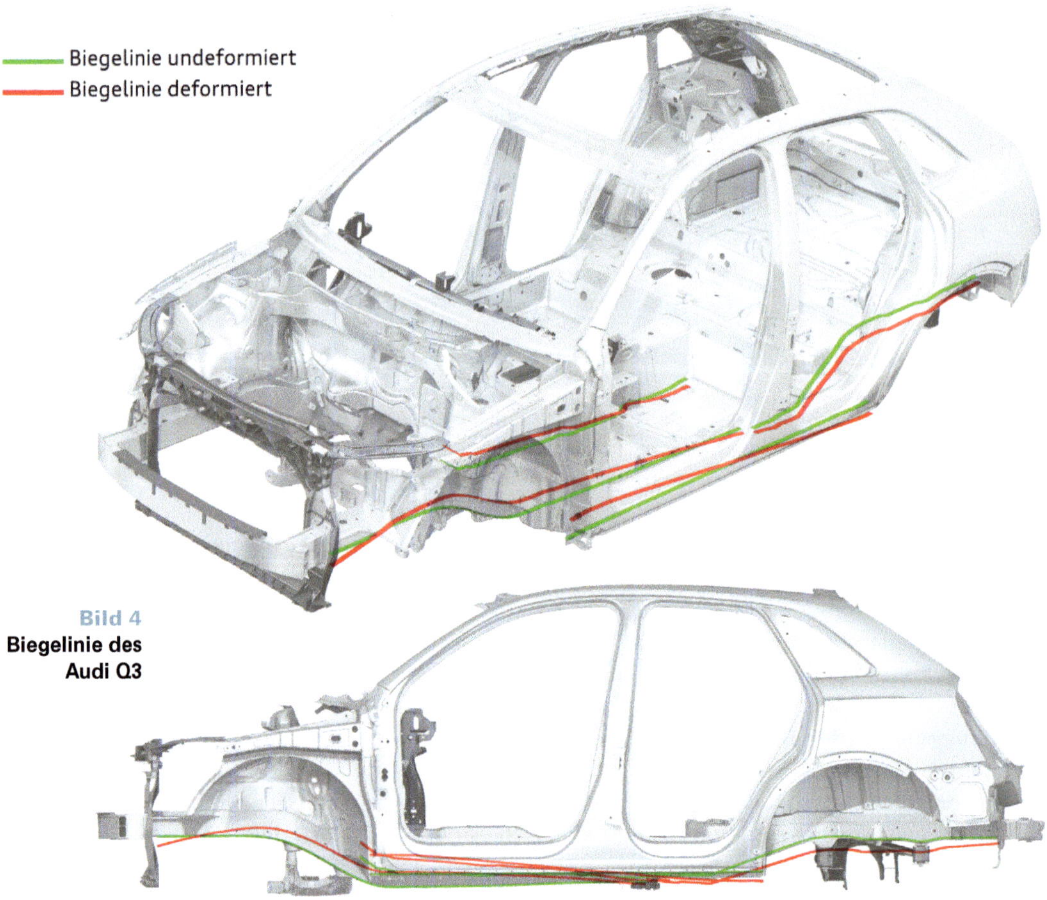

Bild 4
Biegelinie des Audi Q3

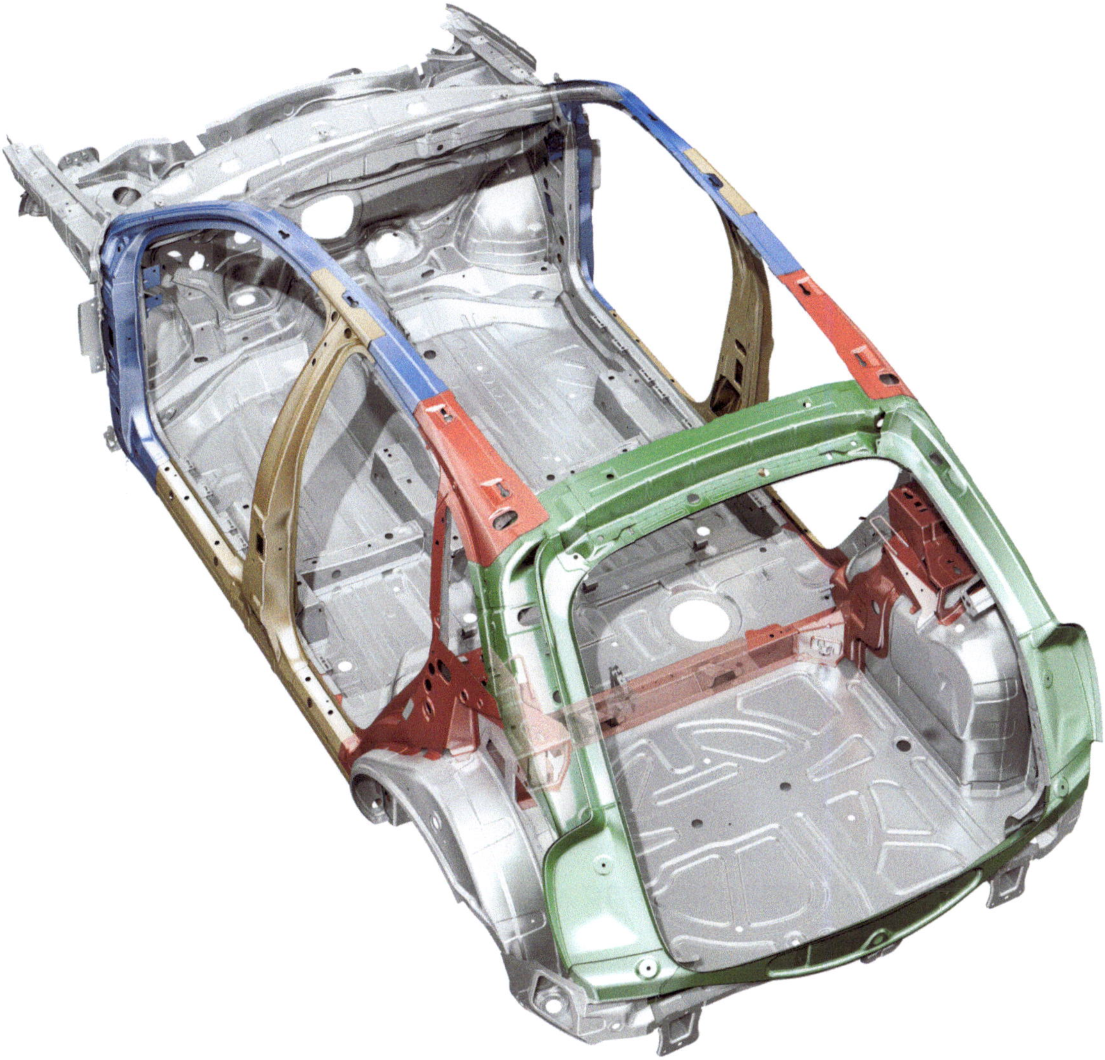

Bild 5
Torsions- und Biegestruktur

Elemente, die zur hohen Biege- und Torsionssteifigkeit beitragen, Bild 5, sind:

- biege- und schubsteifer Zweikammerschweller
- steife Anbindung der zweischaligen A-Säule an den querschnittsoptimierten Zweikammerschweller durch ein Stegblech, welches bis an die untere Scharnierverstärkung geführt wird
- Zweischaligkeit im Bereich des C-Pfostens zur steifen Anbindung des Radhauses außen an die Seitenstruktur
- multifunktionale Gurtkonsolen, die im Bereich des Hinterwagens die Seitenstruktur auf den inneren Radhäusern abstützen
- schubsteifes Querprofil im Bereich der Hintersitzanlage, auf dem über zwei Eckverstärkungen die inneren Radhäuser steif angebunden werden
- zusätzlicher Querträger zur Versteifung des Bodens und zur Aufnahme der Gurtzuglasten im Anbindungsbereich des Sitzquerträgers

- Dämpferaufnahmen, die bis zum Längsträger geführt werden und flanschseitig auf die Eckverstärkungen der Radhäuser abgestimmt sind
- weiterer Torsionsring, gebildet durch geeignete Profile und optimierte Knotensteifigkeiten im Bereich des Heckklappenausschnitts der Karosseriestruktur.
- schubsteifes Heckabschlussteil.

Die schwingungstechnische Auslegung der Karosserie des Audi Q3 basiert auf der engen Verzahnung mit der virtuellen Crashauslegung und den frühen Festlegungen der benötigten Geometrien und Verbindungstechniken in der Konzeptphase, die den Entwicklungspartnern den Spielraum zu konzeptionellen Untersuchungen vorgab. In Ergänzung zum crashseitig festgelegten Materialleichtbau wurde mit dem über die NVH-Auslegung definierten geometrischen Leichtbau der Weg zu einem niedrigen Karosseriezellengewicht geebnet.

Akustische Grundauslegung

Bei der virtuellen Akustikgrundauslegung der Struktur wurden im Frequenzbereich bis 150 Hz Schalldruckpegel, modale Strukturbeteiligungen, Fluidmodebeteiligungen und Panelbeteiligungen ausgewertet. Die Erkenntnisse aus diesen Bewertungsbausteinen gingen in die Frequenzpositionierung von Karosserie, Karosserieanbauteilen und Blechfeldschwingungen ein. Erkannte Problempunkte aus obigen Analysen konnten auf Basis von ERP-Analysen und -Optimierungen (Equivalent Radiated Power) abgearbeitet werden. In der ERP-Auswertung wird das Integral aus dem Produkt der quadrierten Schwingschnelle in Normalenrichtung und dem zugehörigem Flächenanteil eines Blechfelds ausgewertet. Mithilfe des ERP-Vergleichs konnte aufgezeigt werden, dass eine Schlossverstärkung mit angeformten Schotten die Schallabstrahlung der Heckklappe bei gleichphasiger Anregung deutlich verbessert. Mit dieser Maßnahme konnte die Schallabstrahlung der Heckklappe in einem relevanten Frequenzbereich um zirka zwei Drittel reduziert werden.

Anbindungs- und Steifigkeitskonzept des Scheinwerfers

Die zunehmend komplexere Scheinwerfertechnik erfordert die Integration des Hauptscheinwerfers in das NVH-Gesamtkonzept, um das Scheinwerferzittern zu minimieren. Unter Scheinwerferzittern werden im Wesentlichen die Schwingungsformen des Scheinwerfers um die Fahrzeugquerachse verstanden. Dieses störende Phänomen nimmt der Fahrzeuginsasse als ein in Hochrichtung veränderliches Ausleuchtungsfeld war. Zur Minimierung des Scheinwerferzitterns wurde im Q3 ein neues Anbindungskonzept der Scheinwerfer zur Karosserie umgesetzt. Hierzu wurde der Hauptscheinwerfer, der von einem steifen Schlitten aufgenommen wird, zusätzlich über das Schlittengehäuse an das Radhaus angebunden. Auf Basis dieses neuen Anbindungskonzepts wurden die Steifigkeiten von Scheinwerfergehäuse, Schlitten und Leuchtmittelaufhängung im Gesamtfahrzeugumfeld positioniert. In Bild 6 sind die Frequenzpositionierungen der Gehäusebaugruppe und der Leuchtmittelaufhängung dargestellt und plausibilisiert. Mit dem beschriebenen Anbindungskonzept und den Steifigkeitsabstimmungen konnten die Schwingamplituden des Hauptscheinwerfers um die Fahrzeugquerachse deutlich reduziert werden.

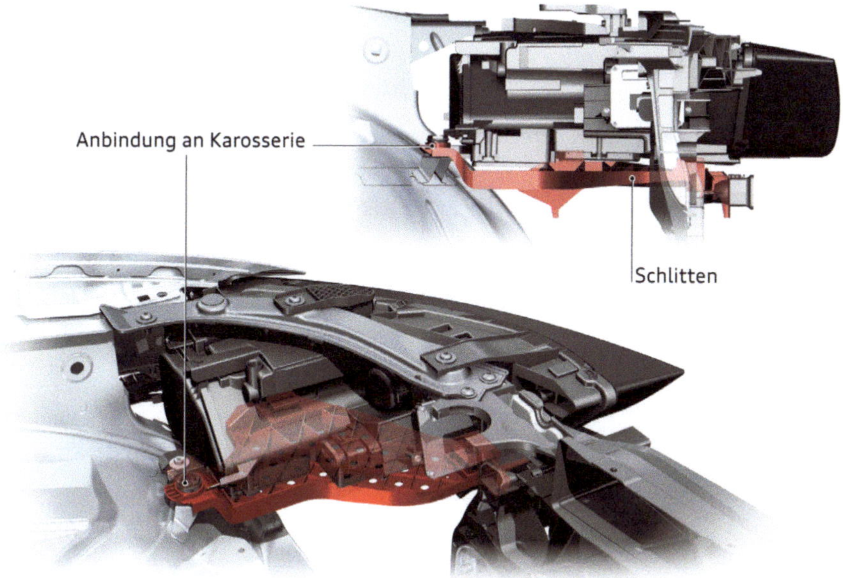

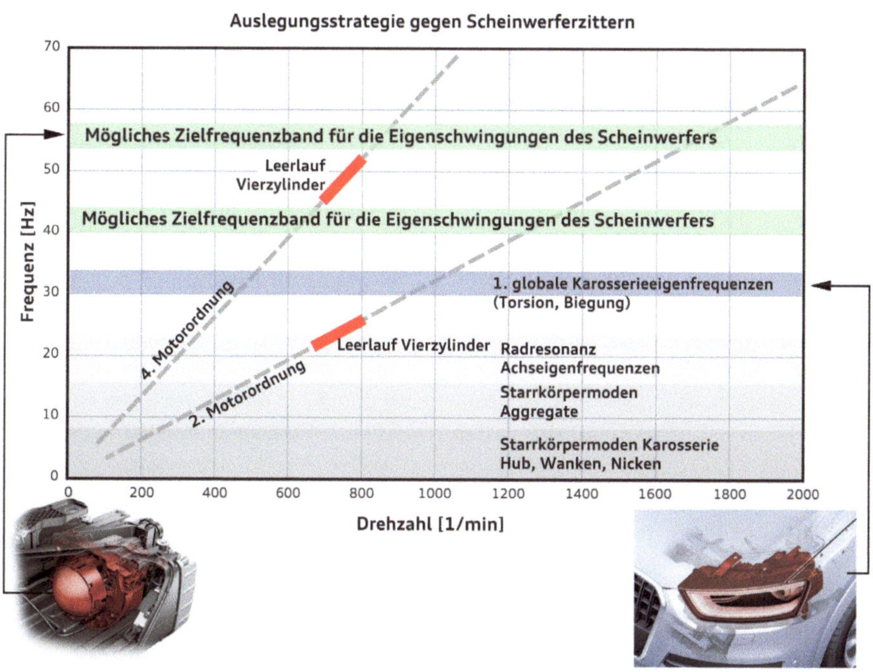

Bild 6
Anbindung des Scheinwerfers an die Karosserie samt Auslegungsstrategie gegen Scheinwerferzittern

Bild 7
Frontstoßfänger

Anbauteile Front

Das Frontendsystem des Q3 besteht aus den Komponenten Frontendmodul (FEM) mit Kunststoffmontageträger (KUM), dem vorderen Crashmanagementsystem (CMS) und dem vorderen Stoßfänger (STF), Bild 7. Am KUM wird eine Vielzahl von Bauteilen befestigt, wie Hauptscheinwerfer (HSW), Luft- und Wasserkühler, Klimakondensator, das vordere CMS und der STF. Der aus faserverstärktem Kunststoff hergestellte Obergurt des KUM wurde so ausgelegt, dass er den vielfältigen Audi typischen Festigkeitsanforderungen, die aus der dort verbauten Sensorik und der Konstruktion mit mittlerem Fanghaken resultieren, auch ohne Metalleinleger genügt. Das führt zu Gewichts- und Kostenvorteilen gegenüber bisher verwendeten Systemen. Der KUM wird zusammen mit den vormontierten Komponenten als Modul an der Karosserie befestigt. Da der Q3 zusammen mit dem Seat Exeo auf einer Montagelinie gefertigt wird, wurden die Aufnahmepunkte des Moduls so positioniert, dass ein gemeinsames Handlingsgerät zur Montage verwendet werden kann. Das FEM wird zusammen mit dem CMS an den vorderen Längsträgern, den Kotflügelbänken und den Kotflügelhaltern mit der Karosserie verschraubt.

Der vordere Stoßfänger verbindet emotionales Design mit vielseitigen technischen Anforderungen hinsichtlich Fahrzeugsicherheit, Schutz schwächerer Verkehrsteilnehmer, Reparaturfreundlichkeit und Lebensdauer. Tragendes Element ist das vom Chromrahmen eingefasste Kühlerschutzgitter (KSG). Dieses

Bild 8
Heckstoßfänger

wird bei der Montage des STF in die Aufnahmeboxen des KUM eingelegt. Am KSG werden der dreiteilige STF-Überzug und der Frontspoiler befestigt. Diese mehrteilige Bauweise ermöglicht den Austausch einzelner Komponenten, um mögliche Reparaturkosten durch einen Rempler gering zu halten. Dies trägt zu einer günstigen Versicherungseinstufung bei. Die untere Anschubebene für den Fußgängerschutz, am Frontspoiler vormontiert, sowie stoßabsorbierende Bauteile, am KSG befestigt, schützen schwächere Verkehrsteilnehmer wie Fußgänger bei einem Anprall. Komplettiert wird der STF durch die seitlichen Gitter, Nebelscheinwerfer und, jeweils optional erhältlich, Einparkhilfe, Parkassistent und die strakbündige Scheinwerferreinigungsanlage.

Anbauteile Heck

Der hintere STF besteht aus einem Überzug mit eingeschweißtem Schließteil und einem Spoiler mit integriertem Diffusor für die Endrohre der Abgasanlage, Bild 8. Über das Schließteil wird der STF an das Heck der Karosserie angebaut. Seitlich wird er über vormontierte Führungsteile strakbündig an den Karosserieseitenteilen befestigt. Die umgreifende Heckklappe macht eine teilweise Auslagerung der Heckleuchten in den STF notwendig. Diese werden vom Schließteil aufgenommen, ebenso wie Sensoren für den optional erhältlichen Audi side assist oder Antennen für Keyless Entry. Die hinteren Sensoren für die optionale Einparkhilfe oder den Parkassistenten werden am Spoiler beziehungsweise Überzug befestigt.

Das hintere CMS ist ein vollverschweißtes Stahlsystem. Wie das vordere ist es auf optimale Crasheigenschaften und eine niedrige Versicherungseinstufung ausgelegt. Es wird mit den hinteren Längsträgern der Karosserie verschraubt und ist vom hinteren STF verdeckt.

Anhängevorrichtung

Auf Kundenwunsch wird der Q3 werksseitig mit einer Anhängevorrichtung (AHV) mit manuell schwenkbarem Kugelhals ausgerüstet, Bild 9. Der schwenkbare Kugelhals wird durch Ziehen eines Seilzugs entriegelt. Der Betätigungsknopf befindet sich bequem erreichbar hinter der Kofferraumseitenverkleidung. Dem Kunden wird über eine LED, rot blinkend oder grün leuchtend, signalisiert, ob der Kugelhals ent- oder verriegelt ist. So ist der Kunde zuverlässig informiert, wann die AHV einsatzbereit und wann sie sicher eingeschwenkt ist. Eingeschwenkt ist der Kugelhals hinter dem STF versteckt. Da der STF-Spoiler einen im nicht sichtbaren Bereich liegenden Ausschnitt für den Kugelhals besitzt, konnte auf eine Blende für den Ausschnitt verzichtet werden. Die maximale Anhängelast beträgt, je nach Motorisierung, bis zu 2,0 t bei einer Steigung von 12 %.

Türen

Ein Schwerpunkt bei der Dimensionierung der Türsteifigkeiten ist der Erhalt der Dichtungsüberdeckung zwischen Karosserie und Tür bei Maximalgeschwindigkeit des Fahrzeugs. Zur Bemessung der Türsteifigkeiten wurden neben den Dichtungskräften auch die Aerodynamiklasten bei Höchstgeschwindigkeit des Fahrzeugs berücksichtigt. Hierzu

Bild 9 Anhängevorrichtung mit schwenkbarem Kugelhals

wurde die c_p-Druckverteilung aus der Strömungssimulation auf die Finite-Elemente-Berechnung der Türe übertragen. Auf Basis der Belastungen wurde folgender konstruktiver Aufbau der Türen umgesetzt, Bild 10: Das Türinnenteil ist einteilig und bildet mit dem aufgesetzten Rahmenteil das Türrahmenprofil. Lasernähte verbinden Rahmenteil und Innenteil miteinander. Zur Gewährleistung einer steifigkeitsgerechten Anbindung des Rahmenteils wurde die Rahmenüberdeckung zum Türkasten optimiert. Die Spiegelverstärkung bildet mit der Führungsschiene des Fensterhebers eine Unterschweißgruppe. Diese Unterschweißgruppe wird mit dem Rahmenteil verschweißt. Die Spiegelverstärkung wird über Niet- und Punktschweißverbindungen an die Schachtverstärkung außen angebunden und bindet den Rahmen momentensteif im A-Pfostenbereich an. Zwei komplett umlaufende Dichtlinien und eine zusätzliche Schwellerdichtung bilden die Grundlage für ein der Klasse entsprechendes, niedriges aeroakustisches Niveau im Fahrbetrieb.

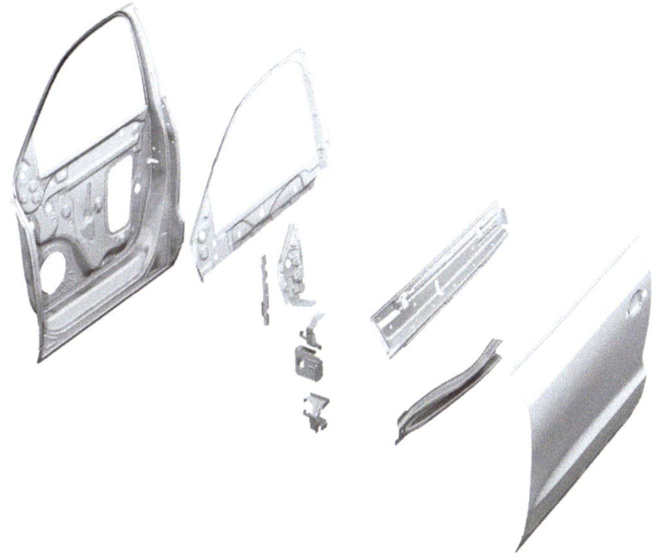

Bild 10
Konstruktiver Aufbau der Vordertür

Frontklappenentwicklung

Bei der Auslegung der Frontklappe stand der Leichtbau im Fokus. Aus diesem Grund wurde bereits in einer frühen Konzeptphase des Projekts der Einsatz von Aluminium als Werkstoff festgelegt. Die Herausforderung bestand darin, die gewohnt hohen Anforderungen bezüglich Bauteilsteifigkeit mit einer bestmöglichen Nachgiebigkeit für den Fußgängerschutz in Einklang zu bringen. Beim Q3 konnte dieser Zielkonflikt bei gleichzeitig sehr geringem Materialeinsatz aufgelöst werden. So erlauben großzügig dimensionierte Profile in der Blechstruktur und der Einsatz zweier Frontklappenschlösser erstmalig die Anwendung eines Innenblechs mit einer Wandstärke von 0,8 mm, Bild 11. Auch die Blechdicken der Verstärkungen konnten erheblich herabgesetzt werden. So kommt für die Fanghakenverstärkung sowie für die Scharnierverstärkungen ein Aluminiumblech mit 1,2 mm Dicke zum Einsatz. Für das im Vorderquerträger der Frontklappe positionierte Stützteil wurde unter Berücksichtigung der Anforderungen hinsichtlich Griff- und Poliersteifigkeit eine Blechdicke von 0,8 mm festgelegt. Die Akustikauskleidung ist flächenbündig in die Frontklappe eingebettet. Die für die Befestigung vorgesehenen Aussparungen am Innenblech sind dabei funktionsgerecht positioniert und sorgen für ein definiertes Deformationsverhalten bei den verschiedenen Crasharten. Insgesamt konnte die Frontklappe mit einem Gewicht von weniger als 8,8 kg entwickelt werden. Das bedeutet gegenüber einer Aluminiumfrontklappe mit konventionellen Blechstärken eine Gewichtsreduzierung um 5 %. Im Vergleich zu einer Stahlausführung beträgt der Gewichtsvorteil zirka 50 %.

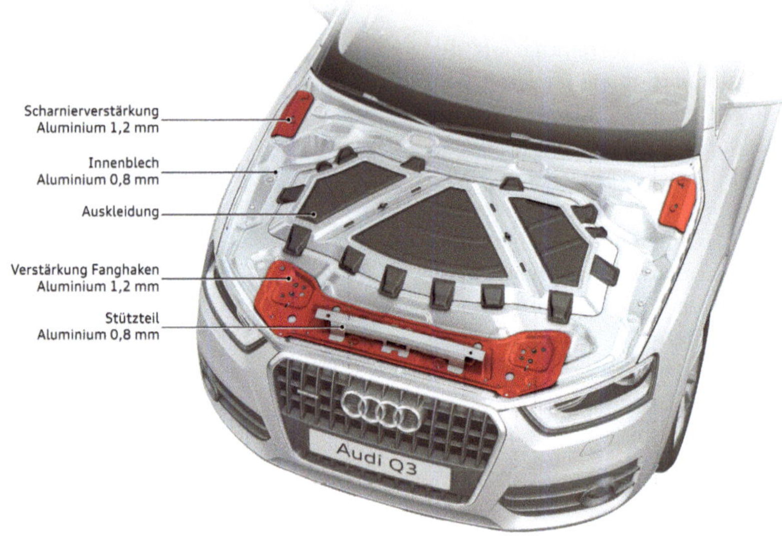

Bild 11
Frontklappe

Panorama-Glasdach

Bereits zu Beginn der Entwicklung des Q3 war klar, dass der Q3, ebenso wie seine beiden großen Brüder Q5 und Q7, mit einem Panorama-Glasdach ausgerüstet werden soll, Bild 12. Im Vordergrund des Entwicklungsprozesses stand ein Dachsystem mit maximaler lichter Durchsicht und einer größtmöglichen Dachöffnung bei gleichzeitig herausragender Aeroakustik. Das Panorama-Glasdach besteht aus einem vorderen zu öffnenden und einem hinteren festen Glaselement, Bild 13. Wie beim Q5 kommt auch beim Q3 ein sogenanntes außengeführtes Dachsystem zum Einsatz. Bei diesem Konzept überfährt der vordere den hinteren Glasdeckel, um eine klassengerechte Kopffreiheit zu bieten. Beim Q3 ist es gelungen, das Dachsystem sehr weit vorne zu positionieren. Das großzügige Raumgefühl wird dadurch noch verstärkt. Um die Aufheizung des Innenraums zu reduzieren, wird ein getöntes Glas eingesetzt.

Die Bedienelemente des Dachsystems befinden sich im vorderen Leuchtenmodul oberhalb des Innenspiegels. Das bisher bei Audi gewohnte Drehpotentiometer wich einem intuitiven Schalterkonzept. Die Glasdeckelöffnung wird nun durch einen Vierwegeschalter realisiert, wobei sich der Glasdeckel stets in die Richtung bewegt, in die der Schalter gedrückt beziehungsweise geschoben wird. Es handelt sich um einen Zweistufenschalter. Mit der ersten Stufe lässt sich jede Position manuell anfahren, mit der zweiten Stufe wird die jeweilige Endposition angefahren. Die Hubstellung wird durch Drücken, die Schließstellung durch Ziehen erreicht.

Fährt der vordere Deckel des Panorama-Glasdachs in Schiebelage, wird automatisch ein Netzwindabweiser ausgefahren. Dieser sichert ein zug- und weitestgehend geräuschfreies Fahren bei allen Öffnungsstellungen. Das Sonnenschutzsystem ist so ausgelegt, dass bei voll geöffnetem vorderen Glasdeckel mit geschlossenem Rollo gefahren werden kann. Somit wird eine gute Belüftung des Fahrzeuginnenraums bei bestmöglichem Schutz vor Sonneneinstrahlung ermöglicht. Das Dachsystem ist mit einem Einklemmschutz versehen. Er verhindert Verletzungen durch unbeabsichtigtes Eingreifen in die Öffnungs- oder Schließbewegung sowohl des Glasdeckels als auch des Sonnenrollos.

Bild 12
Panorama-Glasdach geöffnet

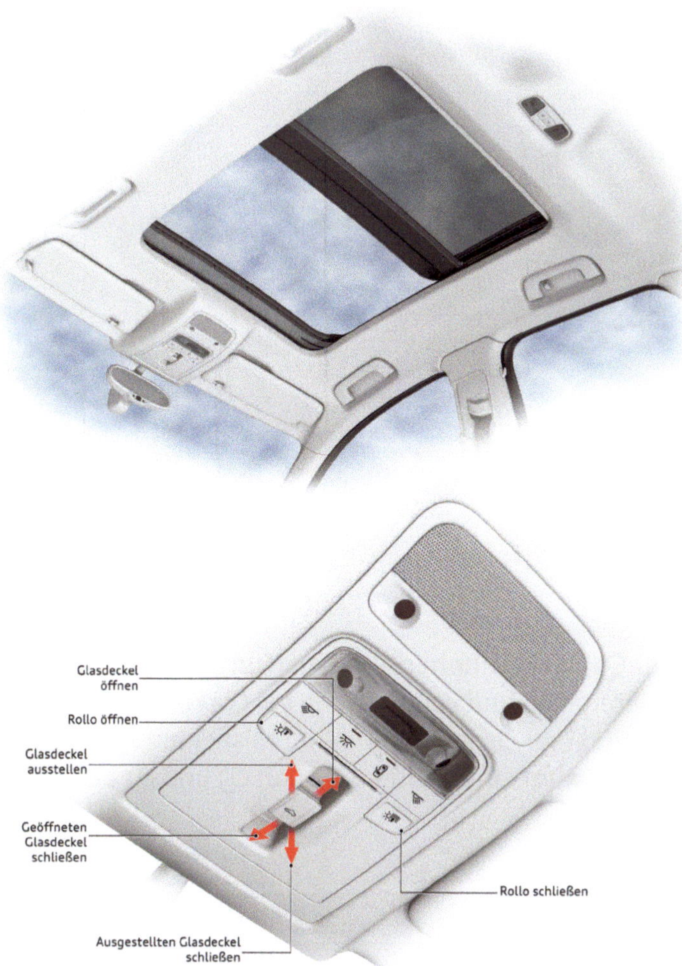

Bild 13
Panorama-Glasdach – Ansicht von innen mit Bedienung

Interieur

Dipl.-Ing. Jörg Leder | Dipl.-Ing. Matthias Rucker | Dipl.-Ing. Thomas Kabilka

Das Interieur des Audi Q3 vereint hohen Designanspruch mit großer Zweckmäßigkeit. Farbwahl, Materialien und Verarbeitung bei Cockpit, Türverkleidungen und Sitzen vermitteln dem Fahrer ein Raumgefühl, das bisher nur in der Oberklasse zu finden war. Ein flexibles Raumkonzept führt die von Q5 und Q7 bekannte hohe Funktionalität fort.

Gesamtkonzept

Auch für das Interieur des neuen Audi Q3 wurde der Anspruch formuliert, neue Maßstäbe im Segment der Sports Utility Vehicles (SUV) im A-Segment zu setzen. Dies gelang einerseits durch die Auswahl und Verarbeitung von Materialien in der gewohnt hohen Audi Qualität, andererseits durch die Innenrauminszenierung, deren Anmutung fast schon höheren Fahrzeugklassen entspricht. Erreicht wird dies durch den Einsatz hochwertiger Applikationselemente und ein ausgeklügeltes Beleuchtungspaket. Bei der Funktionalität wurde vor allem auf Praktikabilität und Variabilität Wert gelegt und somit die SUV typischen Eigenschaften des Q5 und Q7 konsequent fortgeführt.

Cockpit und Türverkleidungen

In der Cockpitentwicklung bestand die Herausforderung, die Hochwertigkeit im Kompaktsegment mit der Funktionalität eines SUV zu verbinden. Erstmalig wurde hier die Instrumententafel zweiteilig ausgelegt, Bild 1. Damit konnte ein zweifarbiges Konzept als Basis für das Gesamtinterieur umgesetzt werden. Ein umlaufender sogenannter Wrap als Abgrenzung zur Scheibe schließt die Instrumententafel ein und vermittelt dem Fahrer ein Raumgefühl, welches bisher nur in der Oberklasse zu finden war. Der optional erhältliche, aufklappbare Bildschirm mit hochwertigen, in schwarzhochglanz lackierten Blenden führt das Bedienungs-

Bild 1
Zweifarbiges Cockpit

konzept des Multi Media Interface (MMI) aus dem Audi A8 fort. Auch im Q3 kann alternativ ein praktisches Ablagefach geordert werden. Die Mittelkonsole bietet für den Kunden neben diversen Ablagen erstmals zwei beleuchtete Cupholder und eine translatorisch und rotatorisch verstellbare Mittelarmlehne. Farblich sind die Bezüge an den Innenraum angepasst.
Das Farbkonzept des Cockpits setzt sich in den Türverkleidungen nahtlos fort, Bild 2. Bei der trüffelbeigen Ausstattungsvariante passt sich der Grundträger der Farbgebung der Instrumententafel an, während die Einsätze oberhalb der Armauflage den fünf wählbaren Farben der Sitze folgen. Auch haptisch setzen die Einsätze in allen vier Türen, die nicht nur mit dem Stoffbezug „Piccolo", sondern auch in Alcantara oder, im S line-Paket, in Feinnappaleder erhältlich sind, Akzente. Inszeniert wird das Bose Surround Sound-System in den Türverkleidungen. Tagsüber unterstreicht eine umlaufende Chromspange die Hochwertigkeit des Lautsprechersystems. Nachts schweben die Gitter auf einem Leuchtring, Bild 3. Haptisch und optisch exakt abgestimmte Materialien und Oberflächen setzen sich in den Säulen- und Himmelverkleidungen fort. Auf besonderen Wunsch können diese auch in einer dunklen Farbe, soul genannt, ausgeliefert werden.

Applikationsangebot

Besonderes Augenmerk bei der Entwicklung galt dem Individualisierungsgedanken im Innenraum. Das Resultat: Sechs verschiedene Zierleistenpakete sind für den Q3 geplant. Schon in der Serienausstattung setzen die in monometallic lackierten Blenden in den vier Türverkleidungen, über dem Handschuhkasten und um den Schaltknauf deutliche Akzente. Feine, metallische Flocken erzeugen den Metalliceffekt im Lack der Leisten. Einen kraftvollen Charakter besitzt das optional erhältliche Nussbaumwurzelholz, das mit seiner Maserung eine edle Anmutung im Innenraum schafft. Erstmals in einem Audi verfügbar sind die Zierleisten aus Lärchenholz, das durch die offenporige Oberfläche auch haptische Reize bietet.
Gleich drei Varianten von Aluminiumapplikationen stehen zur Auswahl. Neben einer gebürsteten Variante für das S line-Paket ist auch eine facettierte Variante im Angebot. Den Höhepunkt markiert

Bild 2
Türverkleidung

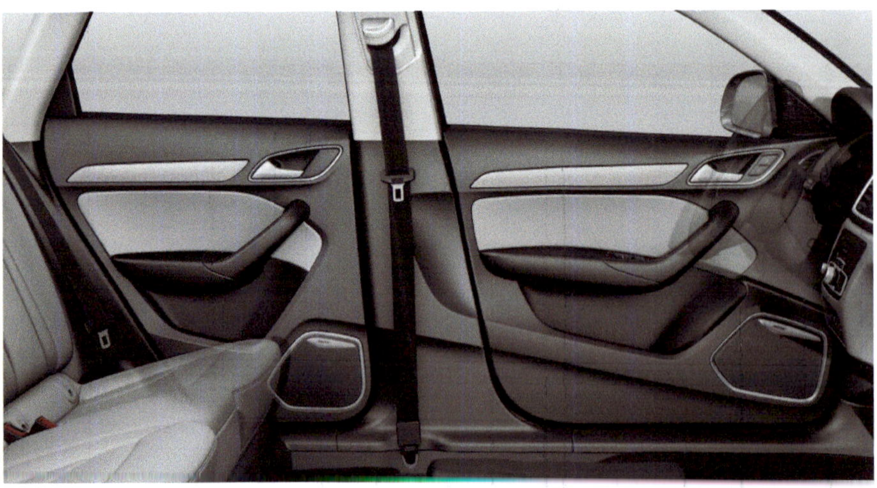

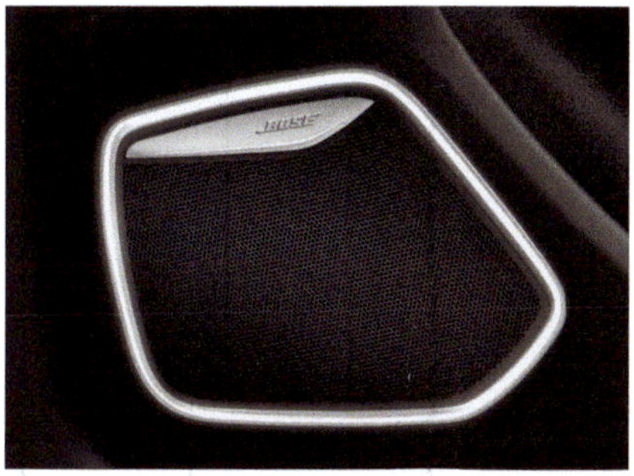

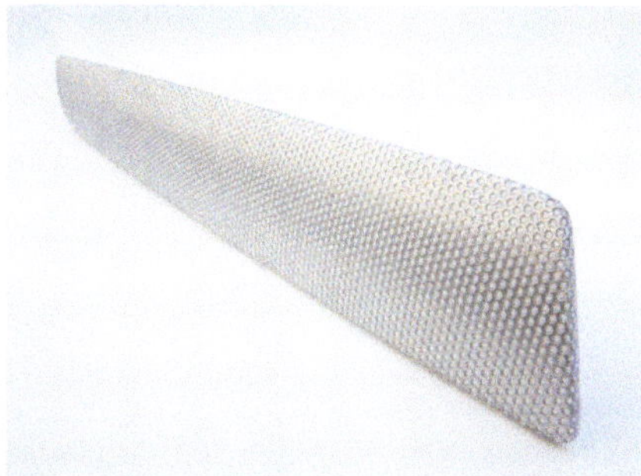

Bild 3
Tieftöner vorne mit leuchtendem Chromrahmen

Bild 4
Zierleistenpaket Aluminium Satellit mit 3D-Effekt

das Aluminium Satellit genannte Zierleistenpaket, das einen 3D-Effekt in das Interieur bringt, Bild 4. Mit einer Vielzahl an Prototypen schafften es die Entwickler und Designer von Audi, ein wabenförmiges Aluminiumblech mit einem weißen Kunststoff zu hinterspritzen. Das Geheimnis des 3D-Effekts ist eine dreifachbeschichtete Folie, die zwischen dem Kunststoff und dem Blech eingebettet ist und der Wabenstruktur eine Tiefenwirkung verleiht. Schlanke, aber dennoch exakt ausgeführte Chromrahmen um Türöffner, Ausströmer, Klimabedienung und diverse Schalter ergänzen das Applikationsangebot harmonisch.

Kofferraumkonzept

In den Kriterien Funktionalität, Zuladung und Materialauswahl setzt der Kofferraum des Q3 Maßstäbe im SUV-Segment, Bild 5. Schon in der Basisausstattung sind die Seitenverkleidungen und der Ladeboden mit beständigem und hochwertigem sogenannten Dilour bezogen. Kratzfeste Kunststoffe aus Polypropylen runden den Werkstoffmix des Kofferraums ab und machen den Q3 zu einem robusten Alltagsfahrzeug. Versenkbare Haken auf beiden Seiten bieten Möglichkeiten zur Befestigung von Einkaufstüten, während mit den vier in den

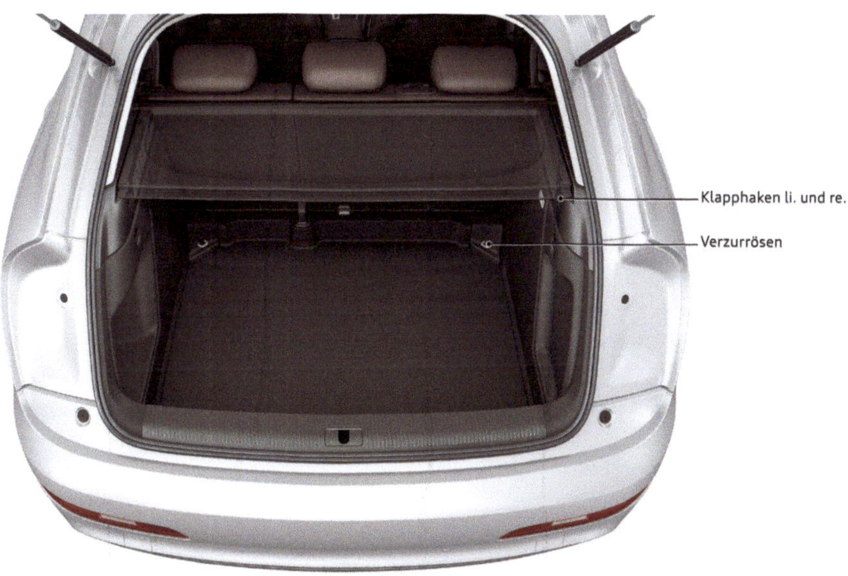

Bild 5
Kofferraum

Bild 6
Kofferraum mit Gepäckraumpaket, Gepäcknetz und Wendematte

Bild 7
Sitzanlage

Ecken positionierten Verzurrösen auch schweres Gepäck sicher verstaut werden kann. Wer noch mehr Funktionalität im Kofferraum benötigt, kann sein Fahrzeug je nach Wunsch mit diversen Sonderausstattungen aufwerten. Das Laderaumpaket umfasst ein Netz zum Verstauen von kleineren Gegenständen und eine zusätzliche 12-V-Steckdose. In die Verzurrösen lässt sich ein flexibles, optional erhältliches Netz einhängen, um Gepäckstücke aufzunehmen und zu sichern. Wer die hochwertige Dilour-Oberfläche vor Verschmutzung durch die Ladung schützen möchte, kann sich den Wendeladeboden bestellen. Mit wenigen Handgriffen lässt sich dieser drehen. Dann bildet eine robuste, mit einer PVC-Folie beschichtete Wanne statt der Dekoroberfläche den Ladeboden. Auch sperrige Gegenstände, vom Möbelstück bis zum Christbaum, lassen sich bei umgeklappten Hintersitzen problemlos in den Audi Q3 einladen. Gegen Aufpreis schützt eine Wendematte mit ihrer beständigen Oberfläche auch die Hintersitzlehne, Bild 6. Ein versenkbarer Haken unter der Hutablage dient nicht nur zum schnellen Einhängen einer Einkaufstüte, sondern auch zur Befestigung des Wendeladebodens. So kann der Stauraum unterhalb des Ladebodens genutzt werden.

Sitzanlage

Die Sitze sind die direkte Schnittstelle zwischen Fahrzeug und Fahrer. Deswegen wurden bei der Q3-Sitzentwicklung die Ziele für Komfort, Funktion und Sicherheit sehr hoch angesetzt – und erreicht: Mit den Q3-Sitzen finden sich die Fahrzeuginsassen im Kreis der Q-Fahrzeuge wieder. Obwohl der Q3 der kleinste SUV in der Q-Reihe ist, lassen auch die Q3-Sitze keine Wünsche hinsichtlich exzellentem Design, höchster Qualität und bestmöglicher Funktionalität offen, welches die hohe Gesamtfunktionalität des Audi Q3 widerspiegelt, Bild 7.

Komfort

Der Q3 zeichnet sich hinsichtlich der Sitze durch viele Besonderheiten aus. Er wird den hohen Ansprüchen von Audi gerecht und nimmt damit die Spitzenposition in diesem Fahrzeugsegment ein. Die hohe Sitzposition verschafft dem Fahrer und den weiteren Insassen eine sehr gute Übersicht über das Fahrzeug, die Umgebung und den Straßenverkehr. Durch die höher gelegte Sitzposition sowohl vorne als auch im Fond ist der Ein- und Ausstieg mühelos. Alle Sitzvarianten, sowohl die Basis- als auch die Sportsitze, sind ergonomisch perfekt konturiert. Bei dynamischen Fahrten bietet bereits der Basissitz hohen Seitenhalt, die Sportsitzvariante umschließt den Fahrer und Beifahrer mit erhöhten und ausgeprägteren Sitz- und Lehnenseitenwangen. Vor allem die Lendenwirbelsäule wird sehr gut unterstützt, was den Langzeitkomfort deutlich erhöht und auch gegen Ermüdung und Wirbelsäulenschäden vorbeugt. Durch die vielen Einstellungsmöglichkeiten der Sitze wird dem Insassen eine perfekte, auf den Millimeter einstellbare Sitzposition ermöglicht, um so bestmöglichen Komfort zu erreichen. Bei den Q3-Sitzen kommt erstmals ein neuartiges Kaltschaumsystem zum Einsatz. Die hohe Dichte der Polsterauflagen bietet ein weiches Ansitzverhalten, sorgt für herausragende Unterstützung des Beckens und gewährleistet ein gutes Rückstellverhalten der Schäume nach langen Fahrten. Da sie durch perfekte Schwingungsisolation keine störenden Fahrzeugresonanzen von Fahrzeug und Aggregaten auf die Insassen übertragen, haben die Sitzschäume maßgeblichen Einfluss auf den Langzeitkomfort.

Design- und Ausstattungsprogramm

Die Sitze im Q3 stellen ein bestimmendes Designelement des Fahrzeuginnenraums dar. Die zugleich dynamisch und elegant wirkenden Sitze im Audi Q3 unterstreichen den hochwertigen Charakter des Fahrzeugs. Auch im Q3 findet sich die Formensprache der Q-Baureihen wieder und hinterlässt einen souveränen und authentischen Eindruck bei den Insassen. Die Sitze sind sowohl in Stoffen mit aufwendigen Webwaren und frischem Design als auch in verschiedenen hochwertigen Lederbezugsmaterialien erhältlich. Je nach Wunsch kann der Besitzer aus einer Palette von fein verarbeiteten Materialien wählen, vom Feinnappaleder bis zum hochwertigen Milanoleder. Weiteren Raum zur Individualisierung bieten die verschiedenen Farbvarianten madrasbraun, kastanienbraun, titangrau, pistazienbeige und soul (schwarz).

Sicherheit

Bei der Fahrzeugsicherheit hält die Sitzanlage des neuen Audi Q3 ihr hohes, schon bei Design und Komfort gezeigtes Niveau. Durch eine große Relativbewegung zwischen Kopf und Oberkörper bei einem Heckaufprall können sehr schnell Halswirbelsäulenverletzungen verursacht werden, sogar bereits bei kleinen Geschwindigkeiten. Die konstruktive Ausführung der Sitze im Q3 sorgt dafür, dass die Relativbewegung zwischen Kopf und Oberkörper bei einem Heckaufprall so gering wie möglich ist. Die Sitze wurden in der Entwicklung auf ein verbessertes Eintauchen und Abbremsen des Oberkörpers ausgelegt, um so das Verletzungsrisiko zu minimieren. Die Insassenerkennung auf der Beifahrerseite und Sensoren am Gurtschloss bei den Vordersitzen und im Fond helfen dem Fahrer dabei, auch auf größtmögliche Sicherheit seiner Mitfahrer zu achten.

Funktionalität

Die hohe Qualität und das Design der Q3-Sitze werden durch das hohe Maß an Funktionalität sehr gut unterstützt. Alle Sitze sind serienmäßig mit einer stufenlosen Höhen- und Längsverstellung sowie einer Lehnenneigungsverstellung mit sehr großem Einstellbereich für eine feine Justierung der individuellen Sitzposition für sowohl klein- als auch großgewachsene Personen ausgestattet. Wahlweise ist eine stufenlose, elektrisch verstellbare Vierwege-Lordosenstütze erhältlich, die die Kontur des Rückens, je nach Bedarf des Fahrers und Beschaffenheit der Wirbelsäule, unterstützt. Alle Sportsitze sind serienmäßig weiterhin mit Neigungsverstellung, Sitztiefenverstellung und der elektrischen Lordosenstütze ausgestattet. Die Funktionen der Sitze können nach Wahl auch elektrisch verfahrbar bestellt werden. Die Sitztiefenverstellung bei den Sportsitzen ist immer manuell über eine einfache Einhandbedienung möglich. Durch die Form der hinteren Kopfstützen („L-Shape“) können diese bei Nichtgebrauch soweit nach unten geschoben werden, dass die Durchsicht nach hinten nahezu uneingeschränkt möglich ist. Die Hinterlehne kann ohne umständliches Entnehmen der Kopfstützen durch einfache Einhandbedienung geklappt werden.

Auf den hinteren äußeren Sitzplätzen werden serienmäßig Isofix-Befestigungspunkte angeboten, so kann eine optimale Kindersicherheit gewährleistet werden. Die Isofix-Befestigung lässt die Montage der neuesten auf dem Markt verfügbaren Kindersitze zu. Der Zugang wird über formschöne Abdeckkappen mit Klipsbefestigung ermöglicht, so wird die Anmu-

tung des Innenraums nicht beeinträchtigt.
Wird eine Mittelarmlehne geordert, ist der Q3 zusätzlich mit einer Durchladefunktion in der Hinterlehne für den Transport langer und sperriger Gegenständen wie Skiern ausgestattet. Eine speziell entwickelte Skitasche schützt das Interieur vor den scharfen Kanten. Der Transport von großen Gegenständen wird zudem durch die Klappfunktion der Hinterlehnen ermöglicht. Diese wird serienmäßig mit einer 40 % zu 60 % geteilten Lehne angeboten. Durch den Erwerb des hohen Ladebodens entsteht bei geklappter Lehne eine nahezu ebene Fläche, die das Be- und Entladen durch den stufenlosen Übergang zwischen Ladeboden und Lehne mühelos macht. Darüber hinaus ist auf der Beifahrerseite ein Sitz mit Klappfunktion der Lehne erhältlich, Bild 8. Bei diesem Sitz wurden die Funktionen Lehnenneigung und Lehnenklappung mit einer feinen Teilung im Lehnenrastbeschlag zusammengelegt. Durch die Betätigung des Hebels seitlich am Sitz klappt die Lehne durch die Vorfederung ohne Kraftaufwand in die Horizontale und verrastet dort. So ist der Transport von Gegenständen mit einer Länge von bis zu 2,5 m möglich.
Erst die Ablagemöglichkeiten im Innenraum geben einem SUV universelle Fähigkeiten, Bild 9. Deswegen wurde den Entwicklern eine hohe Messlatte gesetzt: Alles, was in den größeren Audi Q5 passt, muss auch im Q3 untergebracht werden können. Dieser „Warenkorb" genannte Umfang an Gegenständen stellte die Entwickler vor eine hohe Herausforderung, wurde aber letztlich untergebracht. So können in jeder der vier Türen Getränkeflaschen mit bis zu 1 l Größe griffbereit mitgeführt werden. Eine große Arbeits-

Bild 8
Klappfunktion von Beifahrersitz und Rücksitzen

Bild 9
Ablagen im Innenraum

mappe im DIN-A4-Format findet problemlos Platz in den vier Türtaschen. Die Mittelkonsole bietet zwei Cupholder, die sich den verschiedensten Größen der Becher oder Dosen anpasst. Ein tiefes Fach unter der Mittelarmlehne birgt nicht nur den serienmäßigen Aux-In-Anschluss, sondern bietet auch jede Menge Stauraum für den alltäglichen Gebrauch für Fahrer und Beifahrer. Zudem kann der Fahrer problemlos ein Mobiltelefon oder die immer störende Geldbörse in der beflockten, aufklappbaren Ablage links neben dem Lenkrad unterbringen. Die Sitze runden das großzügige Ablagekonzept des Innenraums ab und bieten eine Vielzahl an Ablagemöglichkeiten. Der Käufer hat die Wahl zwischen Ablagefächern unter den Vordersitzen, einem großen Fach in der Mittelarmlehne sowie Netzen zum Verstauen von Gegenständen an der Rückseite der Sitzlehnen. Mit der Wahl der Mittelarmlehne erhält der Käufer zusätzlich einen integrierten zweifachen Cupholder. Des Weiteren befinden sich im Fußraum auf der Beifahrerseite ein und im Kofferraum zwei Multifunktionshaken zum fixieren kleiner und großer Tüten aus dem alltäglichen Einkauf. Der Kunde kann zudem diese Haken problemlos um weitere Funktionsmerkmale wie ein Regenschirmetui oder eine Multifunktionstasche aus dem Zubehör ergänzen.

Klimakomfort

Die hohen Maßstäbe und Qualitätsstandards im Automobilbau bei Audi zeigen sich auch in der neuen Klimaregelung des Audi Q3. Entsprechend waren die Zielsetzungen definiert, um einerseits für den Insassen hochgradigen Komfort zu bieten und andererseits die Klimaregelung möglichst energieeffizient auszulegen. Das Angebot für die Fahrzeugklimatisierung des Audi Q3 ist zweistufig. Als Einstiegsvariante ist eine manuelle Klimaanlage erhältlich. Die optionale vollautomatische Zweizonen-Klimaanlage regelt Solltemperatur, Luftverteilung und Luftmenge abhängig von der Sonneneinstrahlungsintensität und der Temperatur innen und außen.

Zudem verfügt sie über einen Feuchtesensor. Im Spiegelfuß wurde ein Taupunkt- und Scheibentemperatursensor integriert, um Scheibenbeschlag zu reduzieren und den Klimakomfort durch ein Innenraumfeuchte-Management zu erhöhen. Bei Gefahr von Scheibenbeschlag wird verstärkt entfeuchtet, beziehungsweise die Scheibentemperatur erhöht. Im Sommerbetrieb ist die Funktion „Innenraumfeuchte-Management" aktiviert. Mithilfe des Feuchtesensors und einer variablen Verdampfertemperatur wird im Innenraum eine angenehme relative Luftfeuchtigkeit geregelt.

Auch zur Start-Stopp-Automatik trägt die Klimaregelung einen wichtigen Teil bei. Die Sensoren überwachen permanent Temperatur und Feuchtigkeit der Luft im Innenraum und erlauben damit maximale Stoppzeiten des Motors. Erst wenn Scheibenbeschlag droht oder die Gefahr des Auskühlens beziehungsweise Aufheizens des Innenraums besteht, wird der Motor wieder gestartet. Die Einstellung der Innenraumtemperatur beziehungsweise der Luftmenge kann per Drehsteller vorgenommen werden. Alle weiteren Funktionen wie Luftverteilung, Defrostung oder Umluftschaltung sind mittels Taster in der Bedienoberfläche integriert. Ein weiteres Ausstattungsdetail ist die Vernetzung von Klimaregelung und Bordcomputer. Damit wird der Fahrer über den Betriebszustand der Klimaanlage und den daraus resultierenden Kraftstoffverbrauch informiert. Zudem erhält er Hinweise zur effizienten Nutzung der Klimaanlage, falls eine geöffnete Seitenscheibe oder das Schiebedach den Energiebedarf erhöhen.

Aerodynamik und Aeroakustik

Dr.-Ing. Thomas Schütz | Jan Hühnergarth

Wichtige Vorgaben für Aerodynamik und Aeroakustik beim neuen Audi Q3 waren hohe Effizienz und Dynamik sowie hoher Komfort. Die Aerodynamikentwicklung zielte darauf, das Fahrzeug an der Spitze des Wettbewerbs zu platzieren. Die Aeroakustikentwicklung fokussierte auf ein geringes und harmonisches Windgeräusch auch bei hohen Autobahngeschwindigkeiten.

Effizientes, dynamisches und komfortables Fahren

Mit einem Luftwiderstandsbeiwert von c_W = 0,32 übernimmt der neue Audi Q3 den Spitzenplatz im Wettbewerbsumfeld kompakter Sports Utility Vehicle (SUV). Niedrige Auftriebsbeiwerte an der Vorder- und Hinterachse sorgen für ein dynamisches Fahrerlebnis und gewähren bei hoher Geschwindigkeit souveräne Fahrstabilität. Auch der Windgeräuschkomfort setzt durch niedrigen Innengeräuschpegel und harmonischen Gesamteindruck neue Maßstäbe in seiner Klasse. Die Aerodynamik und Aeroakustik des neuen Modells leistet somit einen wesentlichen Beitrag zum effizienten, dynamischen und komfortablen Fahren.

Aerodynamik für effizientes und dynamisches Fahren

Das Ziel der Aerodynamikentwicklung beim neuen Audi Q3 war sehr hoch gesteckt. Es galt, das Fahrzeug an der Spitze des Wettbewerbs zu platzieren, wie bereits zuvor die erfolgreichen SUV Audi Q5 und Q7. Zum imposanten Audi Q7 mit einer Stirnfläche von Ax=2,87 m^2 und dem Audi Q5 mit Ax=2,65 m^2 kommt der Q3 mit Ax=2,44 m^2 als kleinste Audi SUV-Baureihe hinzu. Mit einer Gesamtlänge von 4,38 m ist der Q3 dabei deutlich kürzer als die beiden übrigen Q-Baureihen mit ihren 5,08 m respektive 4,63 m Gesamtlänge. Das war eine von vielen Herausforderungen bei der aerodynamischen Entwicklung des Fahrzeugs, denn eine geringere Gesamtlänge bietet weniger Spielräume bei der Gestaltung der Außenhaut, vor allem am hinteren Überhang.
Weiterhin durfte die dynamische Gestaltung der Außenhaut nicht eingeschränkt werden, was insbesondere ein großes Maß an Detailarbeit am Fahrzeugheck bedeutete.
Trotzdem konnte der Q3 nicht nur in seinem unmittelbaren Wettbewerberumfeld der kleinen, kompakten SUV, sondern im gesamten SUV-Marktsegment als Klassenbester platziert werden, Bild 1. Ein c_W-Wert von 0,32 bei einer Stirnfläche von 2,44 m^2 ergibt ein für den aerodynamischen Fahrwiderstand relevantes Produkt $c_W \cdot A_x$ von 0,79 – ein Spitzenwert im Wettbewerbsumfeld.

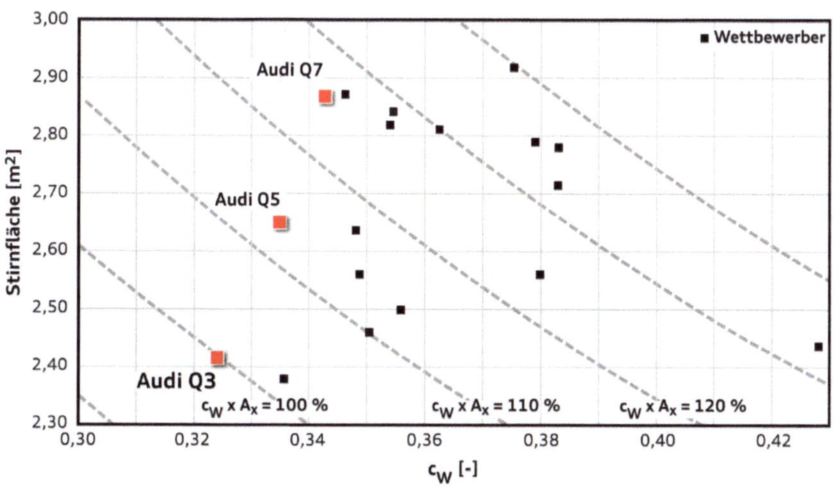

Bild 1 Luftwiderstandsbeiwert c_W des Audi Q3 im Wettbewerberumfeld, aufgetragen über der Stirnfläche A_x

Entwicklungsprozess der Aerodynamik

Dem Aerodynamikentwickler stehen für seine Arbeit zwei Hauptwerkzeuge zur Verfügung, der Windkanal sowie die numerische Strömungssimulation (CFD). Dabei wurden auf intelligentem Wege bei der Entwicklung des Audi Q3 beide Werkzeuge einander ergänzend eingesetzt. Der Audi Aeroakustikwindkanal bietet durch seine effiziente Auslegung und seine moderne Fünfbandtechnik Strömungsbedingungen, die dem realen Fahrbetrieb entsprechen. Damit stellt er die Entwicklung funktionstüchtiger Maßnahmen sicher. Durch geschickte Fahrzeughandhabung können in kurzer Zeit eine Reihe unterschiedlicher Fahrzeugkonfigurationen gemessen und bewertet werden.

CFD ermöglicht dagegen eine tiefgehende Analyse des Strömungsfelds und die Identifikation von Widerstandsquellen. Die Vorteile beider Methoden wurden bei der Entwicklung des Audi Q3 ideal miteinander verbunden, indem die Erkenntnisse aus CFD-Simulationen in die Entwicklung konkreter Maßnahmen im Windkanal einflossen, Bild 2. Während der Konzept- und Designfindung wurde CFD genutzt, um wichtige Potenziale am Fahrzeug zu erkennen. Im Windkanalexperiment an 1:1-Plastilinmodellen konnten dann Maßnahmen entwickelt und parametrisch optimiert werden. Die Endausführung wurde wieder zur Strömungssimulation aufbereitet und dem virtuellen Modell hinzugefügt. Auch in der Prototypenphase konnte durch diese Vorgehensweise noch Verbesserungspotenzial genutzt werden.

Insgesamt konnte der c_W-Wert während der Entwicklung vom ersten Designmodell bis zum fertigen Fahrzeug um Δc_W=0,16 verbessert werden, Bild 3. Dies ist für den Kraftstoffverbrauch des Fahrzeugs von enormer Bedeutung. Eine solche Luftwiderstandsreduzierung trägt dazu bei, dass der Kraftstoffverbrauch im Neuen Europäischen Fahrzyklus (NEFZ)

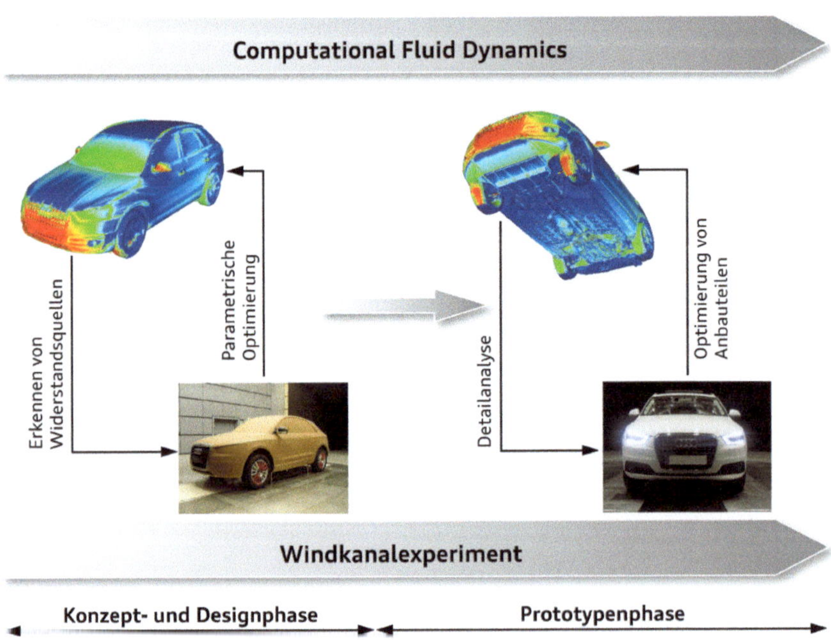

Bild 2 Prozessablauf zur Aerodynamikentwicklung des Audi Q3

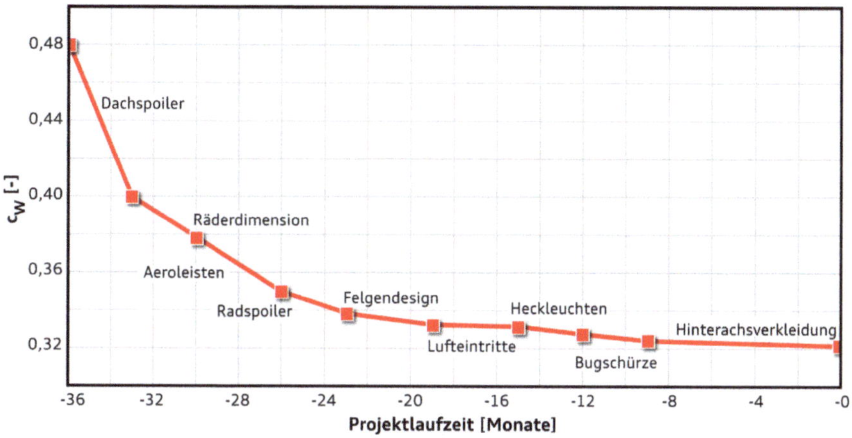

Bild 3
Evolution des Luftwiderstandsbeiwerts c_W während der Entwicklung des Audi Q3

um knapp 0,6 l/100 km abnimmt. Im typischen Kundenbetrieb mit höheren Fahrgeschwindigkeiten hat die Aerodynamik eine noch größere Bedeutung. Die Ersparnis kann dann mit 2,3 l/100 km bei 130 km/h und mit 4,6 l/100 km bei 180 km/h ausgewiesen werden.
Um die ehrgeizigen Aerodynamikziele zu erreichen, konzentrierten sich die Entwicklungsaktivitäten während des gesamten Produktentstehungsprozesses, das heißt von der Konzept- und Designphase bis zur Serienentwicklung, auf die Optimierung von Fahrzeugaußenhaut, Motorraumdurchströmung, Unterboden, Rädern und Außenspiegel.
Die Kunst der aerodynamischen Auslegung der Fahrzeuggeometrie besteht darin, die Fahrzeugkonturen so zu gestalten, dass der Luftwiderstand minimiert und der Auftrieb optimal und zu den Anforderungen der Fahrdynamik passend ausgelegt wird. Dabei entscheidet der Aerodynamiker nicht alleine über die Formgebung. Nur durch die enge Zusammenarbeit zwischen Aerodynamik, Design, Maßkonzept und den bauteilverantwortlichen Konstruktionsabteilungen konnten die in den einzelnen Themenfeldern entwickelten Aerodynamikpotenziale erfolgreich in die Serie umgesetzt werden.

Grundformentwicklung und Detailoptimierung der Fahrzeugaußenhaut

Die Fahrzeugfront wurde derart gestaltet, dass keine großvolumigen Ablösungen erzeugt werden und die Strömung seitlich bis zu den Radausschnitten anliegt. Trotzdem konnten die ausdrucksstarken Stylinggrafiken beibehalten werden, da die Radien der ausgeprägten Kanten mit Bedacht gewählt wurden. In der Folge führt dies auch dazu, dass die Strömung an den Türen wieder zum Anliegen kommt und damit nahezu keine Strömungsverluste entstehen. Bild 4 zeigt den Totaldruckverlust in einer z-Schnittebene durch Radanlauf, Rad und Seitenwand (z=0,25 m). Die verbleibenden Verluste sind hauptsächlich auf den Nachlauf der Räder zurückzuführen. Bereits bei den Vorgängerprojekten Q5 und Q7 konnte das Aerodynamikziel, den klassenbesten c_W-Wert zu erreichen, nur durch eine abfallende Dachlinie erreicht werden. Vollheckfahrzeuge haben generell das Manko, dass durch die Dachkontur nicht genügend Abwind (Downwash) hinter dem Fahrzeug erzeugt werden kann. Ein minimaler induzierter Widerstandsanteil ist somit nicht zu gewährleisten. Erst durch eine ausgeprägte Dachneigung ist es möglich, Ober- und Unterströmung des Fahrzeugs ideal zusammenzuführen und den induzierten Widerstandsanteil abzusenken.

Bereits zu Projektbeginn stellte sich die Gestaltung einer sportlich-dynamisch wirkenden Heckpartie als größte Herausforderung dar. Erste Stylingentwürfe sahen eine schräge Heckscheibe und eine runde Gestaltung der D-Säule vor. Vielfach wurde darauf verwiesen, dass Heckscheibenneigungen von weniger als 40° einen deutlichen Anstieg von Widerstand und Hinterachsauftrieb zur Folge haben [1]. Rundungen der Heckkontur verstärken dieses Phänomen. Es galt also, die Designsprache nicht zu verfälschen und trotzdem die aerodynamischen Zielwerte einzuhalten.

Hierzu wurden an der Außenhaut zwei Kernelemente entwickelt und optimiert, Dachspoiler und seitliche Aeroleisten, Bild 5. Zusätzlich wurde bei deren Auslegung auf eine optimale Abstimmung mit der Unterbodenströmung geachtet, um den Impulsverlust der Umströmung zu minimieren. Ein modernes aerodynamisches Unterbodenkonzept war eine weitere Voraussetzung.

Der Dachspoiler verlängert den Dachstrak um knapp 320 mm und bildet an seiner Hinterkante einen Rücksprung zur Heckscheibe von 55 mm. Damit kann sich die Strömung auch bei Schiebewinkeln bis 15° sicher ablösen. Der Dachspoiler kommt ohne stylingstörende Anformungen aus, Resultat wochenlanger Detailarbeit in Windkanal und mit CFD. Bild 6 zeigt die x-Komponente der Wirbelstärke hinter dem Fahrzeug mit und ohne Dachspoiler, sowie die Stromlinien in der Schnittebene. Die Wirbelstärke und die Dichte der Stromlinien lassen auf die Größe des induzierten Widerstands schließen. Durch Applikation des Dachspoilers lässt sich eine deutliche Verbesserung feststellen. Das Serienfahrzeug weist in der dargestellten Schnittebene eine um 53,8 % reduzierte mittlere Wirbelstärke auf.

Die Seitenlinie zieht in y-Richtung brüstungsparallel um zirka 170 mm ein und unterstützt somit die Ausbildung eines möglichst kleinen Totwassergebiets in lateraler Richtung. Zusätzlich sorgen zwei auf der Heckklappe angebrachte Spoiler, sogenannte Aeroleisten, für einen sauberen Strömungsabriss. Durch ihre Hochglanzoptik in schwarz sind auch sie harmonisch in die schwungvolle Heckpartie eingearbeitet.

Unterhalb der Brüstung wurden zwei Abrisselemente in die Heckleuchten aufgenommen. Sie erfüllen die gleiche Funktion wie die Aeroleisten, also die Ausprägung einer stylingverträglichen, definierten seitlichen Abrisskante, wirksam

Bild 4
Dimensionsloser Totaldruckverlust der Umströmung des Audi Q3 in der Ebene z = 0,25 m

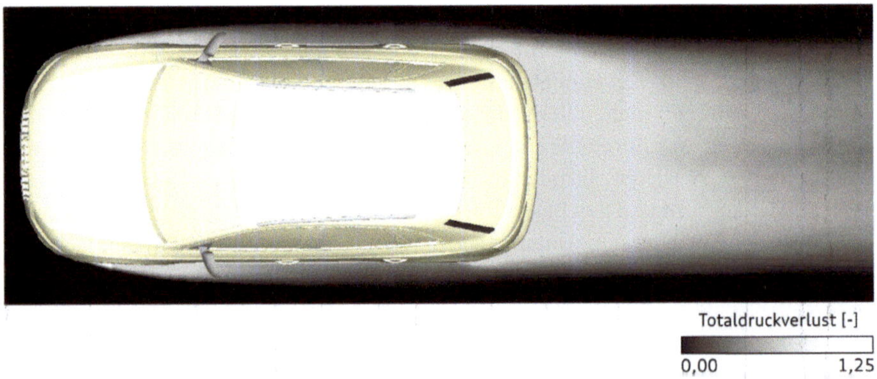

Bild 5
Aerodynamisch ausgefeilte Heckpartie des Audi Q3 mit abfallendem Dachstrak, großem Dachspoiler und seitlichen Aeroleisten

Bild 6
x-Komponente der Wirbelstärke hinter dem Audi Q3 ohne (links) und mit (rechts) Heckmaßnahmen bei x = 4 m und Darstellung des Wirbelsystems im Totwassergebiet

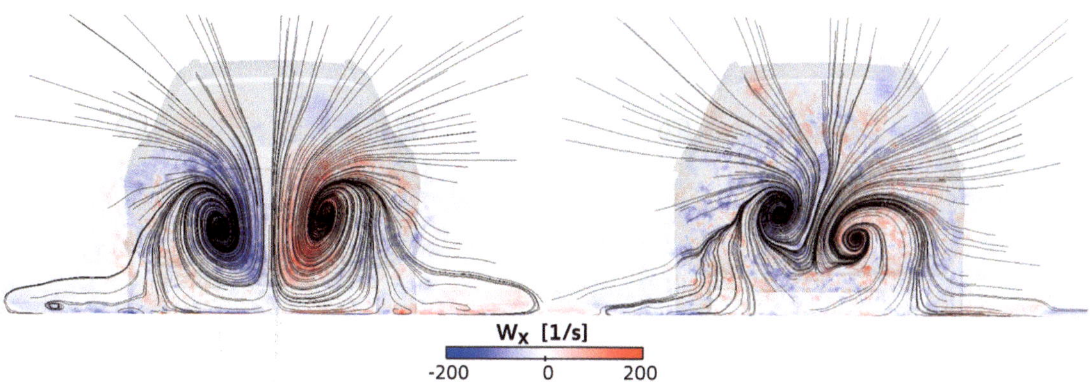

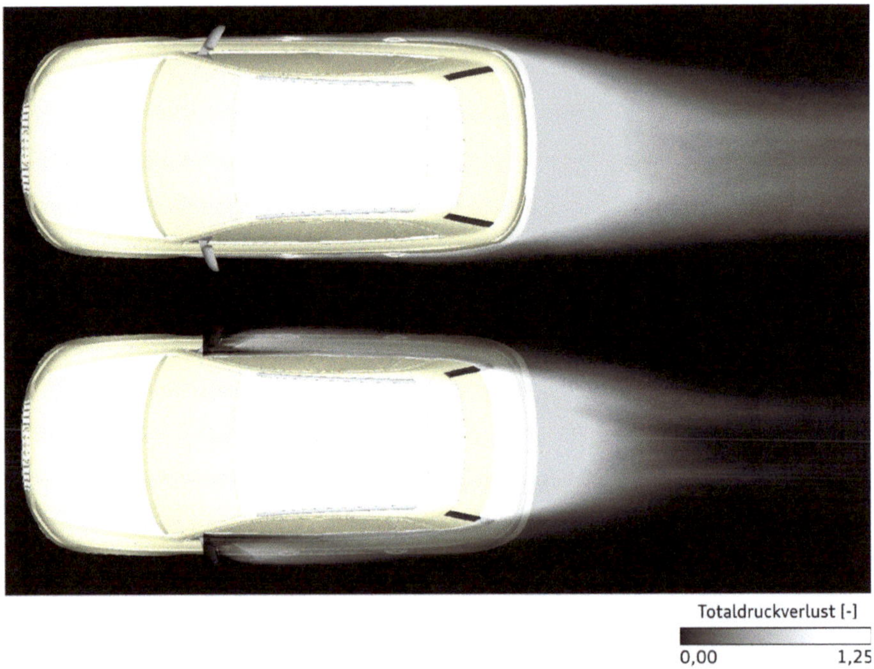

Bild 7
Dimensionsloser Totaldruckverlust der Umströmung des Audi Q3 in den beiden Ebenen z = 0,6 m (oben) und z = 0,9 m (unten)

bis zu Schiebewinkeln von 15°. Bild 7 zeigt den Totaldruckverlust der Umströmung des Q3 in zwei z-Schnittebenen durch die Heckleuchten und durch die Aeroleisten. Die Wirksamkeit des seitlichen Einzugs ist erkennbar, die Ablösung der Strömung von der Kontur wird an den richtigen Stellen durch die beschriebenen Elemente definiert.

Die beschriebenen und in Bild 6 dargestellten Maßnahmen führen zu einem deutlich erhöhten Druck auf der Fahrzeugbasisfläche. Hiermit kann der deutliche Rückgang des Luftwiderstands erklärt werden. Bild 8 zeigt die Druckverteilung auf der Fahrzeugoberfläche für den ersten Entwurf und das fertige Fahrzeug, hier wird der Druckanstieg besonders deutlich. Augenmerk bei der Formoptimierung wurde auch auf die Elemente A-Säule, Wasserfangleiste und Außenspiegel gelegt.

Der Außenspiegel ragt aus aerodynamischer Sicht als Störkörper aus der

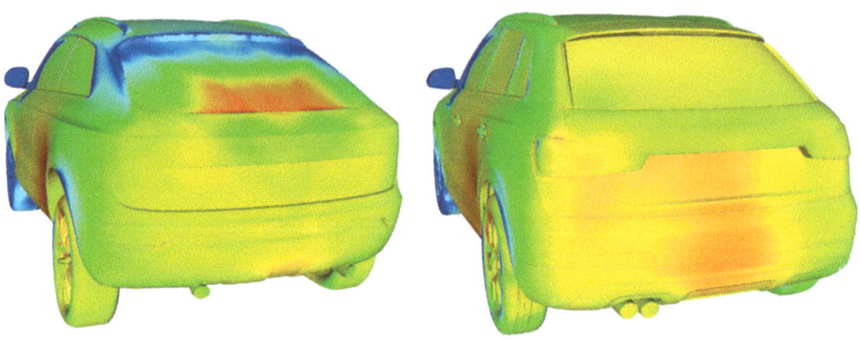

Bild 8
Dimensionsloser Druckbeiwert c_p auf der Fahrzeugbasisfläche des Audi Q3 für einen frühen Designstand (links) und den Serienzustand mit allen Maßnahmen (rechts)

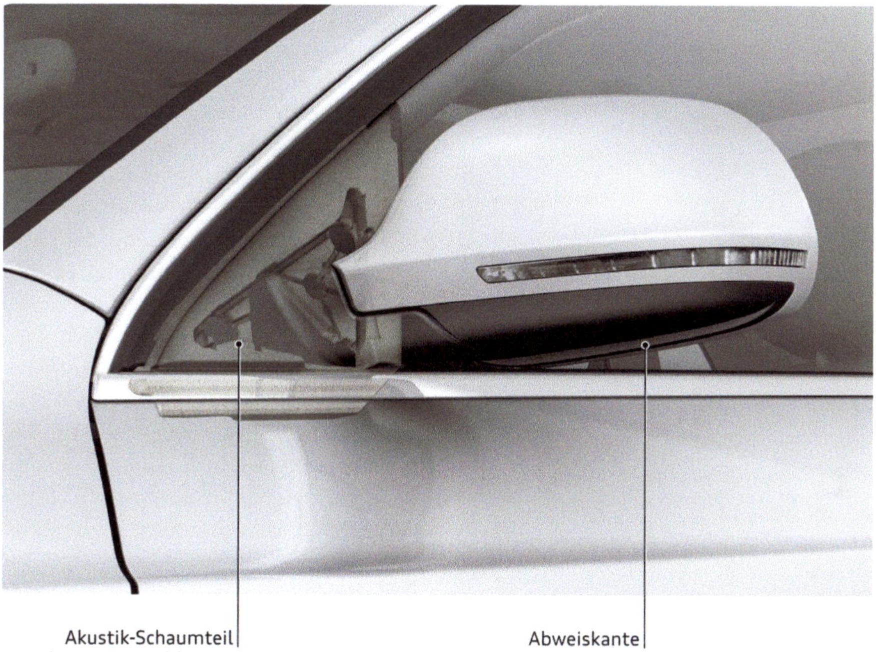

Bild 9
Außenspiegel des Audi Q3 mit Wasserabweisleiste, optimiertem Spiegeldreieck und dem akustisch wirksamen Schaumelement

Fahrzeuggeometrie heraus. Da gleichzeitig die Strömung im Bereich der A-Säule stark beschleunigt wird, ist eine aerodynamische Optimierung des Außenspiegels besonders wichtig. Die besondere Herausforderung bei der Formoptimierung des Außenspiegels bestand darin, die unterschiedlichen Eigenschaftsanforderungen hinsichtlich der gesetzlich vorgeschriebenen Spiegelglasgröße, der Aerodynamik, der Aeroakustik, des Designs und der Schmutzfreihaltung von Spiegelglas und Seitenscheibe zu einem gemeinsamen Bestwert zu führen. Der Außenspiegel des Audi Q3 ist in Bild 9 gezeigt, die Schüsselstellen sind dabei hervorgehoben. Er erfüllt alle genannten Anforderungen optimal.

Durch die strömungsgünstige Grundform beträgt der Anteil beider Außenspiegel mit Δc_W=0,010 lediglich 3,1 % am Gesamtwiderstand. Zum einen ist es dabei wichtig, die der Strömung zugewandten Flächen des Spiegels so zu gestalten, dass keine großvolumigen Ablösungen entstehen. Zum anderen müssen die Ränder des Spiegels so angestellt werden, dass das Totwassergebiet hinter dem Spiegel möglichst klein wird. Die Umströmungsgeräusche konnten soweit reduziert werden, dass sie im Innenraum nicht wahrgenommen werden.

Um auch bei Fahrten im Regen ein sauberes Spiegelglas zu gewährleisten, werden die auf das Spiegelgehäuse auftreffenden Wassertropfen an der Gehäuseunterseite durch eine Abweiskante nach außen abgeleitet. Von dort abgeworfene und von der Strömung mitgenommene Wassertropfen landen nicht mehr im Sichtfeld auf der Seitenscheibe. Die entlang der A-Säule verlaufende Wasserfangleiste trägt bei Regenfahrten ebenfalls zur freien Sicht durch die Seitenscheibe bei. Das vom Scheibenwischer zur A-Säule transportierte Regenwasser wird in dem unter der Wasserfangleiste bereitgestellten Volumen aufgefangen und entlang der A-Säule nach unten in den Wasserkasten oder nach oben über das Dach

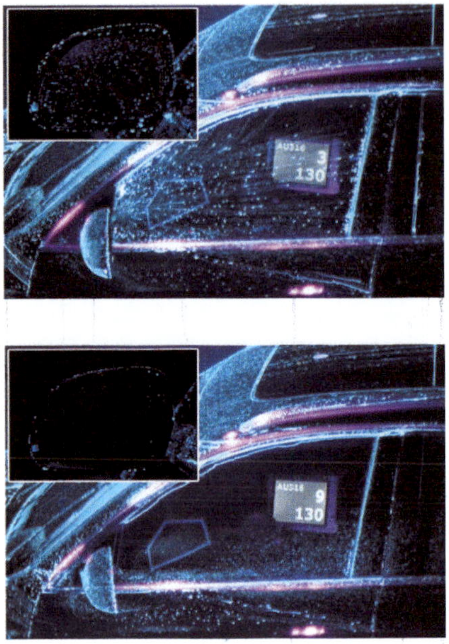

Bild 10 Verschmutzungsbild des Audi Q3 auf Seitenscheibe und Spiegelglas bei einer Windgeschwindigkeit von v_∞ = 130 km/h beim ersten Prototyp (links) und im optimierten Zustand (rechts)

abgeleitet. Bild 10 zeigt das Verschmutzungsbild von Seitenscheibe und Spiegelglas am ersten Q3-Prototyp und am optimierten Serienfahrzeug.

Gestaltung von Unterboden und Anbauteilen

Entwicklungsziel bei der Unterbodengestaltung war es, die Fahrzeugunterseite weitgehend glatt und somit strömungsgünstig zu gestalten und lokale Widerstandsquellen durch vorgelagerte Spoiler zu eliminieren. Bild 11 zeigt die am Q3-Unterboden aerodynamisch wirksamen Bauteile.

Die Abfolge beginnt an der Unterseite des vorderen Stoßfängerüberzugs mit einer dreiteiligen Abdeckung des Vorderwagens. Diese sorgt für eine anliegende und nahezu verlustfreie Zuströmung zum Mittelboden. Die vor den vorderen Radlaufschalen platzierten Deflektoren reduzieren gleichzeitig den Widerstandsanteil der Vorderräder und den Vorderachsauftrieb. Von den Radlaufschalen nach hinten reichend, gewährleisten großflächige Abdeckteile des Mittelbodens eine gute Unterströmung des Fahrzeugs. Der zur Fahrzeugmitte hin gelegene Zwischenraum bildet dabei den nötigen Abströmquerschnitt für die Motorkühlluft. Diese wird aus dem Motorraum nach unten ausgeleitet und durch den hinteren Teil der Bugkapsel horizontal ausgerichtet. Dadurch wird ein optimaler Impulsrückgewinn in Fahrzeuglängsrichtung und damit eine Widerstandsreduzierung erreicht, Bild 12.

Ebenso wie vor den Vorderrädern sind auch vor den Hinterrädern Deflektoren vorgesehen, die ebenfalls Widerstand und Hinterachsauftrieb absenken. Am Ende des Mittelbodens erstrecken sich bis vor die Hinterräder zwei weitere c_W-Verkleidungen, die Hohlräume im Bereich des Tanks abdecken. Die Anströmung der Hinterachse wird durch eine Verkleidung verbessert, die gleichzeitig den Kardantunnel vor der Hinterachse abschließt. An der Hinterkante dieser Abdeckung ist eine Spoilerlippe angebracht, die die Strömung derart anstellt, dass sie auf dem durch Endschalldämpfer und seitliche Abdeckkappe gebildeten Diffusor anliegt.

Diese Art der Strömungsführung ermöglicht im Zusammenspiel mit der coupéhaften Dachlinie eine enorme Verkleinerung des Totwassers hinter dem Fahrzeug. In Summe wird durch diese vielen einzelnen Unterbodenmaßnahmen eine c_W-Verbesserung von Δc_W=0,028 erreicht, was einer Absenkung des Gesamtwiderstands um 8,6 % entspricht.

Die Umströmung des rotierenden Rads hat ebenfalls einen großen Anteil am Gesamtwiderstand eines Fahrzeugs. Der Eigenwiderstand des Rads kann aufgeteilt werden in einen Anteil des nichtdurchströmten Rads, welcher hauptsächlich durch die Reifengeometrie und die Ausbildung des Reifenlatsches bestimmt

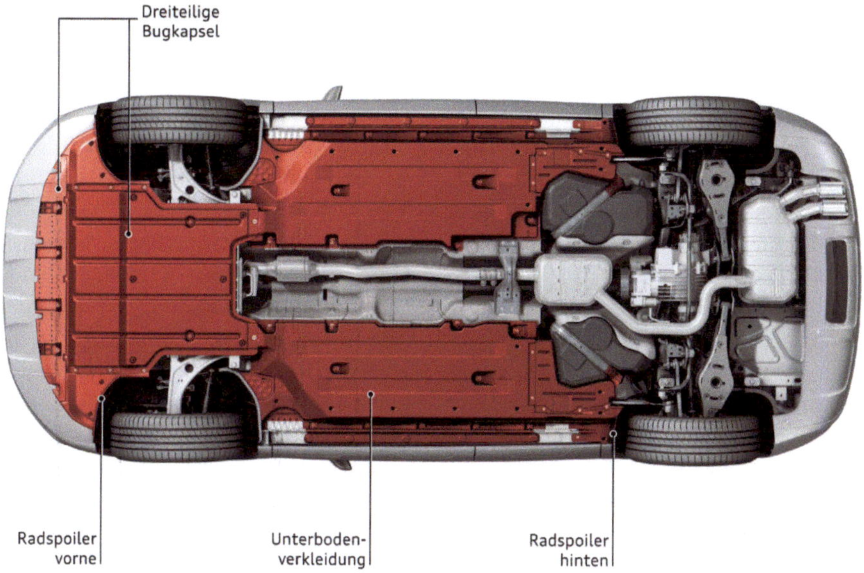

Bild 11
Übersicht der am Unterboden des Audi Q3 vorhandenen und aerodynamisch wirksamen Bauteile

Bild 12
Einleitung der Motorkühlluft aus dem Motorraum in die Unterbodenströmung des Audi Q3

ist. Ein zweiter Anteil kommt bei geöffneter Felge durch Ventilationseffekte des spezifischen Felgendesigns hinzu. Durch eine optimierte und möglichst verschlossene Felge wird der Strömung ein frühzeitiges Wiederanlegen auf der Fahrzeugseitenwand ermöglicht. Der erste Anteil wurde durch eine schmale Gestaltung des Reifens in der Dimension 215/65 R16 und durch eine fast ebene Felgendeckfläche minimiert. Diese Dimensionen ermöglichen gleichzeitig auch ein geringes Gewicht des Rads. Die Ventilationseffekte konnten durch möglichst kleine Öffnungsquerschnitte und geringe Förderwirkung der Felge optimiert werden. Gleichzeitig wurde auch auf eine ausreichende Belüftung der Bremse geachtet. Der Anteil der Motorraumdurchströmung am Gesamtluftwiderstand kann in ungünstigen Fällen über 10 % betragen. Dabei spielen sowohl innere Reibungs- und Impulsverluste, aber auch Leckagen und die Wechselwirkung zwischen der aus dem Motorraum austretenden Strömung und der das Fahrzeug umgebenden Strömung eine wichtige Rolle. Beim Audi Q3 wurde daher auf eine möglichst effiziente und luftwiderstandsarme Auslegung der Motorraumdurchströmung geachtet. Die aerodynamisch wirksamen Elemente zur Optimierung zeigt Bild 13. Die Eintrittsöffnungen des Ziergitters sind so ausgelegt, dass genügend Luft für einen einwandfreien Betrieb der Motorkühlungs- und Klimatisierungskomponenten einströmen kann. Gleichzeitig wird aber auch nicht mehr Kühlluft aus der Umströmung abgezweigt als erforderlich und somit die Aerodynamik kaum verschlechtert. Die Kühlluft wird dann durch eine optimierte Kühlerumfeldabdichtung nahezu leckagefrei zum Kühler geführt. Neben den seitlichen Luftleitteilen sorgen oberhalb des Kühlers zwei Abdichtteile und unterhalb des

Bild 13
Aerodynamisch wirksame Elemente zur Optimierung der Motorraumdurchströmung des neuen Audi Q3

Kühlers eine Dichtlippe zur Bugkapsel für eine leckagefreie Luftführung. Die Auslegung des Kühlluftauslasses zur Unterbodenströmung wurde bereits dargestellt. In Summe ergibt sich ein Kühlluftanteil am Gesamtluftwiderstand von lediglich $\Delta c_{W,K}$=0,009, der Bestwert unter den Wettbewerbern.

Aeroakustik

Ab einer Fahrgeschwindigkeit von etwa 120 km/h wird im Fahrzeuginnenraum das Windgeräusch zur dominanten Geräuschquelle. Andere Geräusche im Fahrzeug wie Motor-, Antriebsstrang- und Rollgeräusche treten in den Hintergrund. Vor allem für lange Reisen bei hohen Autobahngeschwindigkeiten ist ein geringes und harmonisches Windgeräusch Voraussetzung für ein wohliges Gesamtgeräusch im Fahrzeuginnenraum und somit für Fahrkomfort. Ein niedriges Windgeräuschniveau auch bei hohen Geschwindigkeiten sorgt außerdem für eine gute Sprachverständlichkeit in Innenraum.

Windgeräusche werden im Allgemeinen als spektral breitbandiges Rauschen wahrgenommen und können mehrere Ursachen haben. Entscheidend für den Komforteindruck ist zunächst, dass die einzelnen aeroakustischen Geräuschquellen nicht direkt geortet werden können und dass keine tonalen Anteile, wie sie zum Beispiel bei Pfeifgeräuschen auftreten, vorhanden sind. Darüber hinaus ist ein niedriges Niveau im Frequenzbereich von 1 kHz bis zirka 5 kHz für das subjektive Geräuschempfinden wichtig, da in diesem Frequenzbereich das menschliche Gehör die größte Empfindlichkeit besitzt und das Rauschen somit als besonders störend wahrgenommen wird.

Als anspruchsvolles Ziel wurde vorgegeben, die Windgeräuschqualität des Audi Q3 auf das Niveau eines A4 Avant zu bringen. Hiermit sollte das Fahrzeug einen Spitzenplatz im Wettbewerbsumfeld einnehmen. Die Windkanalmessung in Bild 14 zeigt in der Tat, dass das Windgeräuschniveau des neuen Audi Q3 nahezu im gesamten Frequenzbereich unter dem Streuband der Wettbewerber liegt, vor allem auch im entscheidenden Frequenzbereich zwischen 1 kHz und 5 kHz.

Eindrucksvoll ist der Vergleich des Summenschalldruckpegels im Fahrzeuginnenraum. Am Außenohr des Fahrers wird beim neuen Audi Q3 ein im Vergleich zu Wettbewerbern um bis zu 3 dB reduzierter Wert gemessen. Um diese Spitzenkennwerte zu erreichen, konzentrierten sich die aeroakustischen Entwicklungsaktivitäten auf folgende Themenfelder:

- Reduzierung von Geräuschquellen an der Außenhaut (Umströmung)
- ausreichende Schalldämmung zwischen den unvermeidbaren Quellen im Außenfeld und dem Innenraum (zum Beispiel Verglasung)
- Abdichtung der Karosserie zur Vermeidung von Windgeräuschquellen direkt im Innenraum (zum Beispiel Türdichtsystem, Hohlraumschotte).

Da die Fahrzeugumströmung das Innengeräuschspektrum über den gesamten Frequenzbereich stark beeinflusst, wurde auch hier viel Detailarbeit investiert, um Windgeräuschquellen zu reduzieren. Der Außenspiegel wurde in seiner Grundform aeroakustisch optimiert und optimal in der A-Säulenumströmung eingebunden positioniert. Die Wasserfangleiste an der A-Säule vermeidet mit ihrer abgerundeten Vorderkante störende Wirbelablösungen, die tief in den Windlauf integrierten Scheibenwischer stören die Strömung nicht. Im Frontbereich wurden Rücksprünge und Spalte so klein wie möglich ausgelegt, um Wirbelablösungen, die sich aeroakustisch und aerodynamisch negativ auswirken, zu vermei-

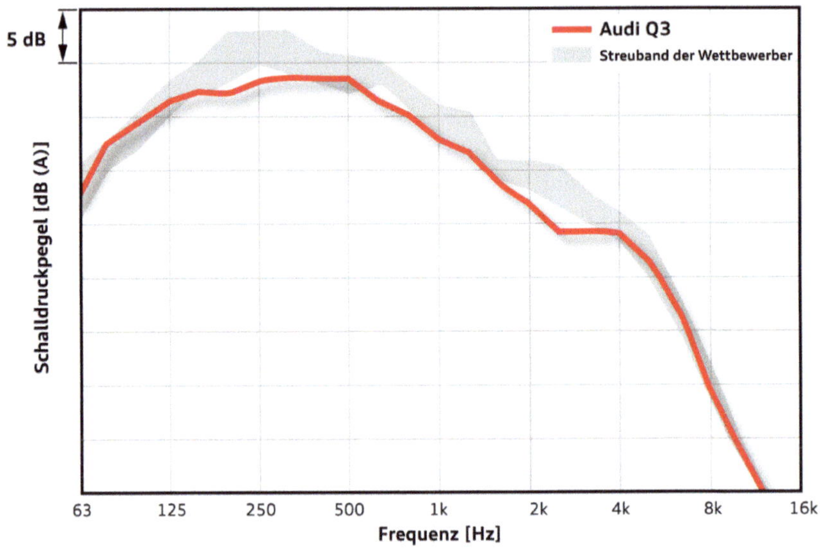

Bild 14 Frequenzspektrum des Schalldruckpegels am Fahreraußenohr bei 140 km/h Windgeschwindigkeit im Vergleich zum Wettbewerbsumfeld

den. Überströmte Fugen im Bereich der Front- und Heckscheibe wurden durch eine Scheibenumspritzung verschlossen, um die strömungsbedingte Anregung der darunterliegenden Hohlräume zu verhindern. Außen sind die Fensterführungsdichtungen im Übergang zum Glas angefast und vermeiden somit durch eine nahezu wirbelfreie Umströmung unnötige Windgeräusche. Schließlich wurden die Anbindungspunkte der Unterbodenverkleidungen derart gestaltet, dass windangeregte Bauteilschwingungen auf ein Minimum reduziert werden konnten.

Ein weiterer wichtiger Baustein für einen harmonischen Gesamteindruck ist die gute Akustikqualität der Karosserie. Um den strömungsbedingten Schalleintrag von vorne zu reduzieren, verfügt die Frontscheibe über eine spezielle Akustikzwischenfolie, die den physikalisch bedingten Einbruch der Luftschalldämmung bei der Koinzidenzfrequenz reduziert. Die Schalldämmung der Frontscheibe wird dadurch speziell in dem für den Windgeräuschkomfort relevanten Frequenzbereich zwischen 1 kHz und 5 kHz angehoben und somit das Innengeräusch in diesem Frequenzbereich reduziert. Außer der Verbesserung beim Windgeräusch werden durch die Verbundsicherheitsverglasung auch die Geräusche des vorbeifahrenden Verkehrs stärker gedämmt, was den Komforteindruck des neuen Audi Q3 zusätzlich verbessert.

Da die Rohkarosserie einen überaus wirksamen Lautsprecher für eingeleiteten Körperschall darstellt, kommt es weiterhin darauf an, mithilfe von Bedämpfungsmatten Blechflächenschwingungen zu vermeiden, die zum Beispiel auch durch Windanregung erzeugt werden können. Die Karosserie verfügt weiterhin über eine Reihe von Form- und Blähschaumteilen, Bild 15. Damit wird eine Durchströmung von Hohlraumprofilen gehemmt und so die Schallausbreitung deutlich vermindert; wichtige Stellen sind die A-Säulenwurzel, das Umfeld der hinteren Festverglasung sowie der bereits dargestellte Außenspiegel (Bild 8).

Der neue Audi Q3 besitzt ein vollgepresstes Türinnenblech, sodass der Türrahmen in den Türrohbau integriert ist. Die türseitige Hauptdichtung liegt somit ohne Unterbrechung an der Karosserie an. Das Spiegeldreieck ist durch das

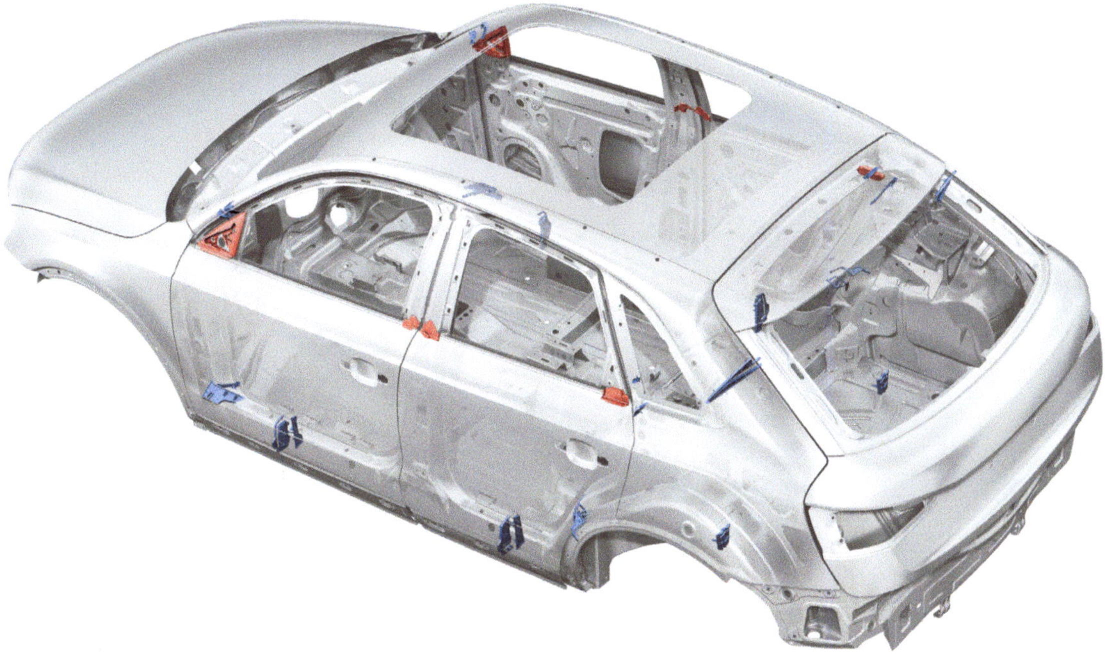

Innenblech von den Geräuschquellen außen abgeschirmt. Ein speziell für den Türrohbau entwickeltes Abdichtkonzept erhöht nachhaltig die Prozesssicherheit. Die wenigen aus Montagegründen notwendigen Schalleintrittsöffnungen zwischen dem Türinnenblech und der Türinnenverkleidung sind sorgfältig mit Kunststoffdeckeln abgedichtet. Die Türrahmensteifigkeit ist dank dieser Bauweise ausreichend, sodass die Tür unter Windlast bei hohen Geschwindigkeiten oder bei Schräganströmung nicht herausgezogen wird. Die Dichtigkeit und somit der hohe Akustikkomfort wird im Bereich der Tür und Türscheiben durch zwei Dichtlinien gewährleistet, am Übergang zwischen Türen und Dach kommt eine zusätzliche Dichtlippe zum Einsatz.

Bild 15 **Aeroakustisch wirksame Form- und Blähschaumteile des neuen Audi Q3**

Literaturhinweis

[1] Ahmed, S. R.; Ramm, G.; Faltin, G.: Some Salient Features of the Time-Averaged Ground Vehicle Wake. SAE paper 840300

Fahrerassistenzsysteme

DIPL.-ING. ALEJANDRO VUKOTICH | DIPL.-ING. RAÚL GARCÍA SALVADOR | DIPL.-ING. ALEJANDRO MEMBRIVE MARTÍNEZ | M.ENG. HENDRIK TÖPPER

Wie der Audi Q5 und der Audi Q7 ist auch der neue Audi Q3 mit zahlreichen Assistenzsystemen ausgestattet, die einen wichtigen Beitrag zur Erhöhung von Fahrsicherheit und Fahrkomfort leisten. Neben Funktionen zur umfangreichen Unterstützung bei der Querführung sind auch die Tempolimitanzeige und die bewährten Parkassistenzsysteme erhältlich, die nach konsequenter Weiterentwicklung nun mit erweitertem Funktionsumfang zur Verfügung stehen.

Tempolimitanzeige

Die Tempolimitanzeige, die auf Wunsch im Kombiinstrument angezeigt wird, informiert den Fahrer zu jeder Zeit über die aktuelle Geschwindigkeitsbegrenzung. Dabei erkennt das System auch wechselnde, temporäre Geschwindigkeitsbegrenzungen, wie in Baustellen und auf digitalen Anzeigen. Des Weiteren erfasst es Tempolimits, die nur zu bestimmten Zeiten oder für spezielle Umgebungsbedingungen – beispielsweise bei Regen – gelten, und zeigt diese dem Fahrer auf Wunsch nur dann an, wenn sie für ihn relevant sind. Das große Einsatzgebiet der Funktion hilft dem Fahrer auch in weiten Teilen des europäischen Auslands, da sie ihn jederzeit über die erlaubte Höchstgeschwindigkeit der aktuell befahrenen Straßenkategorie informiert, auch wenn keine Verkehrszeichen aufgestellt sind.

Der Fahrer kann sich bis zu drei erkannte Geschwindigkeitsbegrenzungen inklusive eventuell vorhandener Zusatzschilder (ohne eine Bewertung durch das System) anzeigen lassen und über die den Straßenverhältnissen angepasste Geschwindigkeit entscheiden (Vollbildanzeige). Oder er wählt stattdessen die „erweiterte Anzeige", bei der das System aus den erkannten Geboten das als vorrangig eingestufte auswählt und dem Fahrer eine Empfehlung abgibt, Bild 1. Über die Bedienelemente des Multifunktionslenkrads kann der Fahrer jederzeit bequem zwischen der Vollbild- und der erweiterten Anzeige im Kombiinstrument wechseln.

Um diese umfangreiche Funktion zu ermöglichen, werden Informationen aus mehreren Datenquellen herangezogen: Als zentraler Sensor fungiert eine hinter dem Rückspiegel an der Frontscheibe angebrachte Kamera. Sie erkennt – innerhalb der Systemgrenzen – neben den am Straßenrand aufgestellten Tempolimitschildern auch digitale Geschwindigkeitsanzeigen sowie viele piktogrammbasierte Zusatzschilder. Die von der Kamera erfassten Verkehrszeichen werden anschließend mit den Daten des Navigationssystems, den im jeweiligen Land zulässigen Höchstgeschwindigkeiten und Informationen aus dem Fahrzeug, wie Scheibenwischernutzung und aktuelle Uhrzeit, verglichen und bewertet. Der Einsatzbereich der Funktion erstreckt sich auf das gesamte westeuropäische Festland sowie auf Großbritannien und Irland.

Die Funktion Tempolimitanzeige ist in ein zentrales, leistungsstarkes Steuergerät für bildbasierte Fahrerassistenzfunktionen implementiert. Dort werden neben der Tempolimitanzeige auch rechenintensive Zusatzfunktionen für den Audi active lane assist sowie den Fernlichtassistenten, der je nach aktueller Verkehrssituation das Fernlicht selbst ein- und ausschaltet, ausgeführt.

Zunächst detektiert der Erkennungsalgorithmus Kreise im Kamerabild als mögliche Verkehrsschilder und verfolgt sie. Ist im weiteren Trackingverlauf der Inhalt der Zeichen groß genug im Bild zu erkennen, wird der Inhalt klassifiziert. Dabei werden auch landesspezifisch unterschiedliche Schriftarten sowie LED-Zeichen erkannt. Navigationsdaten liefern Informationen über das vor dem Fahrzeug liegende Streckennetz, wodurch sich beispielsweise Kreuzungen und Ausfahrten erkennen lassen, die den Gültigkeitsbereich von erkannten Verkehrszeichen beeinflussen.

Kern der Funktion ist das sogenannte Fusionsmodul, das die Daten von Kamera, Navigation und Fahrzeug sowie Informationen über grundsätzliche Tempolimits verarbeitet. Es entscheidet unter anderem, welche Geschwindigkeitsbegrenzung angezeigt werden soll und erzeugt die Ausgabebotschaft, die dem Fahrer dann im Kombiinstrument als Tempolimitanzeige dargestellt wird, Bild 2.

Bild 1
Tempolimitanzeige im Kombiinstrument in verschiedenen Fahrsituationen („erweiterte Anzeige")

Spurhalteassistent

Mit dem Audi active lane assist (AALA) verfügt der Audi Q3 über einen weiteren Meilenstein hinsichtlich moderner Fahrerassistenzsysteme und unterstreicht seine herausragende Positionierung über die Ansprüche des Premium-SUV-Segments (Sports Utility Vehicle) hinaus. Optional zu bestellen, vervollständigt der Audi active lane assist konsequent die intelligente und fahrerzentrierte Unterstützung bei der Querführung des Fahrzeugs. Unfallstatistiken belegen, dass im Jahr 2008 rund ein Drittel der Verkehrstoten im Zusammenhang mit Unfällen stehen, bei denen die Spur verlassen wurde. Deshalb bieten viele europäische Automobilhersteller Spurverlassenswarnsysteme, so genannte Lane-Departure-Warning-Systeme, an. Dabei beschränken sich viele Hersteller darauf, den Fahrer zu warnen, etwa durch Vibration am Lenkrad oder Fahrersitz, sobald das

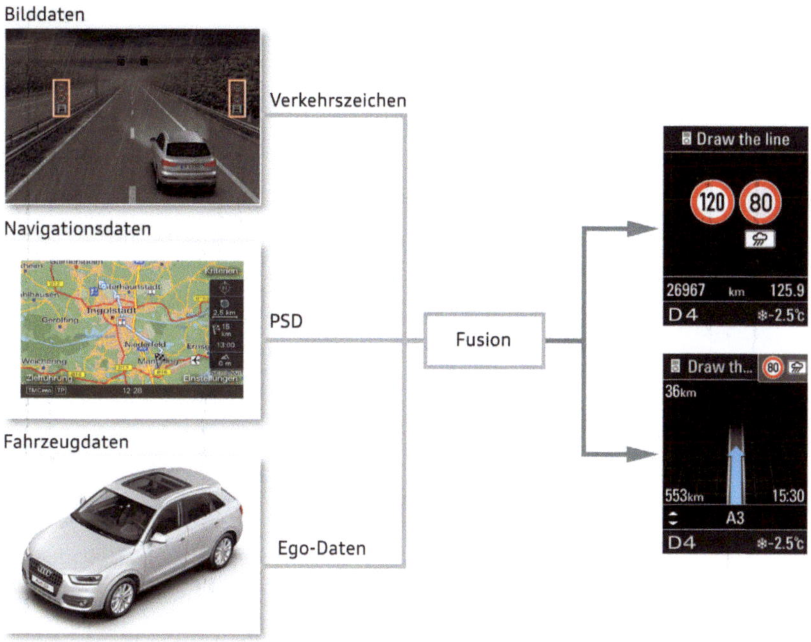

Bild 2
Systemkomponenten der Tempolimitanzeige

System über die optische Erfassung der Fahrspurmarkierungen erkennt, dass das Fahrzeug die Spur zu verlassen droht. Das Audi System geht hier einen Schritt weiter und unterstützt den Fahrer zusätzlich in Form von gezielten Lenkmomenten am Lenkrad aktiv bei der Querführung des Fahrzeugs, Bild 3. So wird dem Fahrer frühzeitig eine bessere, da überlegte Verhaltensweise in einer Gefahrensituation nahegelegt, ohne dass dabei wertvolle Zeit für Wahrnehmung und Handlungsdisposition verstreicht. Sofern gewünscht, kann im Multi Media Interface (MMI) auch die Lenkradvibration als Warnung aktiviert werden.

Bevor das System über aktive Lenkeingriffe unterstützt, müssen verschiedene Bedingungen erfüllt sein: Der Audi active lane assist muss über einen Taster am Blinkerhebel (Schaltermodul Lenksäule) aktiviert sein sowie die Geschwindigkeit über 65 km/h liegen. Für die Funktionsfähigkeit des Systems reicht es allerdings bereits aus, dass eine einzige Begrenzungslinie erkannt wurde. Kernelement ist hierfür die CMOS-Mono-Videokamera an der Frontscheibe, die die Fahrbahnmarkierungen erfasst und diese hinsichtlich des Linientyps unterscheiden kann. Herausforderungen für die Entwicklung stellen Spurmarkierungen von teils geringer Qualität sowie mitunter stark variierende Linien- und Lückenlängen oder auch Linienbreiten dar. Um dennoch die Robustheit des Assistenzsystems zu verbessern, werden auch Linien detektiert und verfolgt, die für die Querführungsfunktion nicht primär bedeutsam sind. Zudem bedarf es einer stabilen Erkennung und Klassifikation von Störstrukturen wie etwa Leitplanken und Bitumenfugen, um falsche Reaktionen zu minimieren.

Die für die Querführungsfunktion relevanten Linien der eigenen Fahrspur werden von einem Softwaremodul plausibilisiert und ausgewählt. Diese Informationen werden an einen Regelalgorithmus, der ebenfalls in der Kamera ausgeführt wird, übermittelt. Zusätzlich fließen Kennwerte über den Zustand des Fahr-

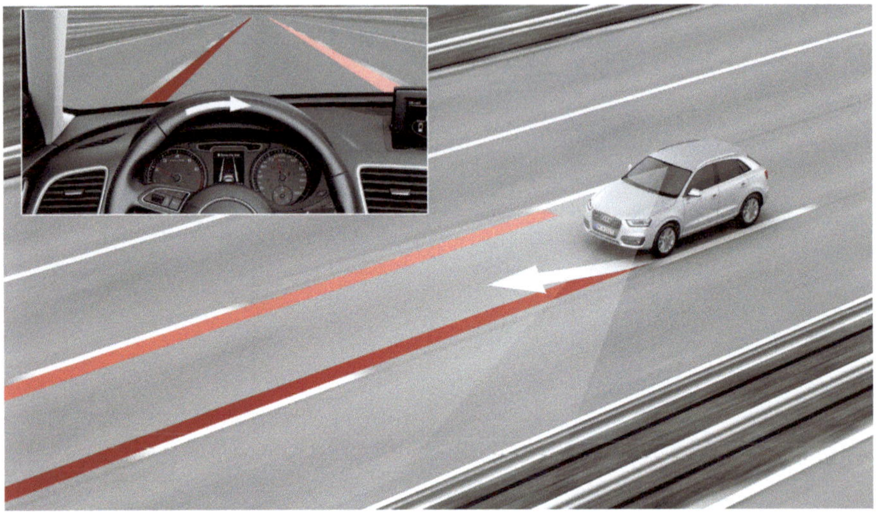

Bild 3
Unterstützung bei der Spurhaltung durch den Audi active lane assist

zeugs ein, zum Beispiel Eigengeschwindigkeit oder Lenkradwinkel, die über den CAN-Bus empfangen werden. Auf Grundlage dieser Größen wird dann der Ist-Kurs des Fahrzeugs in Relation zum Fahrspurverlauf sowie der Soll-Kurs, auf dem das Fahrzeug in der Spur bleibt, berechnet. Sind alle Rahmenbedingungen erfüllt, sichert das System über die Situationsklassifikation die Verfügbarkeit und Freigabe der Unterstützung ab und regelt die Lenkung entsprechend der Differenz zwischen Soll- und Ist-Kurs. Unterstützungswünsche des Fahrers können unter anderem über ein am Lenkrad aufgebrachtes Handlenkmoment berechnet und berücksichtigt werden.

Bild 4
Systemstatus (grüne LED) und erkannte Fahrbahnmarkierungen: zwei Markierungen erkannt (oben), eine Markierung rechts erkannt (Mitte), zwei Markierungen erkannt und die linke Markierung als überfahren erkannt (unten)

Das Lenkmoment des Systems wird bei einem Spurabweichen über den CAN-Bus an das Steuergerät der elektromechanischen Lenkung übermittelt und dort aufgeschaltet. Im Gegensatz zu hydraulischen Lenkunterstützungen ermöglichen elektromechanische Systeme eine geregelte Anpassung des Lenkmomentenverlaufs und somit die gezielte Aufschaltung von Lenkmomenten für die Spurhalteassistenz. Gibt der Fahrer diesen Lenkmomenten nach, wird das Fahrzeug sanft in Richtung Spurmitte geführt beziehungsweise auf den Soll-Kurs gebracht. Lenkt der Fahrer allerdings entgegen der Systemvorgaben oder betätigt den Blinker, erkennt das System den gezielten Wunsch und stellt die Unterstützung ein.

Auch stellt das Steuergerät der elektromechanischen Lenkung durch eine Begrenzung des Lenkmoments und der zugehörigen Gradienten sicher, dass die Lenkunterstützung in jeder Situation für den Fahrer beherrschbar bleibt.
Ein intuitives Bedien- und Anzeigekonzept gewährleistet eine hervorragende Interaktion zwischen Fahrer und Assistenzsystem, Bild 4. Über eine Status-LED im Kombiinstrument wird dem Fahrer der aktuelle Systemstatus angezeigt. Zudem verfügt das System über einen zuschaltbaren Lernmodus im Mitteldisplay des Kombiinstruments, in dem die erkannten Fahrbahnmarkierungen aufgelistet werden. Als progressives System bietet Audi active lane assist eine intelligente Unterstützung bei der Fahrzeugführung und sorgt so für ein komfortables Fahren. Die Lenkeingriffe erfolgen gezielt, wenn der Fahrer Unterstützung benötigt, aber ohne ihn in seiner gewohnten Fahrweise einzuschränken. Audi active lane assist bietet eine aktive und umfassende Unterstützung, belässt aber die Verantwortung für die Fahrzeugführung in jeder Situation beim Fahrer.

Spurwechselassistent

Der Audi side assist bietet Unterstützung bei Spurwechseln. Ab einer Geschwindigkeit von 30 km/h misst das System mit zwei 24-GHz-Radarsensoren den Abstand und die Geschwindigkeitsdifferenz von erfassten Fahrzeugen relativ zum eigenen Fahrzeug. Stuft es die Geschwindigkeitsdifferenz und den Abstand als kritisch für einen Spurwechsel ein, zeigt es dies am jeweiligen Außenspiegel an. Durch die hohe Sensorreichweite von zirka 70 m werden sowohl sich annähernde als auch im toten Winkel „mitschwimmende" Fahrzeuge erkannt, Bild 5. Dies unterscheidet den Audi side assist von vielen marktüblichen Syste-

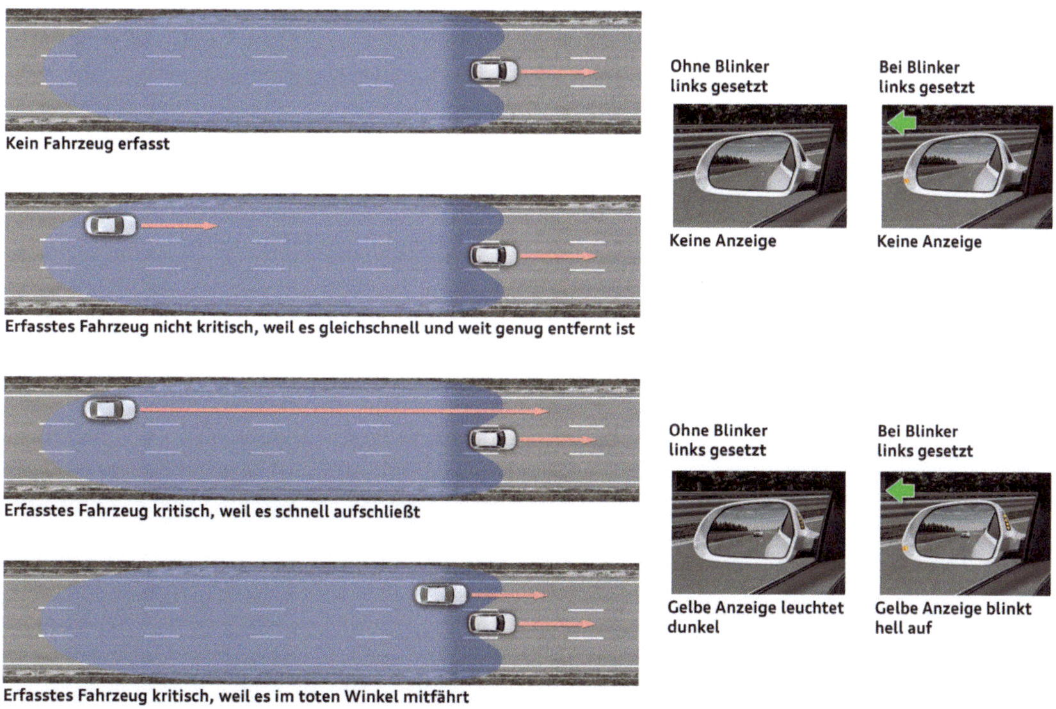

Bild 5
Verhalten des Audi side assist in verschiedenen Fahrsituationen

men, die sich auf die Überwachung des toten Winkels beschränken.
Hat das System auf einer Seite ein Fahrzeug erkannt und als kritisch bei einem Spurwechsel eingestuft, signalisiert es dies durch ein Leuchten der Anzeige im linken oder rechten Außenspiegel (Bild 5). Diese Form der Anzeige wird Informationsstufe genannt. Die Informationsanzeige hat eine geringere Helligkeit und ist so eingestellt, dass sie aus dem Augenwinkel bei Geradeaussicht nicht wahrgenommen werden kann. Damit wird eine Störung des Fahrers durch häufiges „Flackern" im Spiegel vermieden. Erst bei einem direkten Blick in den Spiegel ist die Anzeige deutlich erkennbar.
Wenn der Fahrer den Blinker setzt und der Audi side assist ein als kritisch eingestuftes Fahrzeug erfasst hat, blinkt die jeweilige Anzeige am Außenspiegel mehrmals kurz hell auf. Diese Form der Anzeige wird Warnstufe genannt. Das Blinken der Warnstufenanzeige ist wahrnehmungspsychologisch so ausgelegt, dass es mit möglichst geringer Helligkeit (um keine Blendgefahr bei direktem Blick zur Anzeige zu erzeugen) eine maximale Auffälligkeit der Anzeige im peripheren Sichtfeld des Fahrers erreicht.
Die menschliche Helligkeitswahrnehmung arbeitet relativ zur Umgebung, deshalb ist eine Anzeigenhelligkeit, die bei Nachtfahrten geeignet ist, tagsüber möglicherweise nicht mehr erkennbar. Aus diesem Grund wird die Anzeigenhelligkeit automatisch an die Außenhelligkeit angepasst. Dies ist ein entscheidender Fortschritt und hebt das System deutlich von denen des Wettbewerbs ab. Weitere Untersuchungen zeigen, dass Menschen unterschiedlich empfindlich auf visuelle Warnsignale im peripheren Sichtbereich reagieren, also unterschiedlich helle Rückmeldungen der Anzeigen benötigen. Daher kann der Fahrer im MMI die Grundhelligkeit aus fünf Stufen auswählen, wobei die mittlere Stufe werkseitig voreingestellt ist. Eine besondere Stärke des Audi side assist besteht darin, dass er keine weiteren Sinneskanäle neben dem visuellen nutzt. So kommt er auch ohne weitere Störung des Fahrers und seiner Mitfahrer aus. Die Warnung des Systems ist präzise auf den Fahrer gerichtet und intuitiv der Gefahr zuordenbar.

Parkassistenzsysteme

Immer weniger Parkraum bei einer gleichzeitig steigenden Anzahl an Fahrzeugen macht das Einparken im hektischen Alltagsverkehr zu einer Stresssituation für viele Fahrer – der Parkassistent bietet hier Unterstützung. Er ermöglicht zügiges und komfortables Parken selbst in engen Parklücken (die lediglich 80 cm länger sein müssen als das eigene Fahrzeug). Der Parkassistent kann für das Fahrzeug passende Parklücken erkennen und übernimmt aktiv alle erforderlichen Lenkbewegungen. Der Fahrer hat die Hände frei, beobachtet die Umgebung und steuert den Parkvorgang durch Gasgeben und Bremsen – er hat somit jederzeit Kontrolle über den Parkvorgang. Der Parkassistent unterstützt das Einparken in Längs- und Querparklücken sowie das Ausparken aus Längsparklücken.
Neben den acht Ultraschallsensoren der Einparkhilfe plus nutzt der Parkassistent vier weitere Ultraschallsensoren, die in den Stoßfängern vorne und hinten seitlich verbaut sind: Die beiden hinteren Sensoren dienen der Ausrichtung des Fahrzeugs in der Parklücke beim Querparken, die beiden vorderen Sensoren vermessen die Parklücke. Hierzu suchen die beiden seitlich vorne angebrachten Sensoren bis zu einer Geschwindigkeit von 40 km/h beim Längsparken und 20 km/h beim Querparken kontinuierlich den Fahrbahnrand auf Fahrer- und Beifahrerseite nach potenziellen Parklücken ab. Die Sensorinformationen über den

gemessenen Abstand werden an das Parkassistent-Steuergerät gesendet, wo alle für den Parkassistenten erforderlichen Informationen zusammenlaufen. Andere Steuergeräte, wie die Lenkung, das ESP oder das Kombiinstrument, sind über Bussysteme vernetzt und liefern Informationen an den Parkassistenten oder werden mit Signalen von ihm gesteuert. Auf diese Weise wertet das Steuergerät die Situationen aus, berechnet eine mögliche Einparktrajektorie und gibt die Anzeige im Display des Kombiinstruments aus. Aktiviert der Fahrer mittels Tastendruck das System, erscheint die Parkassistent-Anzeige im Display des Kombiinstruments. Wird eine passende Parklücke erkannt, wird dies angezeigt, Bild 6 und Bild 7.

Durch Betätigen des Blinkers wählt der Fahrer die Straßenseite aus, auf die er einparken möchte. Wird kein Blinker gesetzt, wählt das System automatisch die Beifahrerseite. Sobald der Fahrer die Auswahl der Parklücke durch Einlegen des Rückwärtsgangs bestätigt hat, wird das Parkmanöver eingeleitet. Nun berechnet das System die optimalen Lenkbewegungen und stellt diese automatisch ein. Der Fahrer betätigt Gas und Bremse und ist für die Gangwechsel an den Umkehrpunkten zuständig. Die erforderliche Fahrtrichtung wird ihm im Display des Kombiinstruments angezeigt. Der Hinweis auf den Umkehrpunkt erfolgt bei einem erkannten Hindernis durch den Warnton der Einparkhilfe, beim Querparken wurde für den vorderen Umkehrpunkt ohne Hindernis sowie für Fälle ohne hintere Begrenzung ein zusätzliches akustisches Signal eingeführt, welches den Zeitpunkt des Gangwechsels markiert. Über einen Lenkeingriff oder Drücken der Parkassistent-Taste kann der Fahrer die Parkunterstützung jederzeit abbrechen. Ein vorzeitiger Abbruch erfolgt auch, wenn die maximale Einparkgeschwindigkeit von 7 km/h überschritten wird. Wurde der Parkvorgang innerhalb des ersten Parkzugs, also vor dem ersten Umkehrpunkt, abgebrochen, kann der Fahrer ihn durch erneutes Betätigen der Parkassistent-Taste wieder aufnehmen.

Auch das Ausparken aus Längsparklücken mit automatischer Lenkunterstützung ist im Audi Q3 bis zu einer maximalen Ausparkgeschwindigkeit von 5 km/h möglich: Betätigt der Fahrer die Parkassistent-Taste nach erfolgreichem Einparkvorgang oder nach einem Motorstart, wird die Funktion Ausparken angeboten. Nach Setzen des Blinkers und Einlegen des Rückwärtsgangs rangiert das System innerhalb der Parklücke, bis der Fahrer mit dem eingestellten Lenkeinschlag aus der Lücke fahren kann. Das Betätigen von Gas, Bremse und Gangschaltung bleiben auch beim Ausparken Fahreraufgaben.

Im Audi Q3 stehen die bewährten Einparkhilfesysteme von Audi zur Verfügung. Für die Einparkhilfe plus sind je vier Sensoren vorne und hinten verbaut. Diese arbeiten im nicht hörbaren Ultraschallbereich und berechnen die Position von Objekten der Umgebung anhand reflektierter Schallwellen. Erkannte Objekte werden dem Fahrer optisch und akustisch angezeigt: Eine Intervalltonfolge mit zunehmend kürzeren Intervallen zeigt die Annäherung an ein Objekt an. Ab einem Objektabstand von zirka 30 cm geht das Signal in einen Dauerton über, der dem Fahrer anzeigt, dass er sich in kritischer Nähe zum erfassten Hindernis befindet. Für Warnungen vorne und hinten steht jeweils ein eigener Tongeber zur Verfügung, sodass der Fahrer die Richtung des Tones orten und die Warnung zuordnen kann. Durch die akustische Rückmeldung kann der Fahrer die Abstandseinschätzung des Systems unabhängig von seiner Blickrichtung immer wahrnehmen.

Durch die Kommunikation des Steuergeräts mit anderen Systemen konnte die

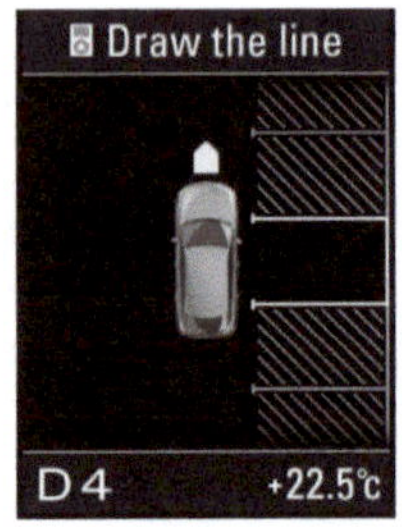

Parkplatzsuche: Lücke gefunden

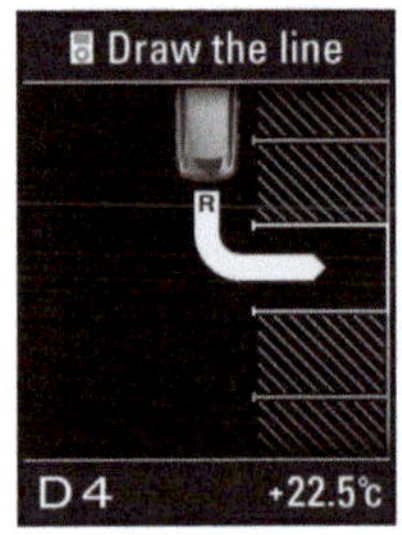

Fahrzeugposition okay: Rückwärtsgang einlegen

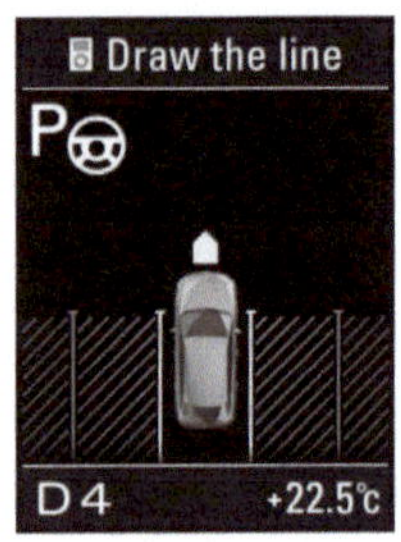

Rangieren in der Lücke: Vorwärtsgang einlegen

Bild 6
Einparkvorgang mit dem Parkassistenten in eine Querlücke

Funktion noch besser werden: So wird beispielsweise die akustische Warnung bei angezogener Parkbremse (EPB) oder Wählhebelstellung „P“ ausgeschaltet, außerdem wird zu Beginn des Parkens die Lautstärke des Entertainmentsystems (beispielweise Radio oder CD-Spieler) auf einen einstellbaren Wert abgesenkt, damit die Signale der Einparkhilfe besser wahrnehmbar sind. Nach Beendigung des Parkvorgangs wird die Lautstärke wieder auf den zuvor eingestellten Wert zurückgeregelt. Als visuelle Unterstützung wird im Bildschirm des MMI eine stilisierte Fahrzeuggrafik eingeblendet, in der die erkannten Objekte dargestellt sind, Bild 8.

Ist das Fahrzeug mit den vier zusätzlichen seitlichen Ultraschallsensoren ausgestattet, die auch die Funktion des Parkassistenten ermöglichen, werden im MMI-Display nicht nur Hindernisse dargestellt, die sich vor und hinter dem Fahrzeug befinden, sondern erstmals auch Hindernisse seitlich neben dem Fahrzeug. Dies geschieht durch Verarbeitung der Daten, die von den Sensoren während langsamer Vorbeifahrt ermittelt wurden, beispielsweise an einer Parklücke. Bei aktiviertem Parkassistenten

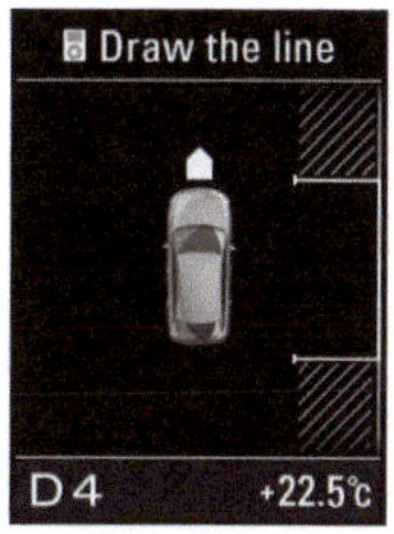

Parkplatzsuche: Lücke gefunden

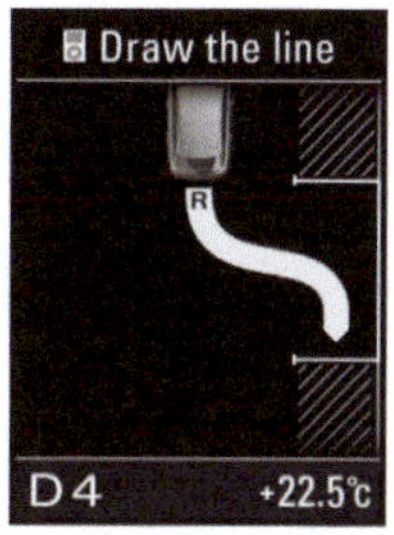

Fahrzeugposition okay: Rückwärtsgang einlegen

Rangieren in der Lücke: Vorwärtsgang einlegen

Bild 7
Einparkvorgang mit dem Parkassistenten in eine Längslücke

erscheinen sofort, nachdem die Ultraschallsensoren den Bereich abgetastet haben, die entsprechenden Abschnitte (inklusive Abstandswarnung bei detektiertem Hindernis) im Display (Bild 8). Somit wird dem Fahrer ein Rundumüberblick über die erkannten Hindernisse rund um das Fahrzeug angeboten. Nach 30 s Stillstand oder nachdem der Motor abgestellt wurde, werden diese Bereiche im Bild wieder ausgeblendet. Diese Schutzfunktion wurde implementiert, da sich während dieser Zeit die Umgebung ändern könnte und erst nach erneutem Abtasten der Umgebung sichergestellt werden kann, dass sich keine Hindernisse neben dem Fahrzeug befinden.

Falls das Fahrzeug mit einem Parkassistenten ausgerüstet ist, wird außerdem im MMI-Display zusätzlich zu den erkannten Hindernissen auch der Fahrschlauch des eigenen Fahrzeugs eingeblendet. Dieser Bereich ist die Fläche, die das Fahrzeug überstreichen wird, wenn es mit dem derzeit eingestellten Lenkwinkel weiterfährt. Es wird immer der Fahrschlauch in aktueller Fahrtrichtung angezeigt. Dadurch kann das System bewerten, ob sich ein erkanntes Hindernis tatsächlich in der eigenen Fahrspur be

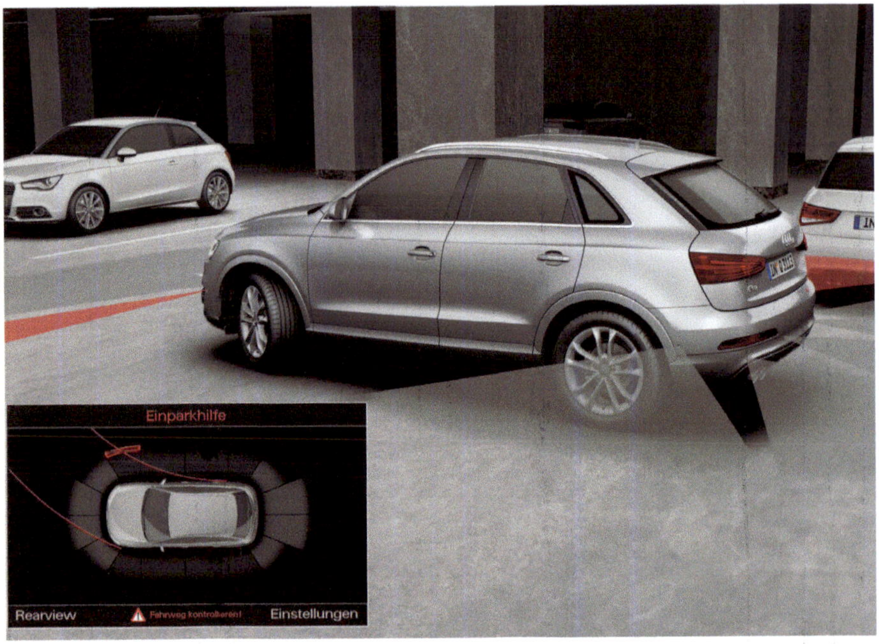

Bild 8
Sensorerfassungsbereiche bei Ausstattung des Fahrzeugs mit dem Parkassistenten, inklusive zugehöriger Visualisierung im MMI und Einblendung des Fahrschlauchs

findet. Diese Hindernisse werden mit roten Balken gekennzeichnet, zusätzlich wird vor ihnen akustisch gewarnt. Hindernisse, die sich nicht im aktuellen Fahrschlauch befinden, werden weiß dargestellt, und es erfolgt keine akustische Warnung. Nähert sich allerdings das Fahrzeug aufgrund der eigenen Bewegung an ein Hindernis an oder ist das Hindernis so nah, dass es sich bereits im Dauertonbereich befindet, wird die Warnung nach wie vor unabhängig vom Fahrschlauch in jedem Fall ausgegeben. Die Vorteile dieser Weiterentwicklungen liegen klar auf der Hand: Das Umfeld des Fahrzeugs wird umfassender abgedeckt, die Warnungen werden durch die Darstellung des Fahrschlauchs plausibler und sind intuitiv verständlich. Gleichzeitig werden akustische Warnungen nur bei erkannten Hindernissen im Fahrschlauch ausgegeben. Das Einparken wird so noch komfortabler und entspannter.

Die Einparkhilfe plus mit Rückfahrkamera verbindet die Vorteile einer Kameradarstellung mit denen der akustischen Einparkhilfe. Die Rückfahrkamera unterstützt den Fahrer beim Einparkvorgang auf mehrfache Weise: So wird dem Fahrer im Display des MMI das Kamerabild der Rückfahrkamera angezeigt. Das Bild stellt den Bereich hinter dem Fahrzeug dar, den der Fahrer ohne Kamera nur schlecht oder überhaupt nicht einsehen kann. Um den Fahrer bei der Entfernungsabschätzung zu unterstützen, sind Hilfslinien im Bild eingeblendet, die eine wertvolle Hilfe beim Rangieren geben, Bild 9. Im Bild der Rückfahrkamera (Bild 9), ist immer der eigene Stoßfänger zu sehen. Damit wird dem geübten Benutzer ein besseres Rangieren möglich. Darüber hinaus ist, falls vorhanden, die Anhängerkupplung im Bild zu sehen und erleichtert das Ankoppeln eines Anhängers. Das System stellt im Rückfahrkamerabild zudem spezielle Hilfslinien und -flächen (sogenannte Overlays) für das Längs- und Querparken dar, Bild 10.

Die Linien unterstützen den Fahrer beim Parken in Längsparklücken, beispielsweise dem Parken parallel zum Bord-

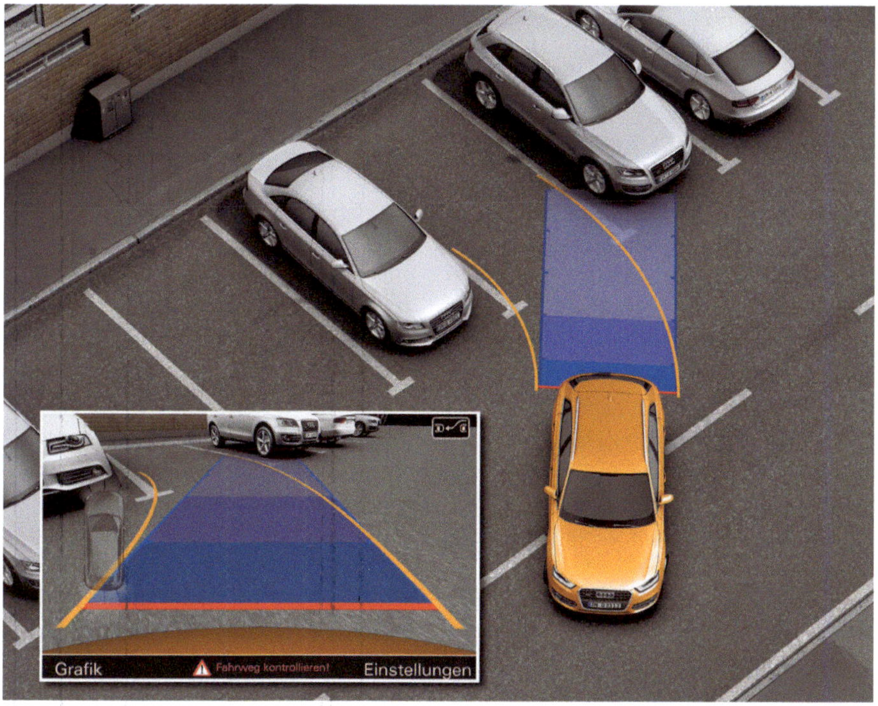

Bild 9
Unterstützung durch die Rückfahrkamera mit eingeblendeten Overlays beim Rückwärtsparken

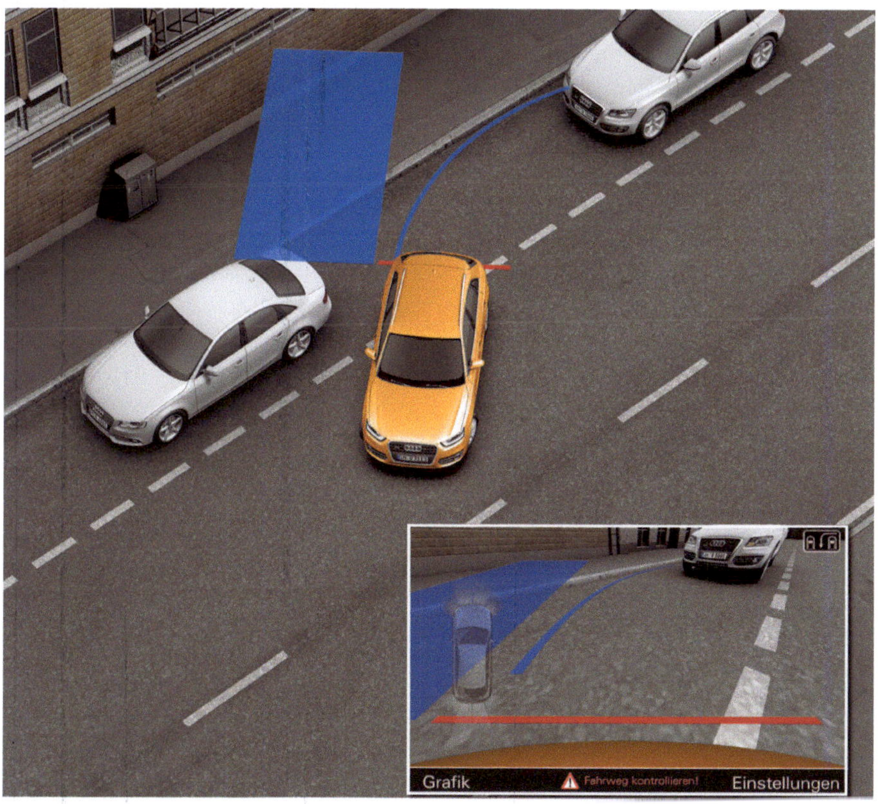

Bild 10
Mithilfe der Overlays kann das Fahrzeug auf eine parallele Position zur Bordsteinkante ausgerichtet werden

stein. Um abzuschätzen, ob die Parklücke groß genug für das Fahrzeug ist, dient der blau unterlegte Bereich. Der Fahrer richtet sein Fahrzeug so aus, dass sich dieser blaue Bereich über der freien Parklücke befindet und dabei seitlich mit dem Bordstein abschließt. Wenn der blaue Bereich an die rückwärtige Begrenzung der Parklücke stößt, lenkt der Fahrer voll in die Parklücke ein. Eine blaue Hilfslinie markiert die Umlenkpunkte für das Parkmanöver. Berührt diese bogenförmige Linie den Bordstein, schlägt der Fahrer die Lenkung maximal in die andere Richtung ein. Somit wird das Fahrzeug auf eine optimale Position parallel zur Bordsteinkante ausgerichtet. Zieht der Fahrer das Fahrzeug anschließend vor, kann er es endgültig ausrichten und mittig in der Lücke platzieren.

Um das Einparken in Querparklücken zu erleichtern, werden Hilfslinien angezeigt, die an den Lenkeinschlag gekoppelt sind. Diese dynamischen Hilfslinien entsprechen der Fahrspur, der das Fahrzeug beim aktuellen Lenkeinschlag folgen würde. Sie unterstützen den Fahrer beim Einparken in quer zur Fahrbahn liegende Parkplätze sowie beim Rangieren in Garagenein- und -durchfahrten. Ergänzend wird eine Fläche in der Breite des Fahrzeugs (inklusive Spiegel) um etwa eine Fahrzeuglänge nach hinten verlängert eingeblendet. Dabei dienen kleine Markierungen an dieser Fläche dazu, die Abstände besser einzuschätzen. Das vereinfacht das Ausrichten des Fahrzeugs an Markierungen, Wänden oder Bordsteinen.

Das Rückfahrkamerasystem besteht aus der Kamera und einem zugehörigem Steuergerät. Eine Kamera mit CCD-Bildaufnehmer (Charge-coupled Device), montiert in der Heckklappe, erfasst den hinter dem Fahrzeug liegenden Bereich mittels einer Fischaugenoptik mit einem horizontalen Blickfeld von 130°. Die Auswahl einer sehr lichtempfindlichen CCD-Kamera erlaubt es, die Funktion des Rückfahrkamerasystems auch bei Dunkelheit nur mithilfe der serienmäßigen Rückfahrlichter darzustellen. Im Steuergerät wird das Kamerabild entzerrt, um die Fischaugenoptik auszugleichen. Zudem werden die graphischen Überlagerungen eingeblendet, die dem Fahrer Hilfslinien und -flächen für die Parkmanöver anbieten. Diese Overlays sind teiltransparent und so berechnet, dass sie perspektivisch korrekt auf der Straßenoberfläche liegen. Um die dynamischen Hilfslinien passend zum Lenkeinschlag anzuzeigen, ist im Steuergerät eine Zuordnung der Lenkwinkel zu den gefahrenen Fahrschläuchen hinterlegt; die zugehörigen Linien werden dann passend eingeblendet.

DANKE

Bei der Erstellung des Beitrags haben zudem mitgewirkt: Alexander Makowski, Leiter Applikation Fahrerassistenzsysteme in der Entwicklung Elektronik bei der AUDI AG in Ingolstadt; Dipl.-Ing. Daniel Lipinski, Projektleiter der Funktion Tempolimitanzeige bei der AUDI AG in Ingolstadt; Dr.-Ing. Rachid Khlifi, Projektleiter der Funktion Audi side assist bei der AUDI AG in Ingolstadt; Dipl.-Ing. (FH) Andreas Nagler, Projektleiter Parksysteme bei der AUDI AG in Ingolstadt; Dipl.-Ing. (FH) Christian Haas, Projektleiter Parksysteme bei der AUDI AG in Ingolstadt; Dipl.-Ing. Michael Lübcke, Projektleiter Videobasierte Parksysteme bei der AUDI AG in Ingolstadt.

Integrale Sicherheit

Dipl.-Ing. Frank Dohmen | Dipl.-Ing. Javier Rodriguez | Dr.-Ing. Dominic Seibert | Dipl.-Ing. Daniel von Koschitzky | Dipl.-Ing. (FH) Thomas Hahn | Dipl.-Ing. (FH) Jochen Kürschner

Das zentrale Entwicklungsziel der aktiven und passiven Sicherheit beim neuen Audi Q3 war ein umfassendes Schutzpotenzial im realen Unfallgeschehen bei größtmöglichem Leichtbau. Mit Simulationen und durch reale Crashuntersuchungen wurden Karosseriestruktur und Crashelemente auf optimalen Front-, Seiten-, Heck- und Fußgängerschutz ausgelegt; Aluminium und hochfeste Stähle senken das Gewicht.

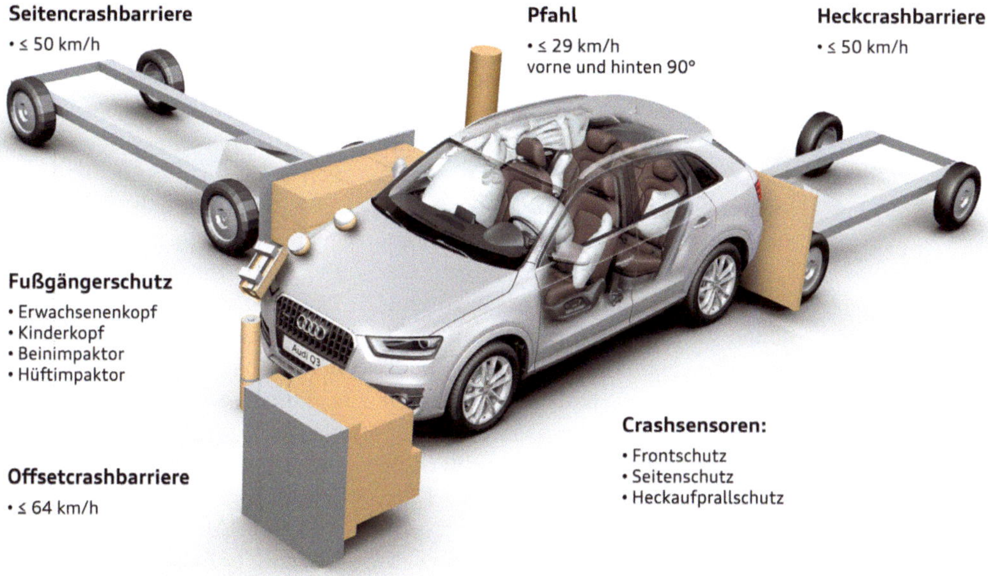

Bild 1
Übersicht über die passive Sicherheit

Hohes Schutzniveau

Der neue Audi Q3 hält das gewohnt hohe Niveau an aktiver und passiver Sicherheit in der Audi Fahrzeugflotte. Dabei machten die Erfüllung aktueller Gesetzgebungen sowie Verbrauchertests, bei denen sich der neue Audi Q3 im Spitzenfeld der Bewertungen etablieren wird, nur einen Teil der umfangreichen Sicherheitsanforderungen aus. Das zentrale Augenmerk bei Entwicklung der aktiven und passiven Sicherheit des Audi Q3 galt dem Schutzpotenzial im realen Unfallgeschehen. Erkenntnisse aus der AARU-Verkehrsunfallforschung (Audi Accident Research Unit) sowie die interdisziplinäre Zusammenarbeit der Ingenieurteams bilden die Grundlage zur kontinuierlichen Weiterentwicklung der Schutzsysteme, Bild 1.

Frontschutz

Die Anforderungen an die Vorderwagenstruktur leiten sich sowohl aus Unfällen mit geringer als auch mit hoher Aufprallenergie ab. Unter Erstgenanntem sind Zusammenstöße mit Geschwindigkeiten von bis zu 15 km/h sowie typische Parkplatzrempler mit bis zu 4 km/h zu verstehen. Bei Unfällen mit hoher Aufprallenergie werden die strukturspezifischen Anforderungen vom Steifigkeitsverhalten der Unfallgegner, der Überdeckung zum Unfallgegner und dem Vorderwagenpackage bestimmt.

Auslegung für geringe Aufprallgeschwindigkeit

Die Front des Audi Q3 wurde so ausgelegt, dass kostenintensive Bauteile wie das Kühlungs- und Klimapackage und die Karosserie bei Unfällen mit geringer Geschwindigkeit schadensfrei bleiben. Daher werden nicht nur die gesetzlichen Bestimmungen und internationalen Vereinbarungen erfüllt, sondern es sind auch die Voraussetzungen für eine niedrige Versicherungseinstufung geschaffen.

Das vordere Crashmanagementsystem (CMS) ist ein vollverschweißtes Aluminiumsystem, bestehend aus Stoßfängerquerträger sowie rechtem und linkem Deformationselement. Alle Einzelteile sind als geschlossenes Strangpressprofil hergestellt. Bei geringem Eigengewicht wurde das CMS auf optimale Crasheigenschaften bei niedrigen und hohen Geschwindigkeiten hin entwickelt. Wesentlichen Einfluss auf Biegesteifigkeit, Geometrie und Positionierung des Stoßfängerquerträgers hatte der seit Januar 2010 zu erfüllende sogenannte Bumpertest gegen eine deformierbare Barriere mit 100 % Überdeckung und einer Fahrzeuggeschwindigkeit von 10 km/h. Hier wird die Kompatibilität der stoßabsorbierenden Bauteile der Unfallgegner nachgewiesen. Die Steifigkeit des Stoßfängerquerträgers wurde unter Berücksichtigung des Vorderwagenpackages so ausgelegt, dass Kühlerpackage und Karosserie schadenfrei bleiben.

Im AZT-Versicherungseinstufungstest, auch Typschadencrash genannt, wird ebenfalls ein reales Unfallgeschehen nachgestellt. Das Fahrzeug fährt gegen eine versetzte Barriere mit 10° Auffahrschräge. Die Prüfmasse beträgt beim Q3 mit 2,0-l-TFSI-Motor zirka 1510 kg. Die Überdeckung der Barriere liegt bei 40 %, die Prüfgeschwindigkeit bei 15 km/h. Designvorgabe war ein kurzer vorderer Überhang. Um eine günstige Versicherungseinstufung bei minimierten Überhängen und Deformationswegen zu erreichen, waren hohe Kraftniveaus in den vorderen Deformationselementen des CMS erforderlich. Diese Aluminiumelemente stützen sich auf Längsträgern ab, die ebenso wie das Kühlerpackage schadensfrei bleiben. Dafür wurden die unteren Kühleraufnahmen verschiebbar gestaltet.

Bei Unfällen mit Geschwindigkeiten bis 4 km/h nehmen energieabsorbierende Schaumelemente, die vor dem Aluminiumquerträger des CMS platziert sind, die Energie auf und verhindern auf diese Weise eine Beschädigung der Karosseriestruktur. Der Überzug des Stoßfängers ist vom CMS entkoppelt und geht nach kleinen Stößen beim Ein- und Ausparken oder Rangieren nahezu ohne Beschädigung in seine Ausgangslage zurück.

Der sichtbare Stoßfängerüberzug ist in Wagenfarbe lackiert und dreiteilig ausgeführt. Die linke und rechte Seite ist in der Mitte durch eine Blende verbunden, sodass die Seiten bei Beschädigung einzeln ausgetauscht werden können. Ebenfalls einzeln austauschbar sind der Kühlergrill mit der Kennzeichenaufnahme und der Chromrahmen. Hinter dem Überzug befindet sich das energieaufnehmende CMS. Es besteht aus einem geschlossenen Stoßfängerquerträger und Crashboxen, die beide aus Aluminium gefertigt sind. Diese Crashbox absorbiert bei einem Aufprall aus zentraler und leicht schräger Richtung die Crashenergie durch Verformung und Faltenbeulen. Dadurch werden teurere Schäden an der dahinter liegenden, geschweißten Fahrzeugstruktur bei niedrigen Geschwindigkeiten ausgeschlossen. Im Deformationsbereich liegende Komponenten sind als Montageteile ausgeführt und können kostengünstig ausgetauscht werden, was zur günstigen Versicherungseinstufung beiträgt.

Auslegung für Unfälle mit hoher Aufprallgeschwindigkeit

Die Schutzwirkung des Audi Q3 bei einem Frontalaufprall hängt wesentlich vom Zusammenspiel der Bauteile in der Vorderwagenstruktur, den daraus resultierenden Verzögerungen und dem darauf abgestimmten Insassenschutzsystem ab. Ziel ist es, möglichst viel kinetische

Energie im Vorderwagen zu absorbieren und die restliche Energie großflächig in die Fahrgastzelle einzuleiten, Bild 2. Basis für den hervorragenden Insassenschutz des Audi Q3 beim Frontalaufprall bilden folgende, virtuell ausgelegte Eigenschaften der Karosserie:

- In den Bereichen der Energieaufnahme werden duktile Werkstoffe eingesetzt.
- Eine robuste Fahrgastzelle gewährleistet den Überlebensraum der Insassen und dient zur Abstützung der Vorderwagen-Crashstruktur. Um diese Anforderungen gewichtsoptimiert umzusetzen, kamen vorwiegend höchstfeste und formgehärtete Stähle zum Einsatz.
- Ein Zweikammerschweller bindet die A-Säule über einen sogenannten Stegblechschweller momentensteif an. Damit wird das Vorderrad bei Unfällen mit Teilüberdeckung zum Schweller abgestützt und die A-Säulenrückverlagerung reduziert.
- Das Vorderwagenkonzept wurde mit seinen Lastebenen für den gezielten Energieabbau optimiert: In der unteren Lastebene baut ein deformierbarer Fahrwerksträger Energie ab und leitet die Kräfte direkt in die Bodenstruktur. In der mittleren Lastebene kommt ein CMS (Querträger und Deformationselement) zum Einsatz, das den Querverbund der Längsträger besonders bei Offsetcrashs sicherstellt und die Last in beide Längsträgerstrukturen einleitet. Längsträger mit optimierter Energieaufnahme sorgen für den Abbau von Crashenergie, integrierte Verstärkungen für ein optimales Deformationsverhalten. Stabilisiert wird der Längsträger durch zwei warmumgeformte Bodenquerträger, die sich an A-Säulen, Schweller und Tunnel abstützen. Bei der oberen Lastebene baut ein „Längsträger oben" mit optimierter Energieaufnahme Crashenergie ab. Zudem stützt eine optimierte Dachrahmenstruktur mit hochfester Verstärkung hohe Kraftniveaus aus dem oberen Längsträger ab und begrenzt die A-Säulenrückverlagerung.
- Das Zusammenspiel der zeitlichen Kraftverläufe in den einzelnen Lastebenen minimiert die auf die Insassen einwirkenden Verzögerungskräfte und Intrusionen.

Bild 2
Frontalaufprall mit 64 km/h gegen eine deformierbare Offsetbarriere

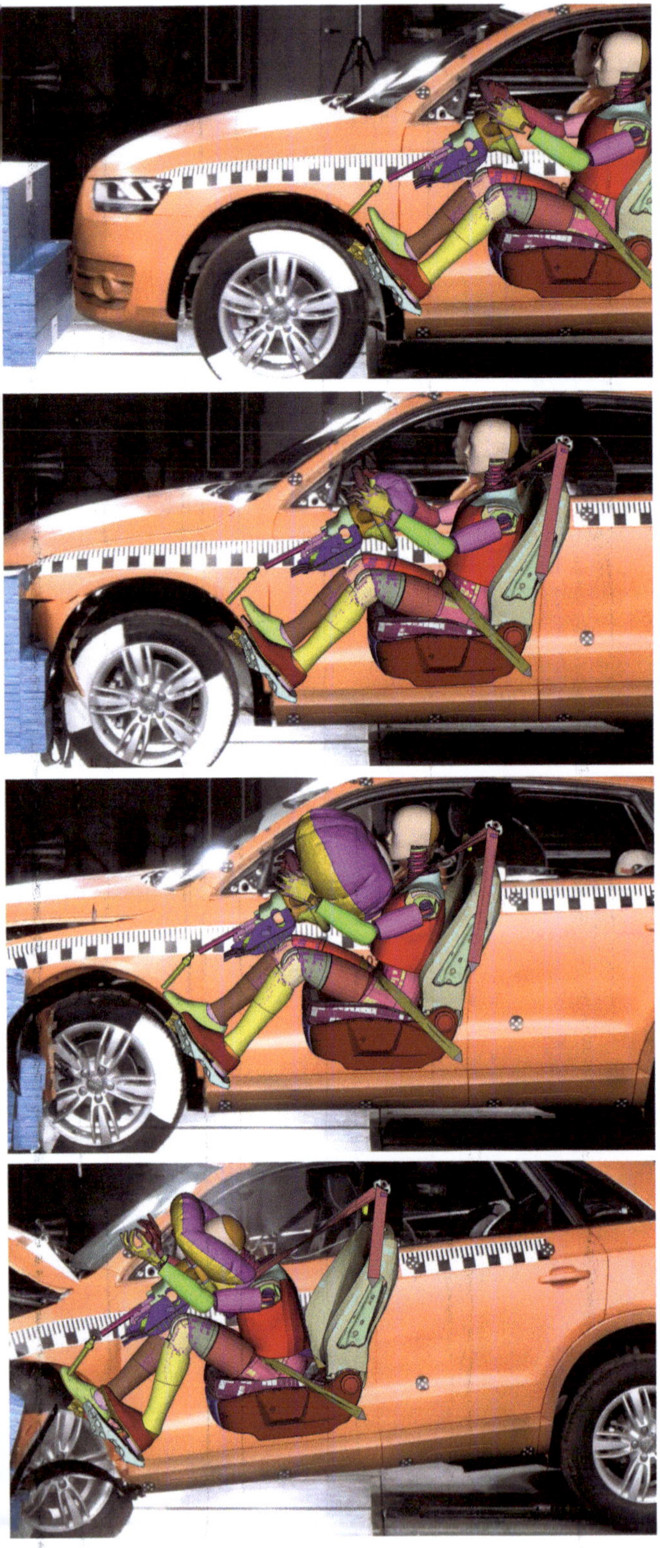

Insassenschutz Frontaufprall

Zum hervorragenden Insassenschutz bei einem Frontalaufprall leisten neben der effizienten Fahrzeugverzögerungskennlinie und der sehr steifen Fahrgastzelle die Rückhaltesysteme einen wesentlichen Beitrag. Auf beides wurde bei der Entwicklung des Frontalaufprallschutzes großen Wert gelegt, Bild 3. Das Frontairbagsystem, Bild 4, in Kombination mit Dreipunkt-Automatikgurten inklusive pyrotechnischer Gurtstraffer und Gurtkraftbegrenzer, sorgen für eine hervorragende Rückhaltung von Fahrer und Beifahrer bei reduziertem Verletzungsrisiko. Das Potenzial zum Insassenschutz kann allerdings nur dann voll ausgeschöpft werden, wenn die Insassen ihre Sicherheitsgurte angelegt haben. Aus diesem Grund werden Fahrer und Beifahrer mithilfe eines Sitzbelegungssensors abhängig von der Fahrgeschwindigkeit daran erinnert, den Sicherheitsgurt anzulegen. Darüber hinaus wird dem Fahrer im Kombiinstrument jede Änderung des Gurttragestatus der Fondsitzplätze audio-visuell angezeigt.
Im neuen Q3 arbeitet ein umfangreiches Crashsensorsystem mit fünf ausgelagerten Sensoren, einem ganz vorne in der Mitte am Frontend und jeweils zwei links und rechts im Bereich der B- und C-Säulen, Bild 5. Das Airbagsteuergerät mit drei internen Sensoren verarbeitet die Crashsignale und entscheidet über eine sinnvolle Auslösung der Rückhaltesysteme. Zudem kommuniziert das Auslösesystem im Fall einer Kollision mit anderen Steuergeräten; der Warnblinker wird aktiviert, die Innenraumbeleuchtung wird angeschaltet, die Türen entriegelt

Bild 3
Frontcrash: Korrelation zwischen Simulation und Versuch

Bild 4
Positionierung der Airbags im Innenraum

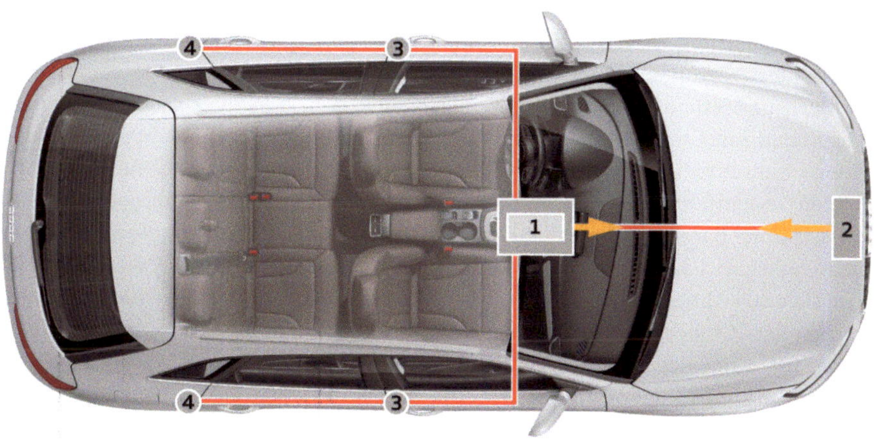

Nr.	Komponente	Funktion
1	Steuergerät interne Sensoren in x-, y- und -x-Richtung	Crasherkennung und -plausibilisierung Front, Seite, Heck
2	Upfront Mitte Beschleunigungssensor in x-Richtung	Unterstützung Frontcrasherkennung
3	Beschleunigungssensor B-Säule in y-Richtung	Unterstützung Seitencrasherkennung
4	Beschleunigungssensor C-Säule in y-Richtung	Unterstützung Seitencrasherkennung

Bild 5
Positionierung von Airbagsteuergerät und Crashsensoren

und die Kraftstoffpumpe abgeschaltet. Ebenso wird durch die Abschaltung der Außenluftansaugung vermieden, dass eventuell entstehende schädliche Gase vom Motorraum in den Innenraum gelangen.
Der Fußraum bietet beim Frontalcrash definierte Schutzzonen, in denen kaum Verformung zugelassen wird. Durch spezielle Deformationsschäume wird ein hoher Schutz für Füße und Beine erreicht. Zusätzlich wird bei einer schweren Kollision die Pedalerie gezielt von der Fahrzeugstruktur entkoppelt, um somit die Belastungen der Füße und Beine des Fahrers möglichst gering zu halten. Ergänzt wird das Rückhaltesystem auf der Fahrerseite durch eine Sicherheitslenksäule, um den Vorverlagerungsweg des Fahrers während des Aufpralls zu vergrößern. Dabei ist die Lenksäule mit einer Kraft-Weg-Kennung ausgestattet, die unabhängig von der Insassengröße eine gute Rückhaltung bietet. Bei der Entwicklung des Frontschutzes wurde auf modernste Methoden zurückgegriffen: Beginnend mit Crashsimulationen über Komponentenversuche bis hin zu den finalen Gesamtfahrzeugversuchen wurde die gesamte Bandbreite der Fahrzeugsicherheitsentwicklung abgedeckt.
Zur sicheren Mitnahme von rückwärtsgerichteten Kindersitzen auf dem Beifahrersitz kann der Beifahrerairbag in Verbindung mit der optionalen Isofix-Kindersitzbefestigung mithilfe eines Schlüsselschalters im Handschuhkasten deaktiviert werden. Eine Anzeige an der Schalttafel zeigt den aktuellen Beifahrerairbagstatus an. An der beifahrerseitigen Sonnenblende ist ein Warnhinweis angebracht, der explizit auf die Airbagabschaltung aufmerksam macht. Diese im Jahr 2014 wirksam werdende Gesetzesanforderung bietet der neue Q3 seinen Kunden bereits zum jetzigen Zeitpunkt serienmäßig an. Das Kindersicherheitspaket wird durch die serienmäßigen und EuroNCAP konformen Isofix-Verankerungen und Führungen auf den hinteren Sitzplätzen abgerundet, nach Wunsch auch auf dem Beifahrersitz. Passend zum System bietet Audi Original Zubehör Kindersitze mit Isofix für alle Gewichtsgruppen an.

Seitenschutz

Im Vergleich zum Frontal- und Heckaufprall nimmt der Seitenaufprall aufgrund der geringen Deformationswege eine Sonderstellung ein. Zum Abbau von kinetischer Energie und zur Aktivierung der Insassenschutzsysteme stehen nur wenig Raum und Zeit zur Verfügung. Basis des Karosseriesicherheitskonzepts im neuen Q3 ist eine steife Fahrgastzelle mit definiertem Deformationsverhalten beim Crash, gebildet aus einem hochfesten Zweikammerschweller mit integrierten Verstärkungen, einer warmgeformten Dachrahmenstruktur sowie einer partiell gehärteten B-Säule. Das Herstellverfahren der B-Säule ermöglicht einen homogenen Strukturaufbau ohne Wandstärkensprünge und rissgefährdete Schweißverbindungen. Durch unterschiedliche Wärmebehandlung wird die B-Säule in drei Bereiche unterschiedlicher Festigkeit aufgeteilt, Bild 6. Im unteren Überdeckungsbereich zum Schweller unterstützt der gehärtete Bereich die Lastverteilung beim Pfahlaufprall. Oberhalb des Schwellers stellt der duktile Bereich das dort gewünschte Deformationsverhalten sicher. An diesen duktilen Bereich schließt sich ein gehärteter, oberer Bereich an. Mit der Z-Positionierung des Übergangs vom oberen duktilen zum gehärteten Bereich sowie der Beeinflussung der Materialeigenschaften durch die Wärmebehandlung standen zwei wesentliche Parameter zur optimalen Gestaltung des Deformationsverhaltens beim Seitencrash zur Verfügung. Groß-

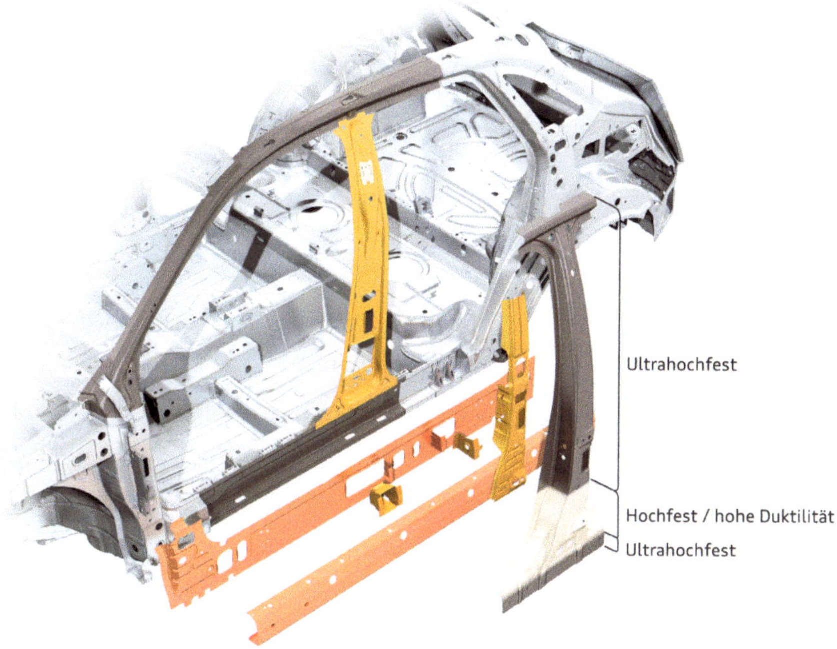

Bild 6
Seitencrashstruktur

flächige Überdeckungen der Türen zu Säulen und zum Schweller reduzieren die Türintrusion. Durch diese Überdeckungen können sich die Türen beim Seitencrash auf der Seitenstruktur abstützen, wodurch ein Überschieben der Türen im Bereich der Säulen und des Schwellers wirkungsvoll unterbunden wird. Zusätzlich konnten die Belastungen von Schlössern und Scharnieren reduziert und die Türstruktur im Anbindungsbereich der Scharniere gewichtsoptimiert ausgelegt werden.

Die B-Säule wurde so konstruiert, dass sie sich von außen auf den Dachrahmen auflegt. Damit wurden die Forderungen nach minimalem Gewicht und optimalem Seitencrashschutz zur Deckung gebracht. Das Schließteil der B-Säule ist innenliegend an die A-Säule angebunden. Damit wurde ein homogener zweischnittiger Kontakt der B-Säule im Dachrahmenbereich umgesetzt. Um eine homogene Belastung in den Schweißpunkten zu erreichen und Belastungsspitzen zu vermeiden, wurde die Verbindungstechnik der B-Säule speziell in den hochbelasteten Kontaktbereichen zum Schweller und zum Dachrahmen optimiert. Hierzu wurden in der virtuellen Auslegung Schweißpunktverteilungen mit homogenen Schweißpunktbelastungen ausgearbeitet und in Komponentenversuchen vor dem Gesamtfahrzeugcrash abgesichert.

Damit der Überlebensraum für die Insassen bei einem seitlichen Pfahlaufprall sichergestellt ist, wurde die Bodenstruktur im Aufschlagbereich so versteift, dass die punktförmigen Lasten flächig weitergeleitet werden. Konstruktiv wurde das durch einen dreischaligen Schwelleraufbau mit integriertem Schwellertopf und Schott umgesetzt. Der warmumgeformte Schweller innen stützt sich über einen Sitzquerträger auf der Bodenstruktur ab. Der formgehärtete Tunnel mit den von unten verschraubten Streben stellt dabei die Kraftübertragung zur stoßabgewandten Seite sicher. Durch diesen Strukturaufbau konnten mit optimierter B-Säulenkinematik sowie minimierten Intrusionstiefen und Eindringgeschwindigkeiten die wesentlichen strukturseitigen Anforderungen an die Fahrzeugsicherheit erfüllt werden.

Die Anforderungen an die Dachsteifigkeit wurden mit einem einschaligen Dachrahmen vorne umgesetzt, der außen an die A-Säule angebunden ist und zusätzlich über ein Knotenblech an der A-Säule anschließt. Mit diesem Konstruktionsprinzip konnte eine momentensteife Anbindung des Dachrahmens sowie eine robuste Verbindungstechnik dargestellt werden. Randbedingung zur Gewichtsoptimierung von Dachrahmen und Knotenblech war eine homogene Deformationskinematik bei der Dacheindrückung bei maximiertem Kraftniveau. Ergebnis dieser Optimierung ist das in Bild 7 dargestellte Anbindungskonzept und das Sickenbild des Dachrahmens.

Insassenschutz Seitenaufprall

In der Unfallstatistik dominiert zahlenmäßig der Frontalaufprall. Erfolgt eine Auswertung aber nach der Schwere der Verletzungen, gewinnt der Seitenaufprall an Bedeutung. Die bei einem Seitenaufprall am häufigsten in Mitleidenschaft gezogenen Körperpartien sind der Kopf- und Brustbereich, da der zum Schutz des Insassen verfügbare Raum im Vergleich

Bild 7
Anbindung des Dachrahmens an die Seitenstruktur

Bild 8
Seitenschutz: Korrelation zwischen Simulation und Versuch

zum Frontalaufprall sehr gering ist. Deswegen wurde im neuen Audi Q3 größtes Augenmerk auf die Entwicklung einer gut absorbierenden Seitenstruktur in Verbindung mit einem effektiven Rückhaltesystem gelegt. Durch den Einsatz von vier Beschleunigungssensoren an geeigneten Positionen im Bereich der B- und C-Säulen und einem zentralen Beschleunigungssensor im Steuergerät werden die hohen Anforderungen an die Auslösezeiten der Seitenrückhaltemittel realisiert.
Eine hervorragende Abstimmung der Seitenairbags mit dem großflächigen Kopfairbagsystem und den Gurtstraffern minimiert die Insassenbelastungen im Audi Q3. Der Kopfairbag erstreckt sich von der A- bis zur D-Säule und bietet somit eine nahezu vollständige Abdeckung der Seitenfenster. Ein möglicher Kopfanprall auf Innenraumteile wird wirkungsvoll gedämpft und kann dem Insassen Schutz vor in den Innenraum eindringenden Objekten bieten, Bild 8. Zum Schutz des Becken- und Brustbereichs beim Seitenaufprall wurden die Seitenairbags in die Vordersitze integriert und unter anderem die Türverkleidungen mithilfe von integrierten Deformationszonen in der Armauflage auf die Strukturkinematik abgestimmt. Zum besseren Schutz der Fondinsassen werden die hinteren Seitenairbags, welche im Bereich der Radhausverkleidungen angeordnet sind, als Zusatzausstattung angeboten.

Heckcrash

Für die Auslegung der Hinterwagenstruktur lassen sich die Anforderungen zum Heckaufprall unterteilen in Maßnahmen zur Absorption geringer und hoher Aufprallenergie.
Bei Unfällen mit geringen Aufprallgeschwindigkeiten wird die Aufprallenergie von einem CMS mit abgestimmten Kraftniveaus und Deformationswegen aufgenommen. Die hochfesten Längsträger sind bezüglich Kraftniveau auf das CMS abgestimmt und bleiben bei dieser Unfallart schadensfrei. Bei höheren Aufprallenergien stellen die in Längsrichtung abgestuften Steifigkeiten ein von hinten nach vorn gestuftes Deformationsverhalten des Hinterwagens sicher, was ebenfalls zur Minimierung der Reparaturkosten beiträgt. Beim Typschadenheckcrash fährt eine Barriere gegen das 10° schräg stehende Fahrzeugheck. Die Prüfge-

schwindigkeit beträgt 15 km/h. Die Offsetbarriere wiegt 1400 kg und hat eine Überdeckung von 40 %.

Der Q3-Stoßfänger besteht aus einem zweiteiligen und zweifarbigen, strapazierfähigen Überzug mit einer definierten Sollbruchstelle im strukturtragenden Schließteil. Diese ermöglicht beim Typschadencrash das kontrollierte Versagen, ohne dass die Heckklappe und das Heckabschlussteil beschädigt werden. Der Sichtschutzflansch ist extra dünn am Stoßfänger angebunden, damit er wegknicken kann und die Heckklappendichtung nicht beschädigt. Unter dem Überzug befindet sich ein Stoßfängerquerträger und verformbare Stahlcrashboxen zur Energieaufnahme. Alle Teile können bei Beschädigung einzeln und leicht getauscht werden.

Für Unfälle mit hoher Aufprallenergie wurde der Fokus auf folgende Entwicklungsschwerpunkte gelegt:

- Strukturintegrität zum Schutz der Insassen vor Sekundärereignissen
- Minimierung der Insassenbelastungen
- Dichtigkeit des Kraftstoffsystems
- problemloses Öffnen der Türen nach dem Unfall
- optimale Energieabsorption durch in Längsrichtung gestufte Deformationsbereiche des Hinterwagens.

Konzeptionell wurde die zulässige Deformation im Hinterwagen auf den Bereich von Stoßfängerquerträger bis zur hinteren Anschraubebene des Hilfsrahmens begrenzt, Bild 9. Dazu wird der hintere Hilfsrahmenquerträger zur Abstützung genutzt. Mit der Abstützung des auf den Schweller aufgeschobenen Rads tritt ein weiterer deformationsbegrenzender Lastpfad in Aktion. Um die Dichtigkeit des Kraftstoffsystems sicherzustellen, wurde der Tank vor dem Hilfsrahmen positioniert. Der Hilfsrahmen wie auch seine Anbindung zum Längsträger wurden so ausgelegt, dass die eingeleiteten Kräfte aufgenommen beziehungsweise verteilt werden können. Tankleitungen und Einfüllstutzen wurden so angeordnet, dass sie durch nicht deformierende Bauteile geschützt werden. Das Hinterwagenpackage wurde so gestaltet, dass zum einen der Kontakt mit Tankleitungen und Einfüllstutzen vermieden und zum anderen eine Lasteinleitung auf die Gurtankerpunkte ausgeschlossen wird.

Bild 9
Simulation der Strukturdeformation beim Heckcrash

Insassenschutz beim Heckcrash

Um die Fahrzeuginsassen noch effektiver zu schützen, aktiviert das Airbagsteuergerät mittels der beiden integrierten Beschleunigungssensoren für die Fahrzeuglängsrichtung bei höheren Kollisionsgeschwindigkeiten die vorderen Gurtstraffer.
Ebenso zur Sicherheitsausstattung gehört die konstruktive Gestaltung der Sitze und der Kopfstützen. Im Falle einer Heckkollision mindert das integrale Kopfstützensystem das Verletzungsrisiko an der Halswirbelsäule (HWS), Bild 10. Die Wirksamkeit des Gesamtsystems wurde durch FEM-Simulationen, die detaillierte Parameterstudien erlaubten, abgestimmt. Die gezielte Weiterentwicklung wurde durch Simulation realer Unfälle in Schlittenversuchen und Heckcrashes bestätigt. Die Vergleichstests der bekannten Verbraucherschutzverbände wie ADAC, Thatcham, IIHS, GdV und Folksam belegen die Wirksamkeit des Backguard-Systems und attestieren den Sitzen von Audi Bestnoten.

Fußgängerschutz

Zum Schutz der Fußgänger ist es das Ziel, die Unfallschwere bei einer Kollision durch den integralen Fußgängerschutz zu reduzieren. Dieser besteht aus passiven und aktiven (präventiven) Maßnahmen, die im Folgenden beschrieben sind. Als Entwicklungsziel galt im neuen Q3, einen passiven Fußgängerschutz zu bieten, der die geltenden gesetzlichen Vorschriften und die Verbraucherschutzanforderungen erfüllt. Bereits in der frühen Konzeptphase wurde sehr genau darauf geachtet, sowohl den Designansprüchen eines kurzen Überhangs gerecht zu werden, als auch durch bauraumeffizienten

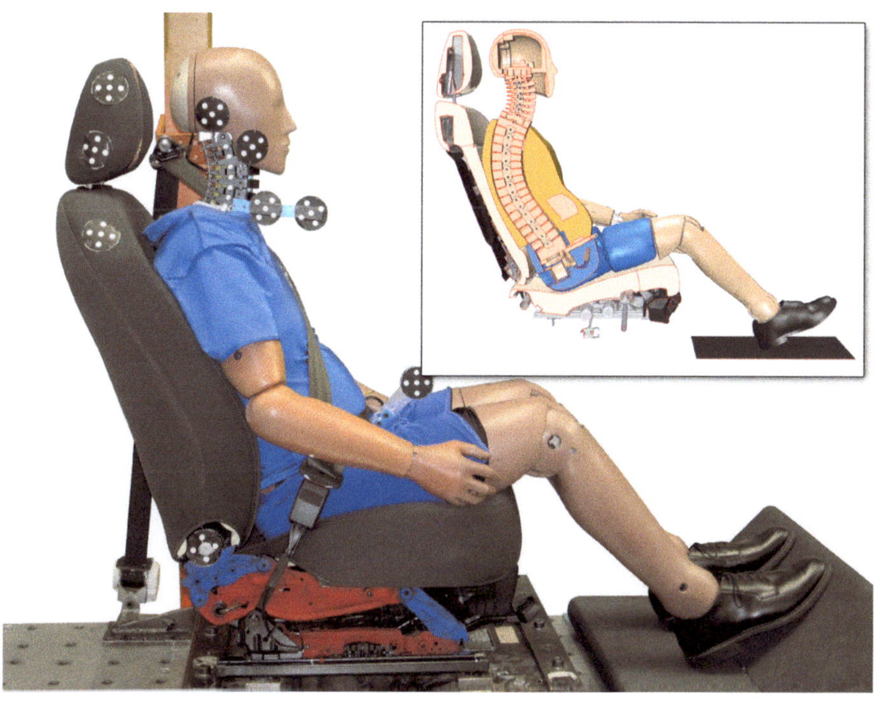

Bild 10
Whiplash-Untersuchung der Sitze

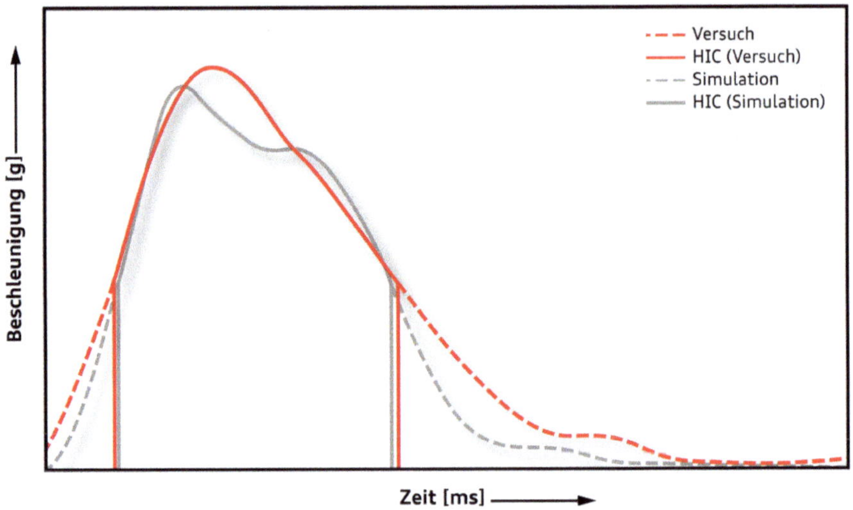

Bild 11
Kopfaufschlag auf die Fronthaube im Scharnierbereich: Korrelation zwischen Simulation und Versuch

Deformationsschaum und den energieabsorbierenden Stoßfängerüberzug ein hervorragendes Schutzpotenzial bei einer Kollision zu erzielen.

Ein wesentliches Designelement des neuen Q3 ist seine charakteristische Frontklappe. Durch frühzeitigen Einsatz von Simulationen, Bild 11, wurde sie sowohl auf Fußgängerschutz- als auch auf Steifigkeitsanforderungen bezüglich Windlast oder Torsion hin entwickelt. So wird beim Unfall der Kopf hervorragend vor Verletzungen durch die Fronthaube geschützt und ein Durchschlagen auf harte Teile im Motorraum stark reduziert. Als Ergebnis dieser Entwicklung wurde der Audi Q3 nach der neuen europäischen Verordnung EG 78/2009 Phase 2 homologiert und erfüllt somit bereits jetzt die Gesetzesanforderungen des Jahres 2013.

Neben den passiven Maßnahmen verfügt der Q3 auch über aktive Maßnahmen zum Schutz der Fußgänger, wie das serienmäßige Tagfahrlicht, welches dafür sorgt, dass das Fahrzeug von anderen Verkehrsteilnehmern schneller erkannt wird. Die vom Kunden zusätzlich bestellbaren Xenon plus-Scheinwerfer mit integriertem dynamischen Kurvenlicht (adaptive light) tragen außerdem dazu bei, dass in schwer einsehbaren Kurven eine noch bessere Ausleuchtung gegeben ist und somit ein frühzeitiges Erkennen von Fußgängern und Radfahrern begünstigt wird. Beim starken Bremsen kommt der serienmäßige Bremsassistent zum Einsatz und verkürzt den Anhalteweg deutlich. Das Zusammenspiel aktiver und passiver Maßnahmen gewährleistet so ein hervorragendes Schutzpotenzial für Fußgänger.

Q3
IN Q 3111
TFSI

Alltagstauglich mit System

Ricky Hudi | Petr Kozak

Umfassende LED-Lichtsysteme, mehr Sicherheit und Komfort durch Fahrassistenzsysteme und eine große Bandbreite an Infotainmentlösungen: Auch im Bereich Elektrik/Elektronik setzt der Audi Q3 Maßstäbe im Segment der kompakten Sports Utility Vehicles.

Innovative Lösungen im Bereich Elektrik/ Elektronik

Durch den Einsatz innovativer Lösungen im Bereich Elektrik/Elektronik begeistert der Audi Q3 nicht nur mit einem Ambiente zum Wohlfühlen. Die innovativen und konsequent eingesetzten LED-Lichtlösungen unterstreichen die unverwechselbaren Fahrzeugkonturen sowohl im Exterieur als auch im Interieur. Darüber hinaus hält eine Vielzahl von Fahrerassistenzsystemen das progressive Markenversprechen „Vorsprung durch Technik". Auch auf bewährte Highend-Infotainmentsysteme, die sonst in höheren Fahrzeugklassen zur Ausstattung gehören, muss der Kunde im kompakten Sports Utility Vehicle (SUV) nicht mehr verzichten. Der praktische Audi Q3 vereint alle Ansprüche einer neuen, urbanen Generation von Fahrzeugkunden.

Innovative LED-Lichttechnik für strahlende Momente

Beim Audi Q3 wurden die Vorteile der LED-Lichttechnik konsequent genutzt: Der Glanz des Scheinwerfers verleiht dem Fahrzeug eine unverwechselbare Front, während die in die umgreifende Heckklappe eingelassene Voll-LED-Heckleuchte mehrere Funktionen (Schlusslicht, Bremslicht und Blinklicht) gleichzeitig übernimmt und dadurch zum markanten Glanzpunkt des Designs wird. Neben der Ästhetik verbessert die eingesetzte LED-Technik aber auch die Verkehrssicherheit und ist darüber hinaus umweltfreundlicher als die herkömmliche Technik mit Glühlampen. Das Innenlichtpaket begeistert im Audi Q3 ebenfalls mit seinen strahlenden LED-Leuchten und vermittelt ein angenehmes Raumgefühl, das zum Einsteigen einlädt.

Mehr Sicherheit und Komfort

Der Audi Q3 vereint die Vorteile eines klassischen SUV mit den Vorzügen eines kompakten Stadtfahrzeugs. Dabei wurde auch Wert auf umfangreiche Ausstattung gelegt, denn eine Vielzahl von Fahrerassistenzsystemen unterstützt den Fahrer – ähnlich wie in der Oberklasse. Intelligente Lösungen wie der Audi active lane assist und der Audi side assist helfen im dichten Stadtverkehr, entspannt und sicher ans Ziel zu kommen. Auch die eingebaute Rückfahrkamera unterstützt zusammen mit den Parkassistenzsystemen die komfortable Fahrt und das problemlose Einparken. Die integrierte Verkehrszeichenerkennung und die Tempolimitanzeige helfen darüber hinaus beim richtigen Verhalten im Straßenverkehr und steigern so die Sicherheit für Insassen und andere Verkehrsteilnehmer. Als weitere Besonderheit in dieser Fahrzeugklasse bietet Audi erstmals eine elektrische Kindersicherung an – eine praktische Alltagshilfe für Familien, die nicht nur sehr sicher, sondern auch komfortabel in der Bedienung ist.

Hochwertig und detailverliebt

Mit dem Audi Multi Media Interface (MMI) ist der Audi Q3 optimal für den täglichen Einsatz auf der Straße gerüstet. Der ausklappbare und hochauflösende 7-Zoll-WVGA-Bildschirm gewährleistet mit einer Auflösung von 800x480 Bildpunkten die optimale Darstellung von Infotainmentfunktionen und Navigati

IN Q 3003

onskarten, die aus der optionalen High-end-Lösung Audi MMI Navigation plus ins Fahrzeug kommen und mit Google Earth zum Erlebnis werden. Nicht nur die gestochen scharfe Darstellung in leuchtenden Farben begeistert, sondern auch die intuitiv verständliche Menüführung ist durchweg gelungen. Diese erleichtert vor allem die Nutzung der Audi connect-Dienste, wie beispielsweise Wetter- und Reiseinformationen sowie aktuelle Nachrichten. Neben dem integrierten Informationsdienst sind weitere Audi connect-Umfänge im neuen Q3 mithilfe der Kombination aus MMI Navigation plus und dem Audi Bluetooth-Autotelefon online verfügbar. Dank integriertem W-LAN-Hotspot können außerdem bis zu acht mobile Endgeräte mit dem Internet gekoppelt werden.
Darüber hinaus kommen Musikliebhaber mit dem Bose Surround Sound-System voll und ganz auf ihre Kosten. Die 14 Neodym-Lautsprecher garantieren zusammen mit zehn Verstärkerkanälen eine akustisch optimierte Klangqualität mit einer Gesamtleistung von 465 W.

Weiter steigender Qualitätsanspruch

Qualität und Zuverlässigkeit aller Systeme stehen für Audi an oberster Stelle, denn erst das optimale Zusammenspiel aller Einzelsysteme macht ein Auto perfekt. Deshalb wird Audi die Qualität über alle Fahrzeuggenerationen hinweg weiter steigern und die Elektronik als Kernkompetenz weiter ausbauen. Das geschieht selbstverständlich entlang der gesamten Prozesskette.

Infotainmentsysteme

Dipl.-Ing. (FH) Francesc Elias | Dipl.-Ing. (FH) Carmen Lopez | Dipl.-Ing. Fernando Berzosa | Dipl.-Ing. Lourdes Marina | Dipl.-Ing. (FH) Thomas Isbary | Dipl.-Ing. Laia Trullen | Dipl.-Ing. Genis Brustenga | Dipl.-Ing. Gerard Pujol

Für den Audi Q3 wurden die Infotainment- und Soundsysteme nochmals weiterentwickelt. Sie bieten durch überragenden Funktionsumfang viel Komfort – nicht nur auf langen Fahrten – und unterstreichen die Positionierung des Audi Q3 als Premiumprodukt seines Segments.

Systemüberblick

Das Angebot der Infotainmentsysteme für den Audi Q3 umfasst das Radio Chorus, das Radio Concert und die MMI Navigation plus, Bild 1.

Bild 1
Überblick über das Infotainmentangebot: Radios Chorus und Concert sowie die MMI Navigation plus

Radio Chorus

Serienmäßig wird im Audi Q3 das Radio Chorus angeboten. Das Einstiegsgerät ist das Einzige in der Infotainmentfamilie mit einem integrierten Display. Dank seiner acht Lautsprecher und einer Leistung von viermal 20 W wird dem Kunden ein gutes Sounderlebnis geboten. Das Radio verfügt über einen Single-Tuner für AM/FM, ein MP3-fähiges CD-Laufwerk sowie über externe Anschlüsse durch die Aux-In-Unterstützung.

Radio Concert

Als Option wird im Audi Q3 das Radio Concert angeboten. Es bietet neben einer Sprachbedienung die bewährte grafische Bedienoberfläche über den in der Radioblende integrierten Dreh-/Drücksteller. Damit folgt es der intuitiven Quattrologic-Bedienphilosophie von Audi. Als Anzeigemedium dient ein einklappbares 6,5-Zoll-QVGA-Display, welches dank Normally-Black-Technik eine kontrastreiche Darstellung auch bei schwierigen Lichtverhältnissen liefert. Über die CAR-Menüs können die Einstellungen der verbauten Fahrerassistenzsysteme zentral vorgenommen werden.
Mit dem Radio Concert wird dem Kunden außerdem der Einstieg in die Navigation angeboten. Er kann dabei individuell entscheiden, ob die Navigationsfunktion bereits ab Werk aktiviert ist oder ob für das Fahrzeug in der Angebotsvariante „Navigationsvorbereitung“ eine Nachrüstoption besteht. Bei der Navigationsvorbe-

reitung ist die benötigte Hardware bereits im Fahrzeug vorhanden. So kann der Kunde sein Radio zum Navigationssystem aufwerten, wenn er die Navigationsdaten auf SD-Karte nachträglich erwirbt und die Funktion durch einen Audi Partner freischalten lässt.

Neben analogem und digitalem (DAB) Radioempfang ermöglicht das Radio Concert die Wiedergabe aus einer Vielzahl weiterer Quellen. Zur Auswahl stehen das interne MP3-fähige CD-Laufwerk, ein Sechsfach-CD-Wechsler und in Verbindung mit Navigation zwei SD-Kartenleser sowie das Audi music interface (AMI), welches Anschlussmöglichkeiten für iPods, USB und analoge Audiogeräte bietet. Außerdem ermöglicht das A2DP-Profil (Advanced Audio Distribution Profile) die drahtlose Anbindung bluetoothfähiger Audioplayer.

Bei der integrierten Freisprecheinrichtung kann der Kunde zwischen Bluetooth-Freisprechen (Hands-free Profile 1.5) oder der Bluetooth-Handyvorbereitung von Audi mit Ladeschale und Anschluss an die Außenantenne für bestmögliche Verbindungsqualität wählen. Zwei optionale Soundsysteme runden das Infotainmentangebot ab.

MMI Navigation plus

Die MMI Navigation plus ist das High-end-System im Audi Q3. Zentraler Blickfang ist der ausklappbare und hochauflösende 7-Zoll-WVGA-Bildschirm in der Instrumententafel mit einer Auflösung von 800x480 Bildpunkten für gestochen scharfe Darstellungen in leuchtenden Farben.

Zur übergeordneten Funktionsauswahl dient ein Menü-Wizard, das durch die präzise Haptik des Dreh-/Drückstellers mit integrierter Joystickfunktion spielend leicht bedient werden kann. Die Joystickfunktion in der neuen MMI Navigation plus erleichtert und beschleunigt die Zieleingabe in der Karte durch Scrollen in acht Richtungen. Die Vorteile der Joystickfunktion kommen insbesondere in der 3D-Kartennavigation zum Einsatz. Auch für die Bedienung der grafischen DVD-Videomenüs ist diese Eingabefunktion unerlässlich. Die hochkompakte Recheneinheit steuert alle Infotainmentfunktionen und vereint bisher eigenständige Geräte wie die Navigation, universelle Handyvorbereitung sowie die Sprachbedienfunktion und Mediafunktionen in nur einem 1-DIN-Gehäuse mit integriertem DVD-Laufwerk, integrierter 60-Gbyte-Festplatte (davon 20 Gbyte für Musikdaten nutzbar) und zwei SD-Kartenlesern. Über das Audi music interface (AMI) können an den Zentralrechner auch USB-Memorysticks, Apple-iPod-Player sowie andere mobile Medienplayer angeschlossen werden, wodurch sich vielfältige Abspielmöglichkeiten für den musikbegeisterten Kunden eröffnen.

Im Fahrzeug kann eine 3D-Karte eines flächendeckenden „digitalen Geländemodells“ dargestellt werden. In vielen Städten erleichtern zudem 3D-Gebäudemodelle die Orientierung im Innenstadtbereich.

Mit der zu einem späteren Zeitpunkt möglichen Kombination von Audi MMI Navigation plus mit dem Bluetooth-Autotelefon online hält außerdem Audi connect Einzug in den Q3. Mit dem Begriff Audi connect bündelt Audi alle Anwendungen und Entwicklungen, die heutige und künftige Fahrzeugmodelle mit dem Internet, dem Besitzer, der Infrastruktur sowie mit anderen Fahrzeugen verbinden. Im Q3 funktioniert das über das Bluetooth-Autotelefon online und über eine SIM-Karte (alternativ kann ein Mobiltelefon mit SIM Access Profile genutzt werden).

„Wie wird wohl das Wetter am Zielort sein?“, „Was kann ich dort unternehmen?“ oder „Wie sieht mein Hotel aus?“

sind typische Fragen von Reisenden – die Antwort darauf halten die Dienste im Rahmen von Audi connect bereit, die ab 2011 im Audi Q3 zur Verfügung stehen werden. Über einen integrierten Browser gelangt man auf eine übersichtlich gestaltete Startseite und erhält Zugriff auf Informationen aus dem Internet, Bild 2. Dabei wird über das integrierte UMTS-Modul eine Onlineabfrage gestartet, die Wetterinformationen für die nächsten Tage mit Niederschlagsradarbild und weitere nützliche Informationen liefert, Bild 3. Die Erweiterung der Navigation um Kartendarstellungen von Google Earth, Bild 4, gehört ebenso zum Funktionsumfang wie die Suche nach Sonderzielen. Die Suchergebnisse werden in Listenform oder direkt in der Navigationskarte dargestellt und können bequem per Tastendruck als Navigationsziel übernommen werden. Zusätzlich stehen in den von der MMI Navigation plus unterstützten Sprachen aktuelle Nachrichtenschlagzeilen sowie Reiseinformationen zum Abruf bereit, Bild 5. Die Passagiere können über einen Wireless-LAN-Hotspot W-LAN-fähige mobile Geräte wie iPod touch, iPad, Netbooks oder Playstation portable mit dem Internet verbinden. Aus dem myAudi Portal oder über die Funktion „Senden ans Fahrzeug“ von Google maps lassen sich ganz bequem vom PC zu Hause oder im Büro Ziele ans Fahrzeug senden, die im Auto als Navigationsziel oder in das persönliche Adressbuch übernommen werden können.

Das integrierte Sprachdialogsystem realisiert die Eingabe eines Navigationsziels als ganzes Wort ohne umständliches Buchstabieren und die einfache Auswahl eines Namens im importierten Telefonbuch bei Benutzung des Audi Bluetooth-Autotelefon online. Auch international stellt der Audi Q3 sein Können unter Beweis. So gehört die Sprachbedienung in zwölf verschiedenen Sprachen ebenso zum Repertoire wie die Darstellung der

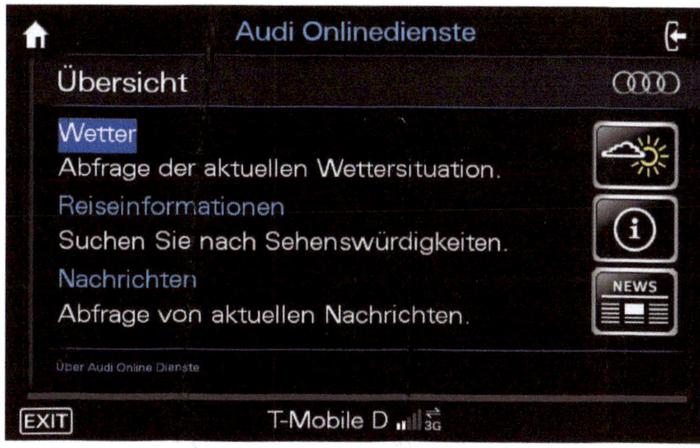

Bild 2 **Audi connect: Informationsdienste**

Bild 3 **Audi connect: Wetterinformationen online**

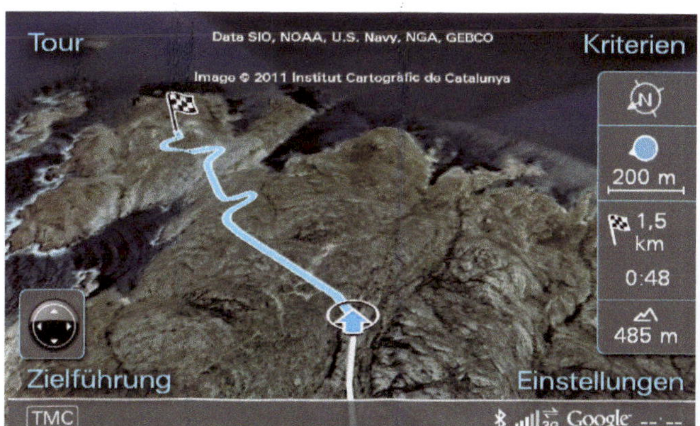

Bild 4 **Audi connect: Navigation mit Google Earth Bildern**

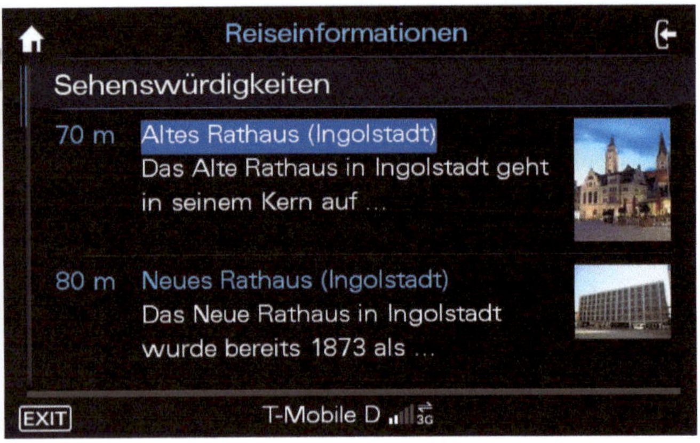

Bild 5 **Audi connect: Reiseinformationen online**

Bild 6 **Medienquellen**

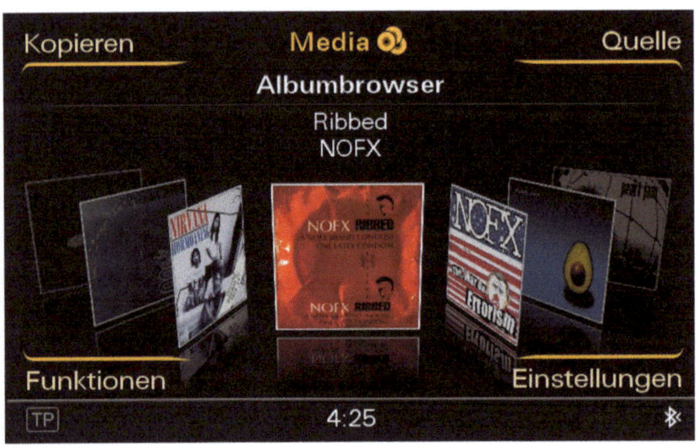

Bild 7 **Albumbrowser**

Bedienoberfläche in kyrillischen, chinesischen oder japanischen Schriftzeichen.

Medien

Damit das neue MMI dem Stand der Technik im Bereich Medien entspricht, hat sich Audi das Ziel gesetzt, eine möglichst hohe Zahl an Speichermedien und Wiedergabegeräten zu unterstützen, Bild 6.

In der erweiterten Medienliste können über zwei Einschübe auf SD-Karten (SD, SD-HC und auch ältere MMC-Formate) zugegriffen werden. Andere Speichermedien wie USB-Massenspeicher (USB 1.0 und 2.0) oder externe Festplatten mit größerer Speicherkapazität werden über das Audi music interface ebenfalls unterstützt. Daneben bietet das neue MMI-System eine Jukebox auf der internen Festplatte, wodurch es dem Kunden ermöglicht wird, bis zu 2000 Musiktitel im System seines Fahrzeugs zu speichern. Außerdem werden im sogenannten Albumbrowser, Bild 7, die verschiedenen Alben angezeigt. Um die Musiktitel auf die Festplatte speichern zu können, stehen als mögliche Importquellen die zuvor erwähnten Speichermedien sowie CDs und DVDs, beide im DVD-Laufwerk abspielbar, zur Verfügung. Optional wird für den Audi Q3 auch ein Sechsfach-CD-Wechsler angeboten. Die Handhabung solch großer Datenmengen wird über die Data-Segmentierung (wie Interpreten, Genre oder Alben) deutlich vereinfacht.

Der iPod von Apple ist derzeit der populärste Vertreter im Bereich Unterhaltungselektronik, deshalb wurde seine Bedienung voll in die MMI-Bedienoberfläche integriert. Daneben ist die Suchweise und Data-Organisation über das MMI möglich.

Einen neuen Höhepunkt im Medienkontext markiert der AV-Adapter (AudioVideo), mit dem auch externe Videoquellen verbunden werden können. Damit kann bequem am Hauptdisplay beispielsweise ein Video vom iPod oder der letzte Clip von der Digitalkamera wiedergegeben werden.

Abgerundet wird das Paket durch die Möglichkeit, Datenquellen der Audiowiedergabe mittels Bluetooth-Verbindung zu integrieren. Mithilfe der Protokolle A2DP (Advanced Audio Distribution Profile) und AVRCP (Audio Video Remote Control Profile) kann per Funkverbindung Musik von Mobiltelefonen oder Bluetooth-Playern abgespielt und gesteuert werden. Ein weiteres Kernmerkmal im Medienbereich ist die Darstellung von eingebetteten CoverArts. Hier werden die im Musiktitel befindlichen Zusatzinformationen über das Albumbild in einer optionalen Detailansicht im Vordergrund dargestellt.

Bild 8 **Routeninformationsdetails im Splitscreen**

Bild 9 **Spurempfehlung an Kreuzungspunkten**

Navigation

Mit der Bestellung einer Navigationsvorbereitung kann der Kunde erstmalig sein Radio Concert zu einem späteren Zeitpunkt zu einer vollwertigen Navigation aufwerten. Dazu muss er lediglich die Navigationsdatenbank auf SD-Karte erwerben und die Navigationsfunktion durch Freischaltung bei einem Audi Partner aktivieren.

Die Navigation im Audi Q3 bietet neben der Navigationsfunktion für 45 europäische Länder auf SD-Karte vier verschiedene Kartentypen (2D, 3D, Übersicht und Zielkarte) sowie eine automatische Zoomfunktion, eine Kreuzungsdetailkarte und Routeninformationsdetails im Display über einen Splitscreen (Rout-Info), Bild 8. Für eine optimale Übersicht über das Fahrzeugumfeld sorgen Spurempfehlungen an Kreuzungspunkten und Autobahnkreuzen, Bild 9 Dank der dynamischen Stauumfahrung TMC kommt der Fahrer schnell ans Ziel.

Für die Zielführung wurden die bekannten 3D-Autobahnausfahrtsansichten als Routeninformationen für die aktuelle Route aufgenommen. Angezeigt werden die nächsten drei Ereignisse, bezogen auf bevorstehende Manöver, sowie Rastplätze, Raststätten und gegebenenfalls Verkehrsstörungen sowie die Empfehlungen für die zu verwendende Fahrspur bei D-Autobahnausfahrten. Für eine Vielzahl von Ausfahrten ist die Spurinformation in den Navigationsdaten enthalten.

Die Joystickfunktion erleichtert und beschleunigt die Zieleingabe in der Karte durch Scroll-Möglichkeiten in acht Richtungen. Falls der Kunde jedoch lieber auf die Bedienung über die Sprache zurückgreift, erlebt er mit der neuen Sprachbedienung einen absoluten Meilenstein. Aber nicht nur die Sprachbedienung, sondern auch Sprachansagen und Fahrempfehlungen sind erheblich hochwertiger gestaltet worden. So kann der Kunde jetzt zwischen einem kompakten und einem kompletten Sprachansagemodus wählen, die sich vorwiegend hinsichtlich ihres Sprachumfangs unterscheiden.

Digital Audio Broadcasting

Die zunehmende Notwendigkeit, größere Datenmengen zu übertragen, hat den Markt gezwungen, effizientere Übertragungswege zu verwenden. Im Radiobereich ermöglicht der Standard DAB (Digital Audio Broadcasting), die volle Dynamik und alle sonstigen Vorzüge der digitalen Medien direkt vom Programmanbieter „live" ins Auto zu bringen. Die Vorteile von DAB liegen in besserer Soundqualität, größerer Programmvielfalt und Datendienstanwendungen. Aktuell verfügbar sind programmbegleitende Zusatzinformationen in Form von Radiotext über Dynamic Label und Bildanzeige als SLS-SlideShow, Bild 10. Die Bildanzeige erfolgt bereits im neuen 16:9-Bildformat, sodass der MMI-Bildschirm optimal benutzt werden kann.

Im Audi Q3 wird ein DAB-Doppel-Tuner eingesetzt, dadurch profitiert der Kunde vom unterbrechungsfreien Wechsel der DAB-Empfangsfrequenz. Verlässt man den Empfangsbereich eines DAB-Senders, so wird automatisch auf den verfügbaren korrespondierenden Sender innerhalb des FM-Bereichs geschaltet. Der Kunde bekommt sein Wunschprogramm in der besten verfügbaren Qualität angeboten, unabhängig davon, ob das Programm auf UKW oder DAB empfangbar ist.

Bild 10
DAB-SlideShow

Sprachdialogsystem

Die MMI Navigation plus beinhaltet die größte von Audi angebotene Sprachdialog-Funktionspalette. Hier kann man beispielsweise ein Lied aus der integrierten Jukebox über den Interpreten, das Album oder den Titel per Sprache auswählen. Eingaben eines Navigationsziels, bestehend aus Adresse, Stadt, Straße und Hausnummer, können in einem Zug gesprochen eingegeben, beispielsweise „Ingolstadt, Ettinger Straße 20", und die Zielführung dorthin direkt gestartet werden. Ebenso funktioniert die Eingabe von Sonderzielen, letzten Zielen oder Favoriten sowie die Einstellung verschiedener Navigations- und Kartenoptionen. Mit den Audi connect-Diensten können jetzt zusätzlich Sonderziele aus der Google-Datenbank ausgesprochen werden. Diese sogenannte Ganzworteingabe gilt analog für das Anrufen einer Person aus dem integrierten Adressbuch heraus: Es genügt die Eingabe des Kommandos „Anrufen bei" gefolgt von dem Namen als ganzes Wort gesprochen.

Fernsehempfang

Im Audi Q3 wird digitales Fernsehen mit einem 7-Zoll-Display und einem an die besonderen Anforderungen des mobilen digitalen TV-Empfangs ausgelegten Systems aus Dreifachantenne und TV-Tuner als zusätzliche Medienquelle optional angeboten, Bild 11. Das TV-Steuergerät erfüllt die Anforderungen des DVB-T-Standards sowie der MPEG-2- und MPEG-4-Video-Decodierungsverfahren und ermöglicht somit die Wiedergabe aller frei empfangbaren digitalen Fernseh- und Audio-Sender. Die Funktionspalette des TV-Tuners im Audi Q3 umfasst des Weiteren:

- elektronische Programmzeitschrift (EPG: Electronic Program Guide) mit Übersichts- und Detailinformationen zu den jeweiligen Services mit direkter Programmauswahl
- dynamische Darstellung aller verfügbaren TV- und Audio-Sender in einer sortierten Senderliste mit automatischer Sendersuche und Aktualisierung im Hintergrund
- Senderverfolgung, das heißt automatische Umschaltung zwischen alternativen digitalen TV-Sendern, je nach Verfügbarkeit oder Empfangsqualität
- übersichtliche und komfortable Bildschirmeinblendungen mit Zusatzinformationen der angewählten Sendungen (Titel, Verfügbarkeit EPG/Teletext, Uhrzeiten)
- Favoritenliste für bis zu 120 Programme
- Teletext-Service mit den jeweils aktuellsten Informationen aus unterschiedlichsten Bereichen wie beispielsweise Kultur, Wirtschaft, Verkehr, Nachrichten, Bild 12
- Unterstützung von Zwei- oder Mehrkanalton-Ausstrahlungen in unterschiedlichen Landessprachen

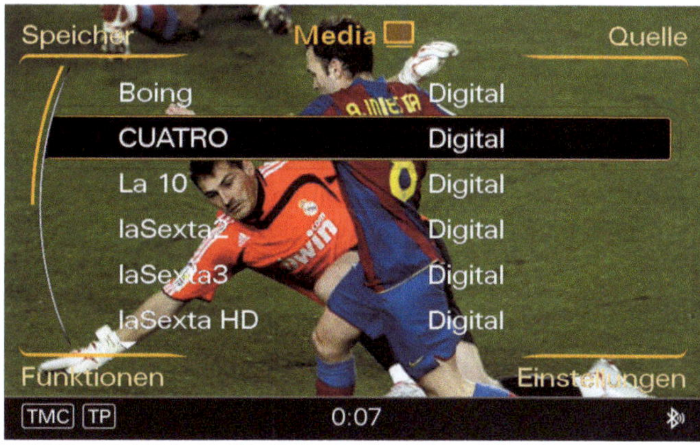

Bild 11 **Fernsehempfang**

Bild 12 **Empfang von Teletext**

- Einsatz moderner DVB-T-Kanaldecoder-Techniken und Mehrfachempfangsverfahren (Dreifach-Diversity-System) für optimalen und unterbrechungsfreien digitalen TV-Empfang
- zusätzliche Anschlussmöglichkeit einer externen Audio-/Video-Quelle (beispielsweise Mediaplayer oder Spielkonsole).

Soundsysteme

Wie die größeren Baureihen Q5 und Q7 bietet der neue Audi Q3 eine vollständige Palette von Soundsystemen. Den Einstieg bildet die Grundkonfiguration mit 80 W Leistung aus vier Kanälen. In den vorderen Türen sind dabei 200-mm-Tieftöner sowie 32-mm-Hochtöner in der A-Säule verbaut. In den hinteren Türen werden 168-mm-Tieftöner und 25-mm-Hochtöner eingesetzt.

Das Audi Soundsystem verfügt über 180 W Leistung bei sechs aktiven Kanälen, mit denen Surround-Sound in jeder beliebigen Position des Fahrzeugs erreicht wird. Mit einer 40-W-Subwooferbox in der Reserveradmulde sowie 200-mm-Lautsprechern werden die tiefen Frequenzen im Innenraum optimiert. Für eine bessere akustische Bühnenabbildung besitzt das Audi Soundsystem einen Centerlautsprecher (Centerfill) in der Instrumententafel, der durch einen eigenen 25-W-Kanal des Verstärkers aktiv angesteuert wird. Dem Trend zur Hochintegration der Elektronik trägt dieses Soundsystem ebenfalls Rechnung: Der interne Verstärker der 1-DIN-Radios spart Platz im Fahrzeug, ohne dabei die Leistungsfähigkeit oder die Klangqualität zu beinträchtigen.

Das Bose Surround Sound-System verfügt über 14 Neodym-Lautsprecher von Bose, Bild 13, und erreicht durch zehn Verstärkerkanäle eine akustisch optimierte Qualität mit einer Gesamtleistung von 465 W. Eine exakte Wiedergabe der Mitten wird hier durch einen Centerfill in der Schalttafel zusammen mit den 80-mm-Mitteltönern in den vorderen Türen erreicht. Die Höhen sind in den A-Säulen angeordnet und tragen dadurch zu einer besseren akustischen Umgebung für Fahrer und Beifahrer bei.

Vervollständigt wird das Bose Surround Sound-System durch 80-mm-Lautsprecher in den D-Säulen sowie den Hoch-

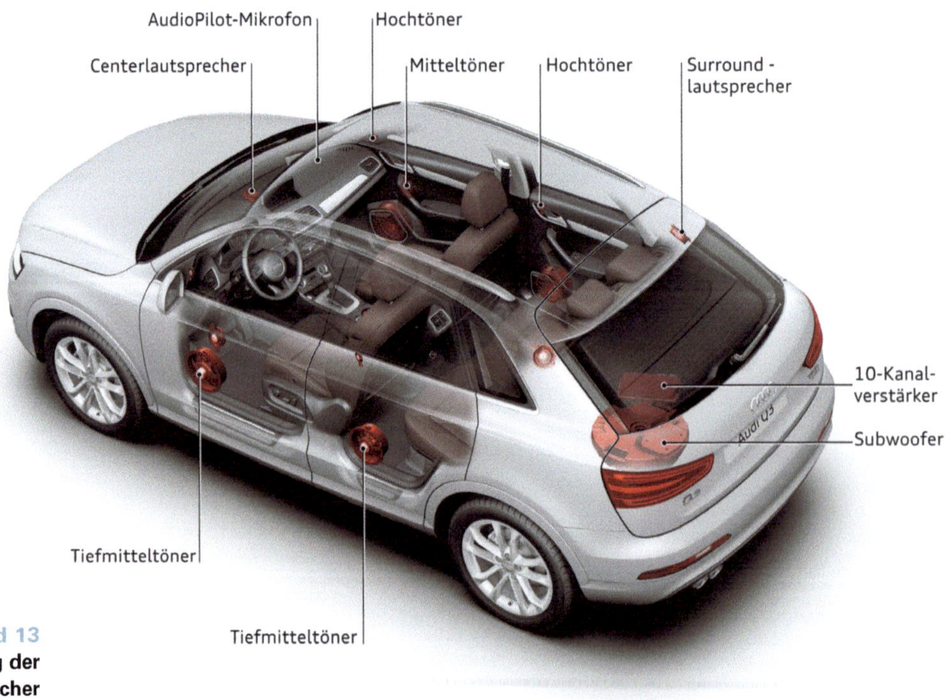

Bild 13
Platzierung der Lautsprecher

Bose Surround Sound

- 5 x 25, 2 x 40, 2 x 80, 1 x 100 W (10 Kanäle)
- 1 Centerlautsprecher in der I-Tafel
- 2 Hochtöner in der Spiegeldreieck vorne
- 4 Lautsprecher in den Türen vorne
- 2 Hochtöner in der Türen hinten
- 2 Lautsprecher in der Türen hinten
- 2 Surround-Lautsprecher in den D-Säulen
- 1 Subwoofer in der Reserveradmulde

Audi sound system

- 3 x 20 W, 3 x 40 W (6 Kanäle)
- 1 Centerlautsprecher in der I-Tafel
- 2 Hochtöner in der Spiegeldreieck vorne
- 2 Lautsprecher in den Türen vorne
- 2 Hochtöner in der Türen hinten
- 2 Lautsprecher in der Türen hinten
- 1 Subwoofer in der Reserveradmulde

8 Passivlautsprecher vorne und hinten

- 4 x 20 W (4 Kanäle)
- 2 Hochtöner in der Spiegeldreieck vorne
- 2 Lautsprecher in den Türen vorne
- 2 Hochtöner in der Türen hinten
- 2 Lautsprecher in der Türen hinten

Bild 14
Übersicht Soundsysteme

und Tieftönerpaaren (168 mm/25 mm) mit 40 W Leistung in den hinteren Türen. Die Leistung des Highend-Bass beträgt 260 W und wird über die 80-W-Lautsprecher der vorderen Türen und einer 100-W-Bassbox in der Reserveradmulde wiedergegeben.

Der digitale Verstärker passt den Sound jeder Fahrsituation an und unterdrückt dabei störenden Umgebungslärm durch die AudioPilot Noise Cancellation-Technik von Bose. Das Stereobild ist mit dem patentierten Centerpoint-Algorithmus von Bose optimiert worden. Beliebige Stereoquellen können auf ein 5.1-Signal mit dem von Bose patentierten Upmix-Verfahren aufgewertet werden. Die Wiedergabe von DVD-Medien mit diskreten Dolby Digital 5.1- oder DTS-Signalen ist ein weiteres wichtiges Merkmal des Systems von Bose. Anders als bei CD-Audio, welches nur zwei diskrete Quellen (links und rechts) bietet, können damit sechs unabhängige Signale verarbeitet werden, wodurch optimaler Sound für jeden Sitzplatz erreicht wird. Eine indirekte Beleuchtung der Lautsprechergitter in den vorderen Türen verleiht dem Bose Surround Sound-System auch optisch einen Premiumakzent. Bild 14 gibt eine Übersicht über die für den Audi Q3 verfügbaren Soundsysteme.

Außen- und Innenbeleuchtung

Dipl.-Ing. Manuel Brosinger | Dipl.-Ing. (FH) Markus Halm | Dipl.-Ing. (FH) Tobias Schwab

Audi typisch kommt beim Audi Q3 ein markantes Tagfahrlicht zum Einsatz. Es zieht sich über die gesamte Länge des Scheinwerfers und rahmt das Bi-Xenonmodul – optional mit dynamischem Kurvenlicht ausgerüstet – ein. Hinten geben die Heckleuchten in der umgreifenden Heckklappe dem Fahrzeug sein unverwechselbares Aussehen. Diese sind entweder mit konventionellen Leuchtmitteln oder in LED-Technik erhältlich. Dank LED-Leuchten lässt die Ambientebeleuchtung nicht nur den Innenraum des Audi Q3 optisch breit wirken, sondern unterstützt mit ihrem hohen Blauanteil in der Lichtfarbe die Fahrzeugsicherheit.

Scheinwerfer

Bild 1
Audi Q3 Xenon plus-Scheinwerfer mit LED-Lichtleitertechnik

Das sicherlich auffälligste Merkmal des Audi Q3-Scheinwerfers ist die Darstellung des Tagfahrlichts: Auch die jüngste Baureihe der Sports Utility Vehicles (SUV) von Audi ist mit einer LED-Premiumbeleuchtung ausgestattet. Mit einem einteiligen Lichtleiter zieht sich das Tagfahrlicht über die gesamte Länge des Scheinwerfers und rahmt damit das Bi-Xenonmodul ein, Bild 1. Durch diese prägnante Beleuchtung entsteht eine unverwechselbare Front, die durch ihre gute Erkennbarkeit wesentlich zur Verbesserung der Verkehrssicherheit beiträgt. Trotz einer abgewickelten Länge des Leuchtstabes von über einem Meter kommen als Leuchtmittel nur zwei Ostar Compact-LED zum Einsatz. Das führte zu einer sehr großen Herausforderung bei der optischen Auslegung des Lichtleiters, zum einen wegen der Erfüllung der gesetzlichen Werte, zum anderen um den hohen ästhetischen Ansprüchen von Audi gerecht zu werden. Dabei steht sowohl eine homogene Ausleuchtung als auch ein edles „Kaltdesign", also die optische Wirkung im nicht beleuchteten Zustand, an oberster Stelle.

In Bild 2 ist das Innenleben des Xenon plus-Scheinwerfers, der optional auch mit dynamischem Kurvenlicht erhältlich ist, dargestellt. Das Abblendlicht sowie das Fernlicht werden konventionell über ein Projektionsmodul mit einer quecksilberfreien Gasentladungslampe realisiert. Gleich daneben befindet sich der Kühlkörper.

Durch das Tagfahrlicht in LED-Technik kann der Energieverbrauch gegenüber dem Basisscheinwerfer mit Glühlampe um über die Hälfte reduziert werden. LED haben eine wesentlich höhere Lichtausbeute als konventionelle Glühlampen, das heißt pro Watt zugeführter Leistung wird ein höherer Lichtstrom erzeugt. Trotzdem entsteht im Betrieb aufgrund elektrischer Verlustleistung Wärme. Diese wird nach hinten abgeführt. Der dafür entwickelte Kühlkörper aus Aluminiumdruckguss ist zur optimalen Kühlleistung außerhalb des Gehäuses angebracht. Dadurch wird sogar ein Wechsel des LED-Moduls (Kühlkörper mit den beiden LED) ermöglicht.

Ein besonders edles Element des Scheinwerfers ist die Blinkerspange. Dieses Bauteil wird im Fertigungsprozess beim Scheinwerferhersteller zunächst vollständig mit Aluminium bedampft. Direkt an der Montagelinie trägt anschließend

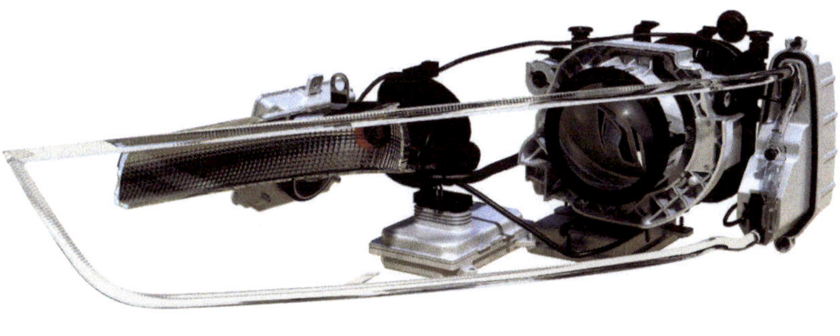

Bild 2
Innenleben des Audi Q3 Xenon plus-Scheinwerfers

ein Laser die Beschichtung nur im optisch wirksamen Bereich ab, sodass ein kleines Fenster entsteht. Dieser transparente Bereich ist mit feinsten Optiken versehen, um die Sichtbarkeit des Fahrtrichtungsanzeigers zu gewährleisten. Ein reizvoller optischer Nebeneffekt ist, dass diese Spange als Lichtleiter funktioniert, sobald das orangefarbene Licht aus der Longlife-Glühlampe eingespeist wird. Die Konvergenz aus klarem Design und neuester Lichttechnik macht den Audi Q3-Scheinwerfer zu einem Premiumprodukt, das begeistert.

Heckbeleuchtung

Wie bei seinen großen Brüdern, dem Audi Q5 und dem Audi Q7, stellt die umgreifende Heckklappe mit den markanten Heckleuchten auch beim Q3 einen Designhöhepunkt dar. In der Basisausstattung erzeugt man mit konventionellen Mitteln bereits das für Q-Modelle von Audi typische dreidimensionale Erscheinungsbild. Tief ins Fahrzeug gezogene Reflektoren, vor den Glühlampen schwebende Chromflügel und eine optikfreie Außenlichtscheibe lassen das Schlusslicht aus allen Blickrichtungen gut aussehen.

Die Premiumvariante ist eine reine LED-Leuchte für die Funktionen Schlusslicht, Bremslicht und Blinklicht. Bild 3 zeigt den Aufbau und die Komponenten. Die Leuchte fällt durch ihre hohe Sichtbarkeit und gute Erkennbarkeit der Signalfunktionen Bremslicht und Blinklicht auf, die sich mit hoher Lichtstärke in Szene setzen. Für das Bremslicht werden 18 rote PowerTop-LED verbaut. Beim Blinklicht strahlen 21 gelbe PowerTop-LED durch die hellrote Außenlichtscheibe und ergeben die gelbe Blinklichtfarbe. Im ausgeschalteten Zustand ist der hellrote Blinklichtabschnitt in der Außenlichtscheibe kaum von der roten Standardfarbe der restlichen Außenscheibe zu unterscheiden, die Heckleuchte scheint komplett rot zu sein.

Um die Schlusslichtgrafik zu erzeugen, Bild 4, werden zwei Advanced PowerTop-LED genutzt. Das Licht wird an der Fahrzeugaußenseite in zwei Lichtleiter eingekoppelt und bis zum Kreuzungspunkt der zwei Lichtleiter fahrzeuginnenseitig zusammenführt. Der Lichtleiter hinterleuchtet die davor liegende Zwischenlichtscheibe, die wie beim Audi A1 aus einem diffus lichtstreuenden Kunststoff gefertigt wird. Ergebnis ist eine flächige und homogene Schlusslichtausleuchtung. Diese wird mittels genarbter und hochglänzender Chromblenden, die die Schlusslichtgrafik umrahmen, weiter betont. Durch das Lichtleiterkonzept beträgt die Leistungsaufnahme lediglich 2 W, was dem geringen CO_2-Ausstoß des Audi Q3 zu Gute kommt.

Zusätzliche Eleganz wird bei der Premiumvariante durch schwarze Blenden erzeugt, die in Kombination mit den Chromblenden und den tief ins Fahrzeug hineingezogenen Reflektoren ein sehr dunkles Erscheinungsbild bewirken. Die LED-Leuchte hebt sich daher bereits im ausgeschalteten Zustand von der Basisvariante merklich ab.

Wird die Heckklappe geöffnet und somit die Heckklappenleuchte aus dem Sichtbarkeitsbereich geschwenkt, nutzt der

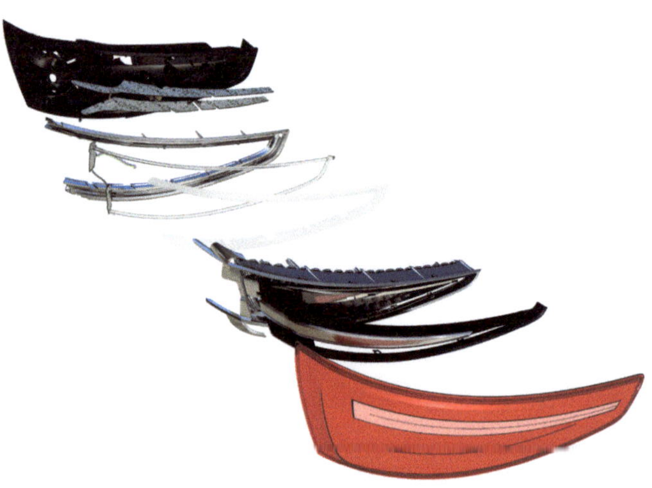

Bild 3 Explosionsdarstellung der Audi Q3-LED-Heckleuchte: Außenlichtscheibe, Designblende verchromt, Designblende schwarz, Reflektor, Schlusslichtlinse, Lichtleiter, Reflektor, LED-Platinen, Gehäuse, Dichtung (von vorne nach hinten)

Bild 4
Audi Q3 mit Heckleuchten in der Heckklappe und im Stoßfänger

Audi Q3 dasselbe Konzept wie der Audi Q5 und der Audi Q7: Die Funktionen werden an die Heckleuchte im Stoßfänger übergeben. Diese Leuchte, mit konventioneller Glühlampentechnik, beinhaltet alle gesetzlich notwendigen Funktionen, das heißt Schlusslicht, Bremslicht, Blinklicht sowie Nebelschlusslicht, Rückfahrlicht und Rückstrahler.

Innenbeleuchtung

In der automobilen Innenbeleuchtungstechnik hat sich inzwischen Ambientebeleuchtung in allen Fahrzeugklassen der Premiumhersteller durchgesetzt. Es wird kaum noch ein Fahrzeugmodell im Premiumsegment ohne ein Ambientelichtpaket angeboten. Aus der Innenarchitektur ist bekannt, dass jeder noch so kleine Raum mit einer gezielten Ausleuchtung optisch vergrößert werden kann. Das schafft ein positives Raumgefühl. Ambientebeleuchtung hat sich in der Automobilindustrie jedoch nicht nur zu einem wichtigen Designmerkmal für die Raumgestaltung entwickelt, sondern kann auch einen wesentlichen Beitrag zur Fahrsicherheit bei Dunkelheit leisten. Ambientebeleuchtung verringert zum Beispiel die Helligkeitsadaption der Augen beim Blickwechsel zwischen Straße und Innenraum und ermöglicht somit ein entspannteres Fahren. Insbesondere kaltweißes LED-Licht mit seinem hohen spektralen Blauanteil steigert bereits in kleinen Dosierungen den Aufmerksamkeitsgrad des Fahrers.

Passive und aktive Sicherheitsvorrichtungen, Komfortsysteme und technische Komponenten beanspruchen in allen Fahrzeugklassen den verfügbaren Innenraum, sodass jeder noch so kleine Bauraum effizient genutzt werden muss. Der Einsatz von LED- und Ambientelicht in Premiumfahrzeugmodellen im A-SUV-Segment ist nicht nur aufgrund der oben genannten Gründe argumentierbar, sondern ist auch aufgrund von Stromeffizienz, Lichteffizienz sowie Lichtfarbe, designerischem Freiheitsgrad und Wärmemanagement dem Premiumanspruch angemessen.

LED-Technik in allen Leuchten des Interieurs, indirekte LED-Ambientebeleuchtung in den Türen sowie im Dachmodul und in den Lautsprechern des Bose Surround Sound-Systems, als auch homogene, direkt abstrahlende Lichtringe im Cupholder, Bild 5, bilden die Grundlage für das Lichtpaket im Audi Q3. Als Lichtfarbe wurde, auch aus Fahrsicherheitsgründen, eine dem Tageslicht angegli-

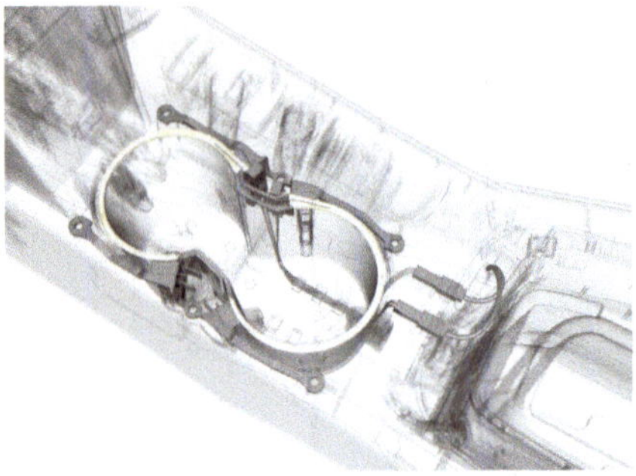

Bild 5
Beleuchteter Cupholder

Bild 6
Innenlicht in der Tür

chene, kaltweiße Farbtemperatur von 4500 K für alle LED-Lichtquellen gewählt. Während das Innenlicht die vordere Sitzreihe flächig ausleuchtet, sind die Leselichter mit einem 40 Lux hellen Spot auf die zu beleuchtenden Flächen ausgelegt. Sie ermöglichen gegenüber dem herkömmlichen Glühlampenlicht ein ermüdungsfreies Lesen, ohne Mitreisende zu blenden. Der neue Freiheitsgrad beim Design durch die LED-Technik eröffnete die Möglichkeit, neue Positionen und Orte im Interieur für Lichtquellen zu nutzen, Bild 6. LED-Spots im Türzuziehgriff zur ambienten Beleuchtung des Stofffelds sowie LED-Lichtleiter im Cupholder sind Beispiele für die Integration in eng bemessenen Bauräumen. Unterstützt von den beleuchteten Lautsprechern des Bose Surround Sound-Systems lassen die beiden Ambienteelemente nicht nur den Innenraum des Audi Q3 optisch breiter wirken, sondern unterstützen dabei mit ihrem hohen Blauanteil in der Lichtfarbe nachhaltig die Fahrzeugsicherheit.

TFSI

Farb-Kombiinstrument

Dipl.-Ing. Lorena Belenguer Solaz | Dipl.-Ing. Olga Parra Labalsa |
Dipl.-Ing. Daniel Cortes Bescos | Dipl.-Ing. Jan Panek

Mit seinem integrierten Farbdisplay ermöglicht das neue Kombiinstrument im Audi Q3 eine optisch ansprechende, vielfältige Anzeige für hohe Kundenansprüche. Die Funktionen der Fahrerassistenzsysteme werden durch das farbige Kombiinstrument noch klarer und kundenfreundlicher wiedergegeben.

Drei Varianten für den Audi Q3

Entwickelt auf der Basis des Kombiinstrumentbaukastens von Audi präsentiert sich das System für den Audi Q3 funktionell und optisch auf einem sehr hohen Niveau. Es wird im Audi Q3 in drei verschiedenen Varianten angeboten: die erste Stufe stellt das Kombiinstrument Basic dar, das mit einem weiß beleuchteten, segmentierten LCD-Display ausgestattet ist. In der ersten Optionsstufe mit dem Namen Midline bietet das Kombiinstrument ein weiß monochromes TFT-Display. Die Luxusvariante, das Farb-Kombiinstrument, begeistert mit einem integrierten 3,5-Zoll-TFT-Farb-Display.

Gesamtdesign

Im Audi Q3 wurde das Kombiinstrument harmonisch in die Schalttafel integriert. Ein optimiertes Befestigungskonzept vermeidet relative Bewegungen und Schwingungsgeräusche. Zwischen den Rundinstrumenten für Geschwindigkeit und Motordrehzahl werden alle relevanten Fahrzeug- und Verkehrsinformationen im direkten Sichtfeld des Fahrers auf dem 3,5-Zoll-Farbdisplay mit einer Auflösung von 240x320 Pixel angezeigt. Dabei sind kleinere Instrumente wie die Tankanzeige und die Kühlmitteltemperatur optimal in die größeren Anzeigen integriert. Die Einfassung in hochwertigen Chromringen und das dreidimensionale Zifferblatt unterstreichen dabei den Premiumcharakter der Marke Audi perfekt. Die Zeiger der Rundinstrumente befinden sich im Ruhezustand auf der 8:00-Uhr-Position. Direkt über dem TFT-Display sind, ebenfalls in edlem Silberdesign, die Blinkerapplikationen platziert, unter denen die Blinkerleuchten im ausgeschalteten Zustand versteckt bleiben.

Haptik

Der Audi Q3 begeistert seinen Fahrer aber nicht nur durch sein Design, sondern auch mit einer bestechend guten Haptik. Dank eines neuen Einbaukonzepts werden beim Audi Q3 weitere Elemente des Kombiinstruments, wie Frontblende und Auswahltasten, welche sich erstmals in dieser Fahrzeugklasse außerhalb des Glasbereichs befinden, optimal miteinander verbunden.

Displayaufteilung

Dem bewährten Audi Anzeigekonzept folgend, gliedert sich das Display in verschiedene Anzeigebereiche. Zentral werden dabei wahlweise Informationen über den Fahrzeugstatus (Bordcomputer und Fahrerhinweise) oder auf Audio, Telefon und Navigation bezogene Hinweise großflächig angezeigt, Bild 1. Direkt darüber befindet sich ein „Reiterbereich“, der den gewählten Kontext analog einer Karteikarte visualisiert. Durch diese Anzeige ist für den Fahrer jederzeit klar ersichtlich, in welchem Kontextmenü er sich gerade befindet. Dies fördert die Transparenz des Bedienkonzepts und unterstützt ein schnelles Systemverständnis durch den Nutzer.

Funktionsvisualisierung

Das neue Farb-Kombiinstrument bietet nicht nur optische, sondern auch funktionelle Vorteile. Denn der Audi Q3 ist Vorreiter beim Thema Fahrerassistenzsysteme, und das nicht zuletzt dank der hochwertigen und leicht verständlichen Darstellungsmöglichkeiten, die in dieser präzisen Form zuvor noch in keinem anderen Fahrzeug dieser Klasse zu sehen war. Im Angebot stehen beispielsweise die Tempolimitanzeige und die Funktion

Bild 1
Displayaufteilung im Farb-Kombi-instrument

Audi active lane assist, deren Anzeige durch den Einsatz des farbigen Kombiinstruments klarer und kundenfreundlicher wird.

Über den Bordcomputer kann der Fahrer mittels der Menü-Taste die Anzeige der Fahrerassistenzsysteme auswählen. In dieser Ansicht ist es beispielsweise problemlos möglich, den Status der erkannten Fahrbahnbegrenzungen oder die Geschwindigkeitsempfehlungen zu verfolgen, Bild 2. Die verbesserten Darstellungsmöglichkeiten im neuen Farb-Kombiinstrument bringen besonders beim Einsatz dieser neuartigen Funktionen ihre Vorteile zum Ausdruck.

Bild 2
Anzeige der Tempolimitanzeige

Im Fall der Funktion Tempolimitanzeige ist es sogar möglich, die relevanten Informationen selbst dann anzuzeigen, wenn sich der Fahrer in einem anderen Kontextmenü befindet. Dafür ist ein Displaybereich in der oberen Ecke reserviert. Wünscht der Fahrer keine Anzeige im Mitteldisplay des Kombiinstruments, kann er die Anzeige über die Funktion „Reduzierte Anzeige" auf den Statusbereich begrenzen. Dank des Bordcomputers ist es außerdem über die Menü-Taste möglich, weitere Informationen, beispielsweise den Digitaltachometer oder die Effizienzanzeige, anzuzeigen.

Effizientes Fahren und somit ein ökonomischer Umgang mit Ressourcen stand natürlich auch im Fokus der Entwicklung des Audi Q3. Eine Vielfalt von Informationen, die das Fahren umweltfreundlicher und ökonomischer gestalten, steht dem Fahrer durch das Effizienzprogramm zur Verfügung und wird im Kombiinstrument optimal dargestellt. Damit sind aktuelle Verbrauchswerte sowie eine Schaltempfehlung (nur bei Handschaltgetriebe) anwählbar. Zudem werden dem Fahrer aktive Komfortverbraucher zusammen mit dem Kraftstoffverbrauch, den sie verursachen, angezeigt, Bild 3. Durch das hochauflösende Display ist es außerdem möglich, Anzeigen neuartiger Funktionen, wie die des Parklenkassistenten, klar und eindeutig darzustellen. Während des gesamten Einparkvorgangs wird der Fahrer durch Hinweistexte und graphische Anzeigen im Kombiinstrument unterstützt.

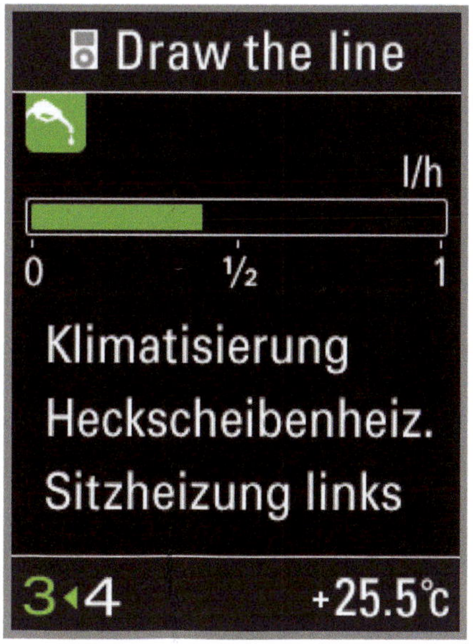

Bild 3
Anzeige der Verbraucherbalken im Effizienzprogramm

Bordnetz

DIPL.-ING. HELMUT HUMMEL | ANTON SPIES | DIPL.-ING. (TU) FERNANDO QUILEZ CALVO

Mehr Sicherheits-, Komfort und Assistenzfunktionen führen auch zu einem komplexeren Bordnetz. Zudem spielen Gewicht und Ressourcenschonung bei seiner Entwicklung eine immer größere Rolle. Beim Audi Q3 wurde das Bordnetz bereits in einer früheren Entwicklungsphase auf diese Anforderungen ausgelegt und kontinuierlich im Fahrzeug optimiert. Sowohl in der Entwicklung als auch in der Fertigung konnte die Qualität der Bordnetzkomponenten nochmals gesteigert werden.

Neue Herausforderungen für das Bordnetz

Bei neu entwickelten Fahrzeugen steigt der Anteil elektronischer Systeme stetig an. Die zunehmende Anzahl an Funktionen in den Bereichen Sicherheit, Komfort, Infotainment und Fahrassistenz erhöhen den Nutzen für den Kunden, vergrößern zugleich aber auch den Grad der Vernetzung und dadurch den Umfang des Bordnetzes. Dies bedeutet eine steigende Komplexität des Leitungssatzes und somit mehr Aufwand in der Entwicklung, der Steuerung sowie in der Logistik und letztendlich in der Produktion.

Zudem sind Energie- und Umweltaspekte von immer größerer Bedeutung bei der Entwicklung neuer Fahrzeuge. Ein niedriger Verbrauch und dementsprechend abgesenkte CO_2-Emissionen bringen auch neue Herausforderungen für das Bordnetz mit sich. Ein optimiertes Gewicht leistet einen wichtigen Beitrag für den Umweltschutz, sowohl durch weniger Rohstoffverbrauch als auch im Betrieb des Fahrzeugs. Aus diesen Gründen sowie im Hinblick auf eine Ressourcenverknappung von Kupfer bekommt die Gewichtsoptimierung des Bordnetzes eine größere Bedeutung.

Der Anspruch an das Bordnetz ist somit umfangreich und verlangt eine genaue und ständige Verfolgung der gesetzten Ziele: Gewicht, Kosten, Qualität und Entwicklungszeit (EHPV: Engineering Hours Per Vehicle). Mithilfe virtueller Entwicklungswerkzeuge wurde das Bordnetz des Audi Q3 bereits in einer früheren Entwicklungsphase analysiert und optimiert. Durch die Anfertigung fahrzeugbezogener Leitungssätze in der Prototypenphase konnten Fahrzeuge mit dem letzten Entwicklungsstand für die Erprobung zeitnah gebaut und die elektronischen Bauteile überprüft werden.

Entwicklung

Bei der Entwicklung des Audi Q3 kam zum ersten Mal flächendeckend das Entwicklungstool IDO:Flexible zum Einsatz, Bild 1. Mithilfe dieses Programms ist eine Simulation der kinematischen

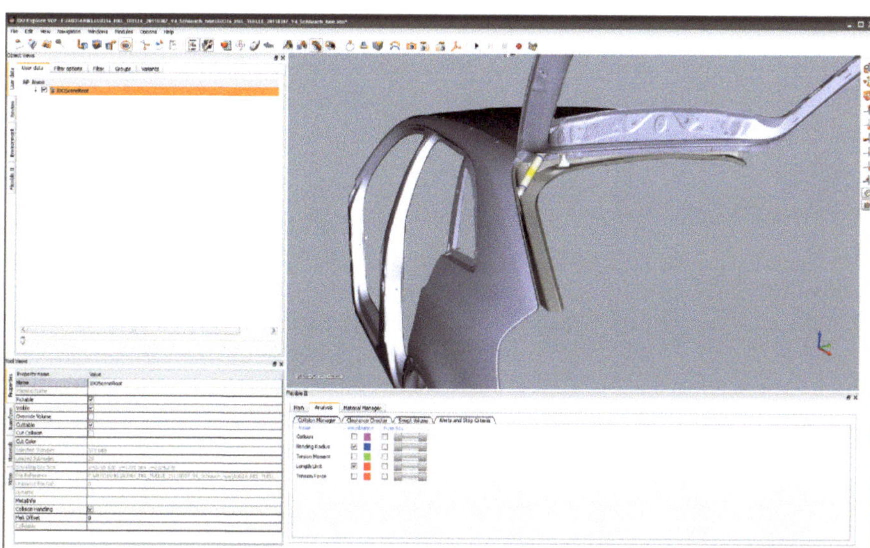

Bild 1
Tool IDO:Flexible zur Simulation der mechanischen Belastungen im Bordnetz

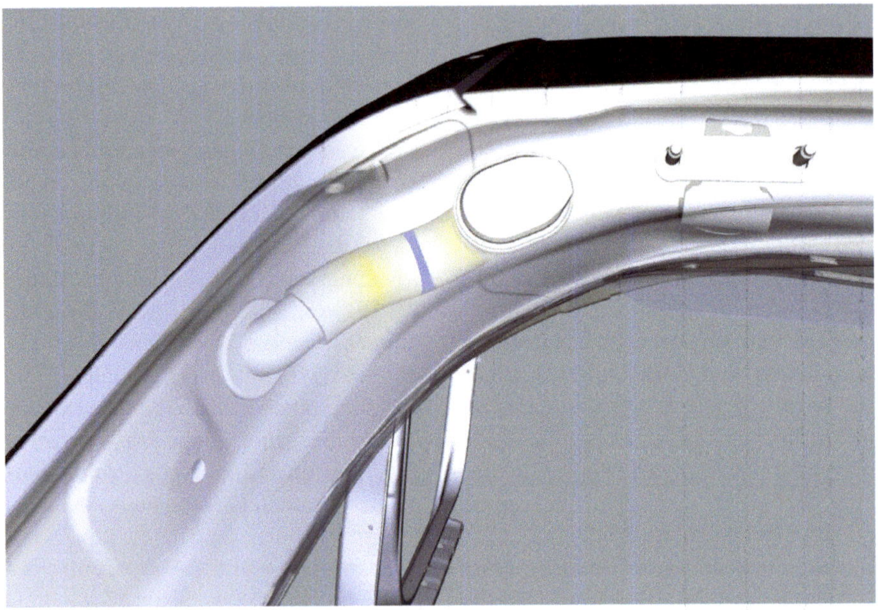

Bild 2
Simulation der Heckklappentülle bei geschlossener Heckklappe

Bewegungen und der auftretenden hohen mechanischen Beanspruchungen möglich. Dadurch lässt sich frühzeitig erkennen, in welchen Bereichen die Grenzwerte für mechanische Kenngrößen überschritten werden. Durch nachgelagerte Analysen von Biegung, Torsion, Längenveränderung, Abstand oder Kollision mit Umgebungsteilen wird das Gesamtkonzept optimiert.

So konnte beispielsweise die Heckklappentülle hinsichtlich der Lage der Einknüpfpunkte (in die Karosserie und die Heckklappe) frühzeitig optimal ausgelegt werden. Dabei wurde die Länge exakt festgelegt und die Lage der Tülle bei jeder beliebigen Klappenstellung untersucht, Bild 2 und Bild 3. Die Ergebnisse der Simulation haben den Entwicklern dabei geholfen, die Bauteile des Bordnetzes in einer frühen Phase auszulegen und dadurch Optimierungsschleifen in den Werkzeugen zu vermeiden. Dies hatte einen sehr frühen Serienreifegrad und einen deutlich reduzierten Entwicklungsaufwand zur Folge.

Gewichtsreduzierung

In der Bordnetzentwicklung des Audi Q3 gab es zwei große Herausforderungen bei der Gewichtsoptimierung: Einerseits hatte man fertig entwickelte Komponenten einer Plattform vorgegeben, anderseits bestand der Anspruch, zusätzlich umfangreiche Infotainment- und Fahrerassistenzsysteme zu integrieren. Neben der virtuellen Überprüfung von Leitungslängen und -querschnitten wurden die Crimpverbindungen mittels einer Massespinne optimiert. Eine Massespinne ist eine Darstellung der Massevernetzung aller Crimpverbindungen und der zugehörigen Leitungen auf dem Baubrett des Leitungssatzes. Dies ermöglicht eine genauere Auslegung der Crimpverbindungen hinsichtlich der Position und Länge der zu- und abführenden Leitungen.

Darüber hinaus kam die sogenannte Load-Analyse zum Einsatz, um das Gewicht abzusenken. Dabei werden alle Leitungsquerschnitte mehrmals hinsichtlich maximaler und realer Stromlast sowie Kurzschlussfestigkeit überprüft. Die

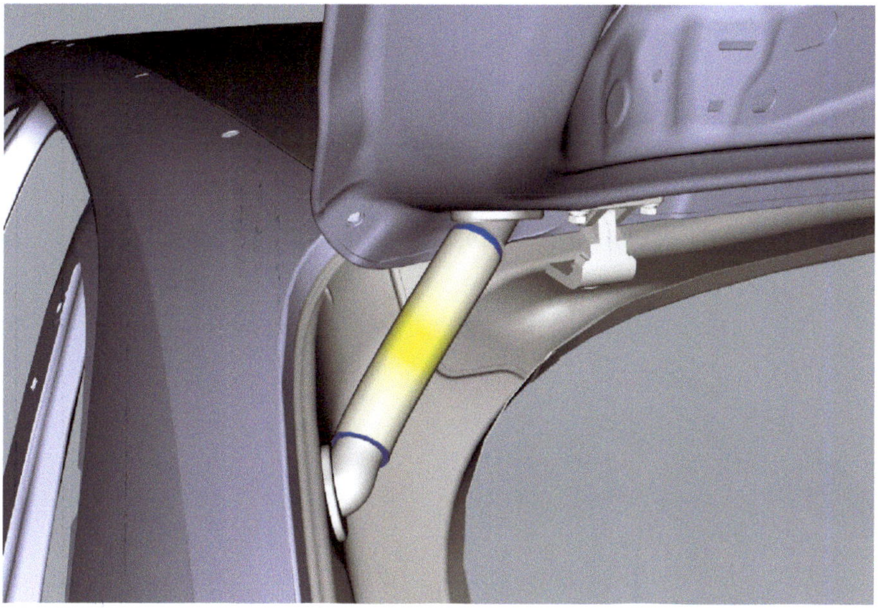

Bild 3
Simulation der Heckklappentülle bei offener Heckklappe

Ergebnisse für den Audi Q3 zeigten, dass oftmals der nächstkleinere Leitungsquerschnitt verwendet werden konnte.
Zusätzlich wurde in enger Zusammenarbeit mit der Karosserieentwicklung das Steuergerätepackage unter Berücksichtigung der Vernetzung optimiert. Die Position der Steuergeräte spielte eine entscheidende Rolle, da sie die Länge der Einzelleitungen maßgeblich beeinflusst.
Mit den oben genannten Maßnahmen konnte im Laufe der Entwicklung, trotz der zunehmenden Anzahl von Leitungen, eine deutliche Gewichtsreduzierung des Bordnetzes erreicht werden.

Qualitätssteigerung

Bei Audi zählt die Steigerung des bereits hohen Qualitätsniveaus zu den wichtigsten Zielen in der Entwicklung. Durch die Verwendung verbesserter Kontakte, beispielsweise von QKK-Kontakten an Steckdose und Zigarettenanzünder, verbesserter Steckverbindungen sowie CPA- und neuen Airbagsteckern, wurde das Bordnetz qualitativ nochmals verbessert.
In enger Zusammenarbeit mit den zuständigen Fachabteilungen der Qualitätssicherung und der Produktion wurden Einflussgrößen über die gesamte Fertigungs- und Prozesskette analysiert. Dabei zeigte die gesamtheitliche Analyse, vom Lieferanten der Einzelkomponenten über die Leitungssatzfertigung bis hin zum fahrzeugbauenden Werk, deutliche Potenziale auf. Deren konsequente Realisierung führte beim Audi Q3 zu einem noch höheren Qualitätsstandard im Bordnetz, wodurch die Zufriedenheit und die Markenloyalität der Kunden gesteigert werden.

Karosserieelektronik

Dipl.-Ing. Frank Müller | Dipl.-Ing. (FH) Markus Bonschab |
Dipl.-Ing. (BA) Martin Geissenhöner | Dipl.-Ing. (FH) Peter Becker

Zwei Innovationen im Bereich der Karosserieelektronik steigern den Komfort im Audi Q3: Dank des Komfortschlüssels wird der Fahrzeugzugang ohne Betätigung der Funkfernbedienung möglich. Zum Öffnen der Türen muss der Schlüssel lediglich mitgeführt werden – das Drücken der Taste zum Öffnen entfällt komplett. Außerdem bietet Audi mit der elektrischen Kindersicherung speziell für Familien eine praktische Alltagshilfe, die nicht nur sehr sicher, sondern auch komfortabel in der Bedienung ist.

Fahrzeugsicherung durch schlüssellosen Zugang

Bild 1
Fahrzeugschlüssel mit kombinierter Funkzentralverriegelungs- und Komfortschlüssel-Funktion

Zum Öffnen und Schließen des Fahrzeugs wird beim Audi Q3 neben einer Funkzentralverriegelung als Option auch der Komfortschlüssel angeboten. Sämtliche Aktionen zur Aktivierung und Deaktivierung der Fahrzeugsicherung kann der Fahrzeugnutzer ohne eine explizite Betätigung des Schlüssels oder entsprechender Schlüsseltasten durchführen, dieser muss lediglich mitgeführt werden. Der Schlüssel, Bild 1, kann sich dabei sowohl in der Jackentasche als auch im Aktenkoffer befinden. Die Zentralverriegelung wird beim Audi Q3 an der Fahrertür bedient. Dazu ist im Türgriff eine Sensorik integriert, Bild 2, welche das Öffnen und Schließen des Fahrzeugs bei Annäherung beziehungsweise durch Berührung veranlasst. Um eine Funktion auszulösen, muss sich der berechtigte Schlüssel im Bereich der vorderen Türen außerhalb des Fahrzeugs befinden. Intelligente Sensoren detektieren dafür einen dreidimensionalen Bereich im Nahbereich der Tür.

Um das Fahrzeug zu öffnen, muss der Benutzer lediglich die Hand an den Türgriff führen. Über eine codierte Kommunikation zwischen Fahrzeug und Fahrzeugschlüssel wird eine Authentifizierung durchgeführt und das Fahrzeug geöffnet. Dieser Vorgang erfolgt so schnell, dass der Benutzer keine Beeinträchtigung des gewohnten Bedienablaufs beim Öffnen der Tür erfährt. Um das Fahrzeug zu verschließen, muss der Benutzer lediglich eine sensitive Fläche an der Türgriffaußenseite berühren. Durch intelligente Suchalgorithmen werden dabei im Fahrzeug zurückgelassene Schlüssel erkannt, Bild 3.

Bild 2
Türgriff mit integrierter Komfortschlüssel-Sensorik

Bild 3
Bedienstelle für schlüssellosen Zugang zum Kofferraum – Softtouch in der Heckklappe

Motorstart ohne Zündschloss

Anstelle eines Zündschlosses, in das der Schlüssel in der Basisausstattung wie bekannt gesteckt und gedreht werden muss, ist im Audi Q3 mit Komfortschlüssel lediglich der Start/Stopp-Taster, Bild 4, zu finden. Mit der Komfortschlüssel-Option kann der Fahrer das Fahrzeug starten und stoppen, ohne den Schlüssel aktiv zu benutzen - der Schlüssel muss sich lediglich im Fahrzeug befinden.
Mit dem Drücken des Tasters wird der Schlüssel für die Wegfahrsperre auf Basis einer bidirektionalen Funkkommunikation authentifiziert, die elektrische Lenksäulenverriegelung entriegelt und die Zündung aktiviert. Um das Fahrzeug zu starten, muss der Fahrer beim Drücken des Starttasters die Bremse (bei Automatikfahrzeugen) beziehungsweise die Kupplung (bei Fahrzeugen mit Handschaltgetriebe) betätigen; bei Automatikfahrzeugen muss zusätzlich der Modus „P" oder „N" eingelegt sein. Um den Motor abzustellen, drückt der Fahrer erneut den Taster. Für den Fall einer entleerten Schlüsselbatterie wird automatisch die Transponderstartfunktion aktiviert. Zum Starten des Fahrzeugs wird der Schlüssel vor die markierte Fläche an der Lenksäule gehalten.

Bild 4
Motor-Start/ Stopp-Taster in der Schalttafel

Schlüssel speichert servicerelevante Fahrzeugdaten

Als jüngstes Mitglied der Audi Produktfamilie wird der Audi Q3 ebenfalls mit der Audi Service Key-Funktion ausgestattet, das heißt der Fahrzeugschlüssel dient als Speicher für servicerelevante Fahrzeugdaten. Neben Kilometerstand, Datum und Uhrzeit des letzten Speichervorgangs werden auch Daten zu Wartungsintervallen, Verschleißteilen (wie Bremsbelägen) und Füllständen (beispielsweise von Waschwasser oder Kühlmittel) sowie Warnmeldungen des Kombiinstruments abgespeichert. Die Fahrzeugdaten werden während der Fahrt in den Schlüssel geschrieben. Wesentliche Anforderungsmerkmale sind hier Aktualität und Verfügbarkeit der Daten. Deshalb wird der Schlüssel bei Antritt der Fahrt mindestens einmal täglich beschrieben. Bei einem definierten Deltakilometerstand im Vergleich zum letzten Speichervorgang werden alle Daten ebenfalls in den Schlüssel übertragen.
Treten Fehlerzustände oder Ereignisse wie „Füllstand Waschwasser niedrig"

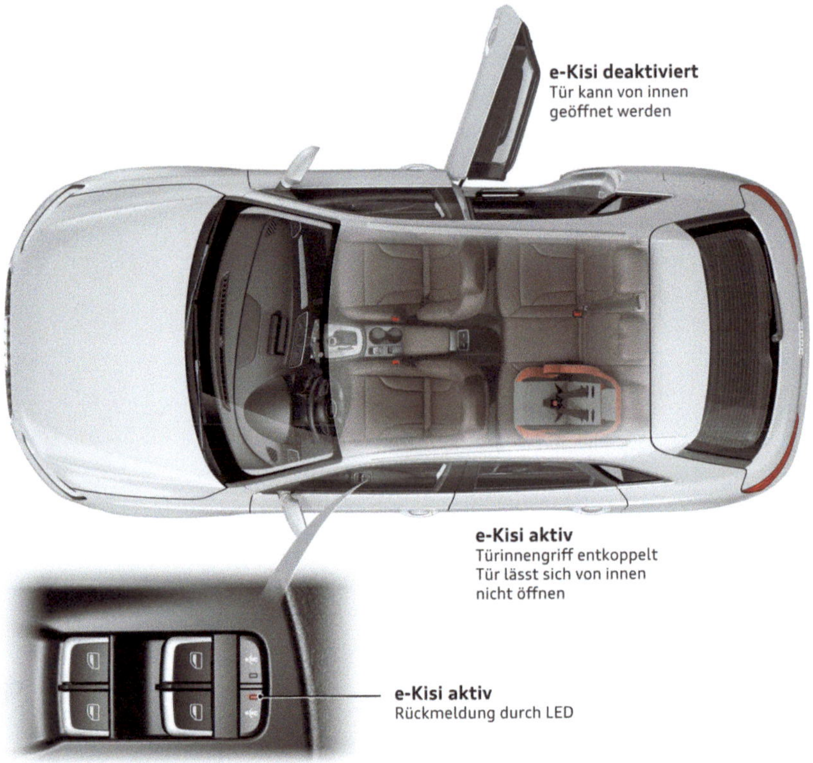

Bild 5
Elektrische Kindersicherung mit optischer Rückmeldung

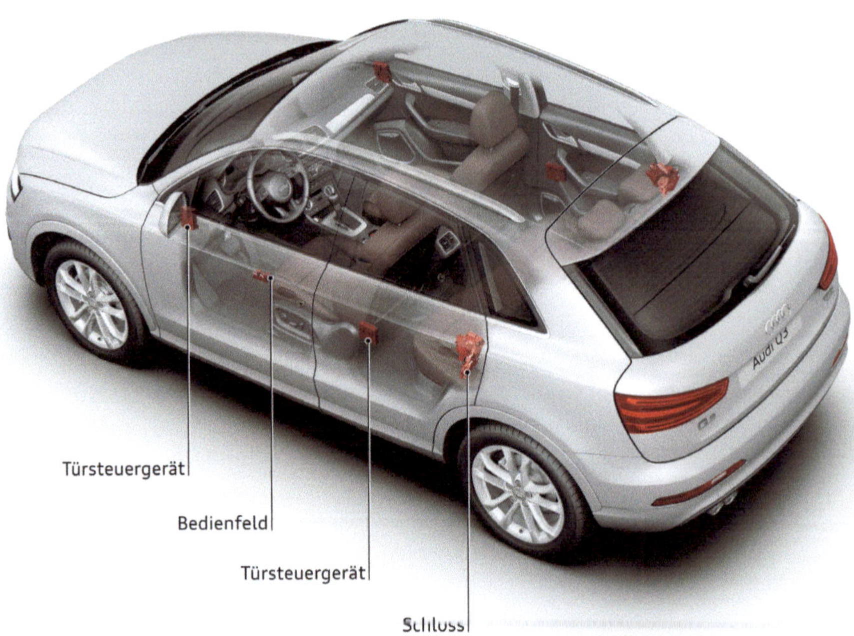

Bild 6
Systemvernetzung der elektrischen Kindersicherung

oder „Bremsbelag verschlissen" auf, die dem Kunden im Kombiinstrument angezeigt werden, werden diese Daten sofort abgespeichert.
Die Vernetzung zwischen der Fahrzeugelektronik und der bestehenden Prozessketten im Service bietet die Möglichkeit, die Qualität, die Kundenorientierung und die Prozesssicherheit zu verbessern. Die bisherige manuelle Erfassung von Fahrzeugdaten wie Fahrgestellnummer oder Kilometerstand erfolgt automatisch mittels eines Lesegeräts beim Audi Servicepartner. Auf diese Weise sind schon bei der Fahrzeugannahme alle relevanten Daten verfügbar.

Elektrische Kindersicherung

Bisher musste der Kunde die Kindersicherung, die das ungewollte Verlassen des Fahrzeugs verhindert, durch einen mechanischen Drehsteller an der Stirnseite der jeweiligen hinteren Tür aktivieren. Im Audi Q3 wird erstmals in dieser Fahrzeugklasse eine elektrische Kindersicherung (e-Kisi) angeboten. Die beiden Taster für die Kindersicherung inklusive Statusrückmeldung befinden sich in der Armlehne der Fahrertür. Angeboten wird diese Funktion mit der Isofix-Befestigung für den Beifahrersitz.
Vom Fahrerplatz aus kann die elektrische Kindersicherung durch einen einfachen Tastendruck eingeschaltet werden. Das System verriegelt die jeweilige Fondtür von innen und blockiert den zugehörigen hinteren elektrischen Fensterheber. Dadurch erfolgt eine schnelle und komfortable Anpassung auf die momentane Personenbelegung im Fahrzeug (Kind/Erwachsener). Eine seitenspezifische Rückmeldeanzeige per LED gibt dem Bediener jederzeit den Status der Funktion an, Bild 5. Die mechanische Entkoppelung des Türinnengriffs erfolgt durch ein zusätzliches elektrisches Stellelement im Türschloss. In Bild 6 sind die beteiligten Komponenten des Systems dargestellt.

Funktionsintegration

Dipl.-Ing. Tobias Bumes | Dipl.-Ing. Jörg Schlinkheider

Die Entwicklung und Integration hochvernetzter elektrischer und elektronischer Funktionen für den Audi Q3 erfordert ein gut koordiniertes Vorgehen über alle beteiligten Fachbereiche. Der gesamte Entwicklungsprozess, von der Festlegung der Elektronikarchitektur bis zur Vernetzungsfreigabe, wurde auf das Ziel ausgerichtet, den großen Funktionsumfang des Audi Q3 premiumgerecht umzusetzen.

Definition der Fahrzeugarchitektur

Die Elektronikarchitektur eines Fahrzeugs steht in direktem Zusammenhang mit den darstellbaren Funktionalitäten. Sie stellt sozusagen die Infrastruktur für die Realisierung der gewünschten Funktionen zur Verfügung. Die wichtigste Eingangsgröße zur Festlegung einer geeigneten Architektur für ein neues Fahrzeugprojekt ist der Eigenschaftskatalog. In Form von Funktionen und Eigenschaften formuliert die Marketingabteilung darin die Anforderungen und Wünsche der Audi Kunden an das neue Produkt. Premiumanspruch auf der einen Seite, wirtschaftliche Notwendigkeiten auf der anderen – dieses Spannungsfeld löst der VW Konzern mit der Modulstrategie für Steuergeräte und einer skalierbaren Elektronikarchitektur als Grundlage.

Architekturentwicklung als Basis der Modulstrategie

Die Architektur des Audi Q3 mit zentralem Gateway und integriertem Energiemanagement ist modular und skalierbar ausgelegt. Innerhalb der Vernetzungsarchitektur des Q3 sind Einstiegsradiosysteme auf Basis einer CAN-Vernetzung ebenso wie das Topinfotainmentangebot eines Audi A7 (Navigieren mit Google-Earth-Bildintegration, W-LAN Hotspot für den Internetzugriff) auf Basis einer MOST-Vernetzung verfügbar, Bild 1. Innovative Fahrerassistenzsysteme lassen sich ebenfalls modular einbinden. Einparkhilfe, Rückfahrkamera, Verkehrszeichenerkennung, Spurwechselassistent oder Spurhalteassistent mit aktivem Lenkeingriff werden einfach über ein zusätzliches CAN-Segment am zentralen Gateway „angehängt".
Die Integration des Highend-Infotainment aus dem neuen A7 wird durch Erweiterungen des medienorientierten Bussegments MOST am zentralen Gateway erst ermöglicht. Konzernweit abgestimmte Basismodule (beispielsweise Diagnoseprotokolle, Busschnittstellen oder Netzwerkmanagement) reduzieren den Entwicklungs- und Freigabeaufwand für die übernommenen und die zusätzlichen Steuergeräte. Trotz des COP-Ansatzes (Carry Over Part) der Modulstrategie bleibt noch viel Flexibilität für ein erweitertes Sonderausstattungsangebot: So kann sich der Kunde bei Audi zusätzliche Funktionen für Fahrerassistenz und Navigation im Audi Service bestellen und sich einfach über das zentrale Gateway-Steuergerät beziehungsweise das RadioMedia Center in der Werkstatt nachladen lassen.

Vernetztes Fahrzeug – vernetzte Prozesse – vernetzte Menschen

Ein derart hochvernetztes Fahrzeug lässt sich nur entwickeln, wenn die dazugehörigen Menschen über Prozesse entsprechend vernetzt sind. Bei Audi wird dies durch eine funktionsorientierte Entwicklung erreicht, die durch die Organisationseinheit „Integration E/E-Gesamtsystem" gesteuert wird. Dabei sorgt die Funktionsintegration dafür, dass alle elektrischen/elektronischen Funktionen systematisch integriert, getestet und freigegeben werden. Das Ziel des Prozesses ist die Vernetzungsfreigabe (VNF), die als Meilenstein für den Start einer qualitativ hochwertigen Serienfertigung dient. Schnittstellen ergeben sich entlang der gesamten Prozesskette: zur Projektsteuerung, zur Qualitätssicherung, zur Produktion und zum Kundendienst.

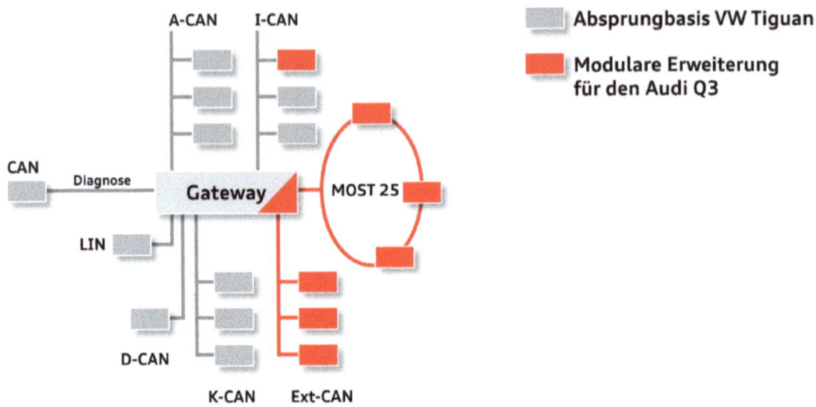

Bild 1
Elektronikarchitektur

Kontrolliertes Risiko

Um eine realistische Planung für die Entwicklung, Erprobung und Freigabe erstellen zu können, ist es notwendig, das Entwicklungsrisiko abzuschätzen. Dazu erstellt der Funktionsintegrator eine Risikobewertung, mit der er über ein systematisiertes Verfahren einen Risikowert ermittelt. Jedes vernetzte Steuergerät wird in Bezug auf den Neuigkeitsgrad von Hard- und Software, die verbleibende Entwicklungszeit bis zum Serieneinsatz, die Anzahl verschiedener Varianten und die Menge an neu zu entwickelnder Software bewertet. Der in Summe für alle Steuergeräte ermittelte Risikowert wird in Relation zu einem Referenzprojekt gesetzt und zeigt so anschaulich das Gesamtrisiko. Davon werden schließlich die erforderlichen Entwicklungs- und Testmaßnahmen, der Bedarf an Erprobungsfahrzeugen, die notwendigen Erprobungsfahrten und Intensiverprobungen sowie Dauer und Aufwand für die Breitenerprobung und -absicherung abgeleitet.

Funktionen – Schritt für Schritt

Zur koordinierten Entwicklung und Integration vernetzter Funktionen wurde bei Audi das Integrationsstufenmanagement eingeführt. Hierbei handelt es sich um einen iterativen Prozess, der in jeder neuen Schleife – den Integrationsstufen (IS) – sicherstellt, dass erprobungsfähige Fahrzeuge mit kontinuierlich anwachsendem Funktionsumfang für die entwickelnden Fachbereiche zur Verfügung stehen. Ein Schwerpunkt sind kompatible Hard- und Softwarestände der vernetzten Steuergeräte in Fahrzeugen einer Integrationsstufe.

Basis der Integrationsstufenplanung ist die Funktionsliste des Fahrzeugs, die gemeinsam mit den Funktionsverantwortlichen erstellt wird und sich aus dem Eigenschaftskatalog des Marketings und damit aus den Kundenanforderungen ableitet. Die Funktionsliste bildet auch Zusammenhänge und Abhängigkeiten zwischen den beteiligten Steuergeräten einer Funktion ab. Im nächsten Schritt entsteht der Integrationsstufen-Terminplan, der Anzahl und Termine der einzelnen Integrationsstufen festlegt, Bild 2.

Eingangsgrößen sind der Gesamtterminplan des Fahrzeugprojekts, die Termin-

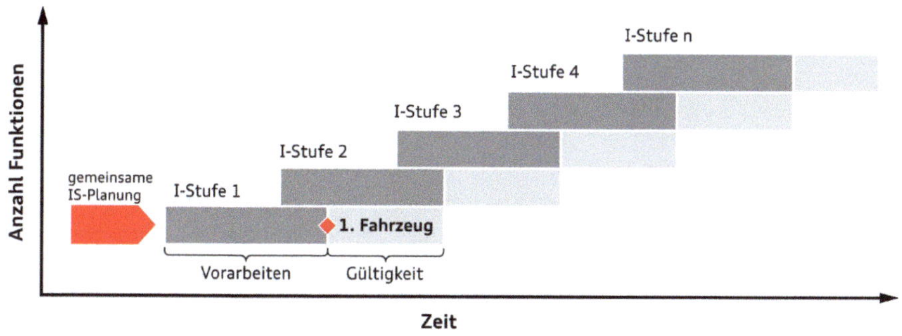

Bild 2
Ablauf Integrationsstufenmanagement

planungen der Funktions- und Steuergeräteentwicklung, die Terminschienen für die beteiligten mechatronischen Komponenten sowie die Baustufen der Entwicklungsfahrzeuge und die Termine für Erprobungs- und Abnahmefahrten. Besonderen Einfluss haben auch die Freigabetermine der Kommunikationsmatrizen, die die Kommunikationsbeziehungen der einzelnen Steuergeräte untereinander beschreiben und regelmäßig dem Entwicklungsfortschritt angepasst werden müssen.

In Rahmen des fachbereichsübergreifenden IS-Teams wird nun jede Funktion der Funktionsliste einer Integrationsstufe und damit einem Umsetzungstermin zugeordnet. Als Ergebnis steht ein Dokument zur Verfügung, mit dessen Hilfe alle Bereiche ihre Terminplanung zur Entwicklung, Erprobung und Freigabe ihrer Komponenten und Funktionen erstellen können, der I-Stufenplan.

Die anschließende operative Umsetzung der einzelnen Integrationsstufen erfolgt nun stets im folgenden Rhythmus:

- Implementierung und Erprobung der neuen Funktionen beim Lieferanten
- Implementierung und Erprobung der neuen Funktionen bei Audi
- Beschaffung der Teile für den Aufbau der Erprobungsfahrzeuge der nächsten I-Stufe und anschließende Montage und Inbetriebnahme durch das Vorserien-Center
- Erprobung der neuen Funktionen in den Fahrzeugen.

Innerhalb der Laufzeit einer Integrationsstufe sind keine inkompatiblen Änderungen erlaubt, um die Stabilität der vernetzten Funktionen im Gesamtverbund der Steuergeräte sicherzustellen. Die Funktionsentwicklung wird ständig von Prüfungen an unterschiedlichen Orten begleitet. Stellvertretend seien hier die Vernetzungsbretter, die HiL-Prüfplätze (Hardware in the Loop) und die Prüfungen an Referenzfahrzeugen genannt. Mit der letzten Integrationsstufe sind 100 % des Funktionsumfangs erreicht.

Softwareentwicklung

Ein sehr großer Teil der Funktionen eines Fahrzeugs wird mittels Software realisiert. Daher kommt der Steuerung der Softwareentwicklung ein besonderer Stellenwert zu. Für jedes Steuergerät wird ein Projektspiegel angelegt, in dem der Steuergeräteverantwortliche permanent den Entwicklungsstatus seines Steuergeräts dokumentiert. Abgebildet werden die vorgegebenen projektspezifischen Meilensteine mit den abgestimmten Soll-Terminen und die voraussichtlichen Ist-Termine (VSI) für das jeweilige Steuergerät. Der Funktionsintegrator verdichtet die Statusinformationen aller Projektspiegel in regelmäßigen Abstän-

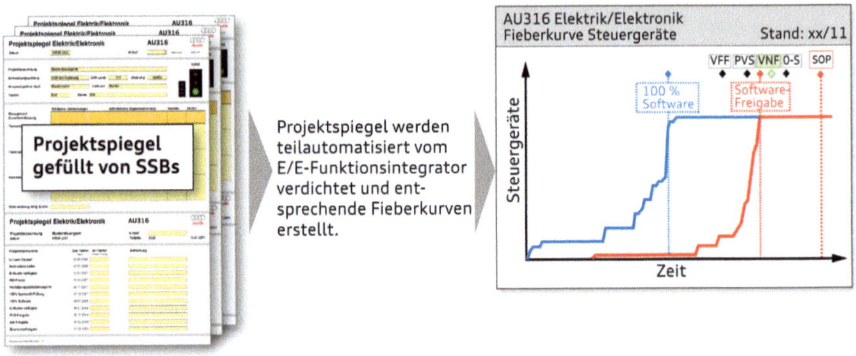

Bild 3
Von den Projektspiegeln zur Fieberkurve

den zur Steuergerätefieberkurve, Bild 3. Das Diagramm zeigt die VSI-Termine aller Steuergeräte für die Meilensteine „100 % Software" und „Software-Freigabe" in Relation zu den entsprechenden Soll-Terminen und wird in Statusrunden vorgestellt. So werden Verzögerungen in der Softwareentwicklung frühzeitig erkannt, falls notwendig können Gegenmaßnahmen ergriffen werden.

Erprobung

Ein weiteres Glied in der Kette der funktionsorientierten Entwicklung stellen die Intensiverprobungen dar. Neben den vielen weiteren Prüfungen und Tests bei Audi dienen sie explizit der Erprobung vernetzter Funktionen. Verteilt über den gesamten Entwicklungszeitraum werden dabei mehrere Zeiträume definiert, zu denen Fahrzeuge mit dem aktuellsten Entwicklungstand der Elektronik- und Mechatronikkomponenten zur Verfügung gestellt werden. Dies bietet die Möglichkeit, im direkten Austausch mit Entwicklungspartnern aus dem gesamten Konzern das Fahrzeug konkret zu erproben beziehungsweise den aktuellen Entwicklungsstand zu verifizieren.

Fehlermanagement

Um ein qualitativ hochwertiges und fehlerfreies Produkt sicherzustellen, wurde bei Audi in der Elektronikentwicklung ein zentrales Fehlerberichtswesen etabliert, das mit dem Meilenstein „100 % Software" startet. Alle testenden und entwickelnden Abteilungen tragen die erkannten Auffälligkeiten mit relevanten Informationen und Rahmenbedingungen in ein Datenbanksystem ein. Für jeden Eintrag wird ein Prozess gestartet, der den gesamten Fehlerabstellprozess über die Analyse, die Beschreibung der behebenden Maßnahme sowie die Umsetzung und Verifikation begleitet. Der Funktionsintegrator wertet diese Datenbank regelmäßig aus und verdichtet die Informationen zu einer Gesamtübersicht, die die Entwicklung der Fehlerzahlen über die Zeit wiedergibt, Bild 4. Zusätzlich enthält der Bericht eine Prognose für den Verlauf der Fehlerzahlen je Steuergerät, die im Vorfeld zusammen mit den Steuergeräteverantwortlichen auf Basis von Erfahrungswerten, geplanten Erprobungsmaßnahmen sowie Softwarebereitstellungsterminen und Ähnlichem erstellt wird. Die Summe aller Prognosen, verglichen mit dem tatsächlichen Fehlerverlauf, ergibt einen guten Indikator dafür, ob Gegenmaßnahmen ergriffen werden müssen.

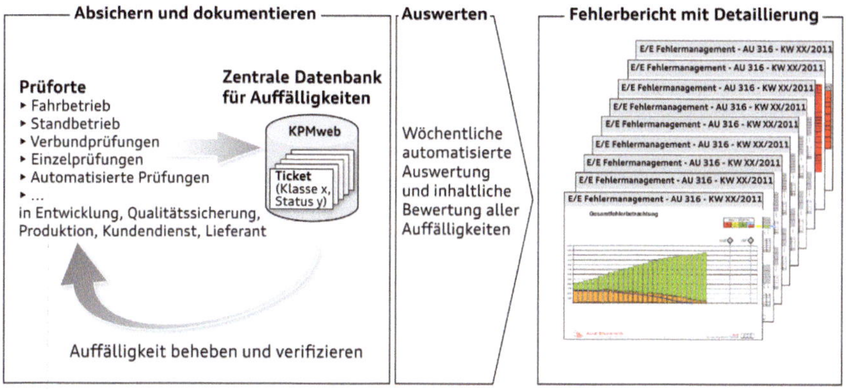

Bild 4
Fehlermanagement

Vernetzungsfreigabe

Wie bereits erwähnt, ist das Ziel der funktionsorientierten Entwicklung die Vernetzungsfreigabe, die aus mehreren Unterfreigaben besteht. Eine davon ist die Freigabe durch den Bereich Breitenerprobung und -absicherung, der dazu eine Flotte von Vorserienfahrzeugen betreibt. Anzahl und Ausstattungsvarianz der Flottenfahrzeuge wurden bereits mittels der Risikobewertung zum Start der Entwicklung definiert. Die Fahrzeuge werden dabei unter realen Kundenbedingungen bewegt, wobei nicht die Anzahl der gefahrenen Kilometer entscheidend ist, sondern vielmehr die Anzahl der ausgeführten Funktionen mit Schwerpunkt auf den elektronischen und mechatronischen Systemen. Letzte Auffälligkeiten werden direkt am Stützpunkt der Breitenerprobungsflotte mit den Verantwortlichen besprochen, über den bereits beschriebenen Fehlerabstellprozess behoben und danach wird die Wirksamkeit der Maßnahme direkt verifiziert. Weiter fließen in die VNF positiv abgeschlossene Erprobungen anderer Gesamtfahrzeugtests mit ein, beispielsweise verschiedene Vernetzungs- und Referenzfahrzeugprüfungen, Diagnose- und EMV-Tests (elektromagnetische Verträglichkeitstests), aber auch Freigaben des Audi Kundendienstes und der Produktion.

Die Vernetzungsfreigabe für den Audi Q3 ist ein Prädikat aller am Prozess der funktionsorientierten Entwicklung beteiligten Bereiche. Sie bestätigen damit, dass aus Sicht der Elektrik und Elektronik ein neues Produkt bereitsteht, das dem Premiumanspruch von Audi gerecht wird.

Martorell – ein neuer Standort im Audi Produktionsnetzwerk

Dipl.-Wirtsch.-Ing. Andreas Rapp | Thomas Mayerhofer | Dipl.-Ing. Beatriz Colomer | Dipl.-Ing. Norbert Baumgartner | Dipl.-Wirtsch.-Ing. (FH) Thomas Richter

Mit steigender Anzahl von Audi Modellen wächst auch die Zahl der Fertigungsstandorte. So ist der Audi Q3 nicht nur ein gänzlich neues Fahrzeug in der Modellpalette, sondern auch der Produktionsstandort Martorell ein neuer Standort im Audi Produktionsnetzwerk. Für den Q3 wurden am Standort Martorell rund 250 Millionen Euro investiert und damit mehr als 1500 Arbeitsplätze gesichert – davon werden 700 komplett neu geschaffen.

Integration in ein vorhandenes Produktionsnetzwerk

In einem harten konzerninternen Wettbewerb hat das Seat Werk in Martorell den Zuschlag für die Fertigung des Audi Q3 erhalten, Bild 1. Für Seat spricht, dass der Q3 weitgehend in vorhandene Strukturen integriert werden konnte und im Wesentlichen nur der Karosseriebau neu errichtet werden musste. Doch nicht nur die Nutzung von vorhandenen Anlagen gab den Ausschlag: insbesondere die gut ausgebildete und motivierte Mannschaft, die anlauferfahren ist, war ein wesentlicher Entscheidungsfaktor. Die Nutzung von Wissen und Erfahrung auf Seiten von Audi und Seat ist ein bedeutender Erfolgsfaktor für den Anlauf des Q3. So wurde in diesem Projekt von Anfang an viel Wert auf eine intensive Vernetzung bei den Mitarbeitern gelegt. In der Konzeptphase unterstützten Seat Mitarbeiter vor Ort in Ingolstadt die Planungen zur Fertigung des Audi Q3. Mit der Realisierungsphase änderte sich das Bild, der Arbeitsschwerpunkt verlagerte sich zu Seat und damit auch entsprechend die Verantwortung: Seat übernahm die Federführung und Audi unterstützte.

Die Bildung von gemischten Teams aus beiden Unternehmen gewährleistet, dass sich Erfahrungen, Arbeitsmethoden und bewährte Herangehensweisen an Problemstellungen aus beiden Unternehmen ergänzen und ein Lernen vom jeweils anderen erfolgt. Die Audi Planer unterstützen beispielsweise die spanischen Kollegen bei der Umsetzung des 3P-Workshopkonzepts, welches als Bestandteil des Audi Produktionssystems (APS) und Seat Produktionssystems (SPS) auch in Martorell zum Einsatz kommt. Dabei geben die beteiligten Planer beider Unternehmen zu aktuellen Fahrzeugprojektfragen gleichberechtigt ihre Vorschläge ab. Der markenübergreifende Vergleich bietet neue Denkanstöße und weist den Weg zur jeweils optimalen Art der Umsetzung. So wurden wertvolle Hinweise zur montagegerechten Produktgestaltung seitens Seat durch das Prozesswissen der Audi Kollegen ergänzt. In Summe wird so ein reibungsloser Produktionsstart gewährleistet. Die Schwerpunkte in den einzelnen Gewerken werden im Folgenden vorgestellt.

Karosseriebau

Die grundlegenden Anforderungen an die Planung der Karosseriebauanlagen für den neuen Audi Q3 waren neben der Stückzahl- und Typflexibilität auch die Verwendung von Komponenten aus vorhandenen Karosserieplattformen. Dies wurde durch den konsequenten Einsatz von Techniken wie des sogenannten Konzernframers in den Bereichen Unter- und Aufbau sowie dem Vorhalten von Leerflächen beziehungsweise -stationen umgesetzt. Somit ist es möglich, zu einem späteren Zeitpunkt ein fügefolgegleiches Derivat einzurüsten und parallel zum Q3 zu fertigen. Die derzeit maximale Tagesausbringung beträgt 500 Einheiten.

Für die Installation der Fertigungsanlagen in Martorell wurde eigens eine zirka 30.000 m² große Halle errichtet, Bild 2. Die Hauptfläche umfasst neben der Plattformlinie und den Aufbaulinien die Seitenteilanlagen und die dazugehörigen Untergruppenfertigungen sowie eine angrenzende Logistikfläche. Die Fertigung der Anbauteile wurde in eine bestehende Halle integriert. Dort befindet sich auch das Finish- und Anbauband, welches für Q3 und Seat Exeo zusammen genutzt wird.

In der frühen Entwicklungsphase des Audi Q3 wurde mit Priorität auf die maximale Übernahme von Blecheinzelteilen vorhandener Plattformen geachtet. Diffe-

Bild 1
Das Werk Martorell

renzierungen ergaben sich lediglich bei den an den Aufbau angrenzenden Baugruppen. Die Seitenteile und das Dach sowie die Anbauteile sind Q3-spezifisch. Die zweischalige Fügefolge und die Umsetzung der bereits standardisierten Dachnullfuge sind typische Charakteristika des Karosserieaufbaus. Hier wird neben gängigen Verbindungtechniken wie Widerstandspunktschweißen und Kleben auch das Plasmatronlöten eingesetzt. Erstmals zum Einsatz kam eine sogenannte Dachglocke – eine innovative Entwicklung des Bereichs Werkzeugbau in Ingolstadt, Bild 3. Hierbei wird das Dach mittels der namensgebenden Glocke robotergeführt auf den Fahrzeugkorpus gesetzt. Der Materialmix aus karbonfaserverstärktem Kunststoff (CFK) für Rahmen und Trägerteil und Aluminium/Stahl-Drückstücken führt zu einem Gesamtgewicht von 380 kg – eine Gewichtsreduzierung um etwa 60 % gegenüber bisher eingesetzten Stahl/Alu-

Bild 2
Neue Fertigungshalle für den Audi Q3

minium-Vorrichtungen. Dadurch ist der Einsatz eines Roboters mit 500 kg Tragkraft ausreichend. Anschließend wird die Vorrichtung mittels hochpräziser Spanntechnik zehntelmillimetergenau auf den Fahrzeugkorpus zentriert und gespannt. Roboter mit Laserlötapplikationen fügen das Dach zu den Seitenteilen. Die Glocke kann problemlos vom Roboter abgekoppelt und auf die dafür vorgesehenen Flächen abgelegt werden, um unterschiedliche Dachgeometrien zu handhaben. Die Vorteile dieser Technik sind Flexibilität und geringe Umrüstzeiten bei Einbringung eines weiteren Derivats.

Die Front- und die Heckklappe des Q3 sind komplett aus Aluminium hergestellt. Der leichte Werkstoff erfordert den Einsatz anderer Fügetechniken als bei Stahlbaugruppen. Fügeverfahren wie Halbhohlstanznieten sowie Clinchen stellen hohe Anforderungen an Mensch und Technik. Bei der Heckklappe wurde auf das nasschemische Reinigen der Alumi-

Bild 3
Dachglocke mit Aufnahme- und Spanntechnik

niumbleche als Vorbehandlung für den Laserschweißprozess verzichtet. Stattdessen werden die für den Schweißprozess kritische Oxidschicht und sonstige Prozessrückstände mittels eines Reinigungslasers entfernt. Da das Bauteil flexibel unter dem Bearbeitungskopf robotergeführt wird, kann schnell auf Änderungen am Produkt reagiert werden.
Die Türenfertigung ist als Kombinationsanlage für die Vorder- und Hintertüren aus Stahl konzipiert und umgesetzt worden. Dies ermöglicht eine möglichst hohe Auslastung des TruDisk-Lasers, der das Herzstück der Anlage bildet. Das existierende Finishband wurde für den Audi Q3 und den bereits dort gefertigten Seat Exeo neu eingetaktet. Hier erfolgt der Anbau der Front- und Heckklappe sowie der Kotflügel. Der Türanbau erfolgt beim Q3 mit dem bereits in Brüssel beim A1 erfolgreich eingesetzten zweiteiligen Scharnier. Die Verwendung höherfester beziehungsweise hochfester Stähle erfordert den flächendeckenden Einsatz von Schweißtechniken mit elektromotorischen Antrieben und Regelungstechniken, die während des Schweißprozesses ständig Ist- und Soll-Daten im Schweißprozess vergleichen und entsprechend nachregeln. Kurze Regelkreise und hundertprozentige Überwachung der geometrischen Eigenschaften der Karosserie legitimieren den Einsatz einer Inline-Prozessüberwachung. An allen neuralgischen Punkten im Karosseriebau sind solche Messzellen installiert und liefern laufend Informationen über die maßliche Genauigkeit des Produkts.
Durch den Einsatz eines neuen, EDV unterstützenden Systems im Fehlerabstellprozess ist es möglich, alle an den Kontrollpunkten aufgenommenen Beanstandungen den verursachenden Arbeitsgruppen zuzuordnen. Abstellmaßnahmen müssen dann definiert und mit Unterstützung der Supportbereiche unmittelbar vom Gruppensprecher umgesetzt werden. Der geplante Einsatz einer Prüfplandatenbank auf HTML-Basis rundet das Qualitätskonzept ab und bietet hohe Flexibilität hinsichtlich Auswertungen. Dabei erfordert sie nur geringen Arbeitsaufwand bei Änderungen während des gesamten Produktzyklus.

Lackiererei

Die Vorgabe für den Bereich Lackiererei war die Integration des Q3 in die vorhandene Mixfertigung der Seat Modelle. Einer der Glanzpunkte in der Lackiererei ist der Einsatz spritzbarer Dämmmassen. An Premiumfahrzeuge werden hohe Anforderungen bezüglich des Komforts gestellt. Hierzu leistet das akustische Verhalten im Fahrzeuginneren einen wichtigen Beitrag. Die metallischen Werkstoffe der Karosserie übertragen Körperschall. Eine Maßnahme, diesen zu verringern, ist das Aufbringen dämpfender Massen. Dazu war bislang das manuelle Einlegen von schmelzklebenden Bitumenmatten Stand der Technik. Diese bringen aber einen hohen Aufwand und Logistikkomplexität in die Fertigung sowie Gewicht ins Fahrzeug. In den vergangenen Jahren hat sich daher die Technik spritzbarer Dämpfungsmassen etabliert. Hierfür gibt es verschiedene Materialsysteme (beispielsweise auf Kautschukbasis oder Dispersionsbasis). Bei Audi fiel die Entscheidung zugunsten von Dispersionsmaterial, weil es gegenüber Bitumenmatten den größten Gewichtvorteil bei vergleichbarer akustischer Wirkung hat. Für die Applikation wird ein System von elektrischen Kolbendosierern mit angeschlossenen Dreidüsenpistolen auf Robotern eingesetzt, Bild 4. Dieses Konzept bietet eine hohe Prozesssicherheit.
Die Spritzapplikation wird in die PVC-Linie integriert, sodass die Trocknung der Dispersion im PVC-Trockner erfolgt. Zur Ausbildung der Materialeigenschaf-

ten ist es ausreichend, wenn das Material einer Temperatur von 120 °C ausgesetzt war. Weitere Temperatureinwirkungen in nachfolgenden Prozessen schaden ihm nicht. Die Vorteile des Systems sind:

- Gewichtsreduzierung am Fahrzeug bis zu 2,5 kg
- hohe Flexibilität, Änderungen erfolgen mittels Programmierung der Roboter, aufwendige Teileänderungen sind nicht mehr notwendig
- Reduzierung des Schmutzaufkommens in der Lackiererei durch Entfall von Teilehandhabung
- Reduzierung von Fertigungszeiten durch Automatisierung des Prozesses
- Reduzierung der Komplexität und Verringerung des logistischen Aufwands an der Linie
- verbesserte Ergonomie.

An den Audi Standorten Ingolstadt und Neckarsulm sind bereits Anlagen mit dieser Technik im Einsatz. Für den Audi Q3 werden neue Roboterzellen an der PVC-Linie bei Seat in Martorell aufgebaut, Bild 5. Dies bietet auch die Möglichkeit, die Fertigung der anderen Modelle am Standort Martorell auf diese spritzbaren Dämmmassen umzustellen.

Bild 4
Pistolenkopf mit drei Düsen zum Auftragen des Dämmmaterials

Bild 5
Anlage für spritzbare Dämmmassen

Montage

Die Montage des Audi Q3 ist in die vorhandene Montagelinie ML 3 integriert, das heißt der Audi Q3 wird zusammen mit dem Seat Exeo (Seat B1) gefertigt. Die Montageprozesse verteilen sich auf die Halle 8 (Dekor), Halle 9 (Montagelinie inklusive Vormontagen und Prüfbereich) und Halle 11 (Finish). Im Zuge der Integration war es Ziel, soweit wie möglich die vorhandenen Strukturen und Einrichtungen der Montagelinie ML 3 zu verwenden, aber auch den notwendigen permanenten Verbesserungsprozess bezüglich Ergonomie, Qualität und Prozess in der Montage voranzutreiben. Unter diesem Gesichtspunkt der kontinuierlichen Verbesserung wurden Projekte wie die Installation neuer Fördertechnik im ersten und dritten Bandabschnitt, eine Erweiterung des Supermarktkonzepts sowie der Aufbau einer neuen Einfahrstrecke umgesetzt.

Eine Ergonomieverbesserung stellt die Installation der neuen Fördertechnik mit höhenverstellbaren Montagegestellen (Schub-Skids) in der Hauptmontagelinie dar, Bild 6. Die neuen Schub-Skids ermöglichen das auf den Arbeitstakt und den Fahrzeugtyp bezogene Einstellen einer für den Werker ergonomischen Arbeitshöhe. Zudem ergeben sich zwei weitere wesentliche Verbesserungsaspekte: Die neu installierten Schub-Skids sind mit einem Holzboden ausgestattet, der durch schwingungsdämpfende Eigenschaften ein gelenkschonendes Arbeiten ermöglicht. Des Weiteren sind die Schub-Skids so breit ausgeführt, dass diese als Werkermitfahrband genutzt werden. Der Werker kann während der Arbeit auf dem Schub-Skid mitfahren, ohne neben den Fahrzeugen herlaufen zu müssen.

Den Audi typisch hohen Qualitätsansprüchen, insbesondere an einen Geländewagen, wird unter anderem durch die Installation einer neuen Einfahrstrecke Rechnung getragen, Bild 7, auf der alle in Martorell montierten Audi Q3 geprüft werden. Die Fahrzeuge werden während der Straßenfahrt auf einer Rüttel- und Beschleunigungsstrecke einem umfas-

Bild 6
Höhenverstellbarer Schub-Skid

senden Test unterzogen. Dieser ermöglicht es, Fehler wie unerwünschte Fahrgeräusche (zum Beispiel Klappern oder Vibrationen) zu entdecken und noch vor der ersten Kundenfahrt zu beheben.
Die Mixfertigung von zwei so unterschiedlichen Fahrzeugtypen auf einer Montagelinie ist eine Herausforderung für die Planung von Montage- und Logistikprozessen. Daher wurden für den Q3 zum ersten Mal bei Seat Prozess- und Anlaufworkshops in Anlehnung an den bei Audi üblichen Ablauf durchgeführt. In diesen Workshops stand die Problematik der Mixfertigung besonders im Fokus, wobei Montageprozesse, Arbeitsplatzgestaltung sowie Austaktung beziehungsweise Auslastung optimiert wurden. Außerdem wurde besonders auf die Erarbeitung von optimalen Konzepten zur Materialversorgung und -bereitstellung geachtet. Zusätzlich wird auch in der Montage ein neues, EDV unterstütztes System im Fehlerabstellprozess eingesetzt. In der Montage werden nicht nur die Beanstandungen entlang des Prozesses direkt an die verursachenden Arbeitsgruppen rückgemeldet, es werden damit auch alle anlagenbedingten Prüfvorgänge vernetzt und überwacht.
Die Supermarktstrategie wurde konsequent weiterverfolgt. Im Supermarkt können somit nicht nur variantenreiche Bauteile untergebracht, sondern auch vermehrt Vormontageschritte oder Tätigkeiten zur Arbeitsvorbereitung vorgenommen werden. An der Linie ergeben sich dadurch eine optimale Materialbereitstellung und eine gleichbleibende Auslastung der Werker. Neben dem Supermarktkonzept wurde auch die Materialbereitstellung in der Linie optimiert, in der Türvormontage beispielsweise durch den Einsatz eines Warenkorbs. Der fahrzeug- und ausstattungsspezifische Warenkorb ist an dem Werkstückträger in der Türvormontage angebracht und ermöglicht eine ergonomische Bereitstellung von Kleinteilen. Dadurch werden nicht nur Lauf- und Greifwege und somit Prozesszeit in der Montage reduziert, sondern auch ein Falschverbau durch eine fahrzeugspezifische Teilekommissionierung sicher unterbunden.

Bild 7
Einfahrstrecke

Bild 8
Vernetzter Prüfstand: Fahrwerk- und Scheinwerfereinstellung mit Fahrerassistenzsystemen

Elektronik in der Produktion

Die elektronische Ausrüstung moderner Fahrzeuge bildet ein hochkomplexes Netzwerk aus miteinander agierenden Mikrocomputern. Wichtige Merkmale dieser Zusammenarbeit sind:

- Ausnutzung von Synergieeffekten durch Datenaustausch
- gegenseitige Überwachung der Netzwerkteilnehmer zur Sicherstellung der korrekten Funktion des Netzwerks
- Fähigkeit zur Kommunikation trotz unterschiedlicher Kommunikationsprotokolle und Datenübertragungsraten der einzelnen Teilnehmer.

Da die Zusammenarbeit der Marken Audi und Seat zur Beherrschung der Elektronik in der Produktion des Audi Q3 sehr ähnlich funktionieren muss wie die Interaktion der Mikrocomputer im Fahrzeug, liegt es nahe, die Strukturen aus dem Fahrzeug auch in die Produktionstechnik und die Projektorganisation zu übertragen. Beide Gesichtspunkte sollen im Folgenden dargestellt werden.

Für die Inbetriebnahme und Prüfung der Fahrzeugelektronik des Audi Q3 wurde bei Seat in Spanien ein neues Prüfsystem eingeführt, welches bei Audi in Deutschland am Standort Neckarsulm bereits im Einsatz war, Bild 8. Durch die Übernahme bereits existierender und getesteter Prüfprogrammmodule aus Deutschland konnte die Prüfprogrammierung für den Q3 effizient und sicher umgesetzt werden.

Zur Installation und Inbetriebnahme des Prüfsystems sowie für die Anlaufphase wurde die Möglichkeit geschaffen, von Deutschland aus auf das neue Prüfsystem zuzugreifen, um bei Problemanalysen unterstützen zu können, geänderte Systemmodule schnell und einfach zu installieren und eine unmittelbare Unterstützung bei der Prüfprogrammierung zu

gestatten. Doch auch nach der Erstinstallation wird das Prüfsystem fortlaufend optimiert, weiterentwickelt und auf neue Anforderungen angepasst. Dabei muss sichergestellt werden, dass diese Weiterentwicklung ohne negative Nebeneffekte bleibt. Dadurch ist es notwendig, eng abgestimmte Spezifikationen zu erstellen und auf beiden Seiten gleichzeitig Freigabetests durchzuführen.

Doch auch im laufenden Betrieb ist die ausgeprägte Systemvernetzung zwischen den Marken ersichtlich. So werden alle für die Prüfung und Inbetriebnahme der Fahrzeugelektronik erforderlichen Daten von Systemen in Deutschland ermittelt und dann zur weiteren Verarbeitung nach Spanien übertragen. Diese Kommunikation erfolgt teilweise auch direkt zum Zeitpunkt der Inbetriebnahme des Fahrzeugs. Gleichzeitig fließen Daten von Seat zurück zu Audi. So wird beispielsweise der elektronische Aufbauzustand des Fahrzeugs vollständig in der Produktion dokumentiert. Die Daten werden dann nach Deutschland übertragen und in Systemen des Kundendienstes für spätere Wartungen oder gegebenenfalls Reparaturen gespeichert.

Wie auf der technischen Ebene wurde das Prinzip der Vernetzung der Marken auch auf der organisatorischen Ebene konsequent umgesetzt: Das sogenannte Electronic-Launch-Team (ELT) zur Steuerung und Kontrolle aller die Fahrzeugelektronik betreffenden Aktivitäten in der Produktion wurde in Spanien installiert und paritätisch mit Mitgliedern beider Marken besetzt. Gemeinsam wurden so die Spezifikationen der gesamten Prüftechnik sowie deren Beschaffung, Aufbau, Inbetriebnahme und Optimierung gesteuert. Die hierbei gemachten Erfahrungen sollen nun auch bei Nachfolgemodellen von Seat zum Einsatz kommen.

MIX
Papier aus verantwortungsvollen Quellen
Paper from responsible sources
FSC® C105338

If you have any concerns about our products,
you can contact us on
ProductSafety@springernature.com

In case Publisher is established outside the EU,
the EU authorized representative is:
Springer Nature Customer Service Center GmbH
Europaplatz 3, 69115 Heidelberg, Germany

Printed by Libri Plureos GmbH
in Hamburg, Germany